山地水肥一体化精准调控装备与系统关键技术研究

主　编　王永涛　刘　坚　张和喜　李家春　蔡家斌

中国水利水电出版社
www.waterpub.com.cn
·北京·

内 容 提 要

水肥一体化是将施肥技术与灌溉技术相结合的一项新技术，是精确施肥与精确灌溉相结合的产物，在灌溉技术中占有重要地位。本书在介绍高效节水灌溉技术现状及意义的基础上，对主要作物水肥一体化调控模型、山地水肥一体化施肥机研制、水肥一体化控制系统设计、水肥一体化计量装置、水肥条件下灌溉管网的优化、水肥精准调控信息系统详细设计、水肥精准调控信息系统实现与测试以及应用示范等方面进行了全面介绍。

本书可供农业技术人员、农业种植人员以及相关专业院校师生阅读参考。

图书在版编目（CIP）数据

山地水肥一体化精准调控装备与系统关键技术研究 / 王永涛等主编. -- 北京 : 中国水利水电出版社, 2021.9
ISBN 978-7-5170-9978-9

Ⅰ. ①山… Ⅱ. ①王… Ⅲ. ①山地一肥水管理一研究
Ⅳ. ①S365

中国版本图书馆CIP数据核字(2021)第192640号

书　名	**山地水肥一体化精准调控装备与系统关键技术研究** SHANDI SHUIFEI YITIHUA JINGZHUN TIAOKONG ZHUANGBEI YU XITONG GUANJIAN JISHU YANJIU
作　者	主编　王永涛　刘　坚　张和喜　李家春　蔡家斌
出版发行	中国水利水电出版社 （北京市海淀区玉渊潭南路1号D座　100038） 网址：www.waterpub.com.cn E-mail：sales@waterpub.com.cn 电话：（010）68367658（营销中心）
经　售	北京科水图书销售中心（零售） 电话：（010）88383994、63202643、68545874 全国各地新华书店和相关出版物销售网点
排　版	中国水利水电出版社微机排版中心
印　刷	天津嘉恒印务有限公司
规　格	184mm×260mm　16开本　14印张　341千字
版　次	2021年9月第1版　2021年9月第1次印刷
定　价	**78.00**元

《山地水肥一体化精准调控装备与系统关键技术研究》
编　委　会

主　　　编　王永涛　刘　坚　张和喜　李家春　蔡家斌

副　主　编　雷　薇　黄　维　邵国洪　毛玉姣　黄　翠

编写人员　田　莉　李继学　张宾宾　周雨露　谭　娟
黎　业　索鑫宇　杨文峰　郑　越　姚文涛
周茂茜　杨　涛　路恩会　吴景来　周琴慧
陈　波　吴远丁

主要参编单位　贵州省水利科学研究院
湖南大学
贵州大学
贵州农业职业学院
铜仁市大型灌区建设管理局
息烽县水务管理局

前言

山地农业具有光、热、水（降水）、气资源丰富，有利于雨育农业的发展。但因降水分布不均，极易造成农业生产特别是粮食生产产量不稳定。土地资源垂直分异明显，贵州土地资源具有水平分布和垂直分布的双重性。土地资源垂直分异为“立体农业”布局提供了自然基础。耕地中的障碍因素如耕地零星分散、坡地多、土层薄，自然肥力低、岩溶干旱、水低田高、水土空间配置量不协调等，集中起来造成土地质量差，进而降低单位面积产量，最终影响粮食总产量。农业开发的投入量大，产出投入比小，岩溶山地地质地理环境给土地资源造成很多先天性缺陷，要想从土地上获取更多的农业产品，必须在劳力、物资、资金、科技及生态保护等方面进行投入，改造农业生产条件。

水肥一体化是将施肥技术与灌溉技术相结合的一项新技术，是精确施肥与精确灌溉相结合的产物，在灌溉技术中占有重要地位。水肥一体化技术利用灌溉系统，将肥料溶解在水中，同时进行灌溉与施肥，适时、适量地满足农作物对水分和养分的需求。与传统的施肥方式相比，采用水肥一体化技术施肥具有众多优点，比如能大幅减少肥料使用量、减少养分流失及降低面源污染；能灵活调控以满足不同区域或作物对肥料的需求，并且能提高作物产量和品质以及降低生产成本。

水肥一体化高效节水技术是利用管道灌溉系统，将肥料溶解在水中，同时进行灌溉与施肥，适时、适量地满足农作物对水分和养分的需求，实现水肥同步管理和高效利用的节水农业技术。发展水肥一体化高效节水的关键为水肥一体化智能装备与精准调控系统。水肥一体化智能装备（以下简称“装备”）结合工程借助压力系统（或地形自然落差），将可溶性固体或液体肥料，按土壤养分含量和作物种类的需肥规律和特点，配兑成肥液和灌溉水，通过可控管道系统供水、供肥，水肥相融后，通过管道和滴头形成滴灌，均匀、定时、定量浸润作物根系发育生长区域，使主要根系土壤始终保持疏松和适宜的含水量；同时根据不同作物的需肥特点，土壤环境和养分含量状况，作物不同生长期需水、需肥规律情况进行不同生育期的需求设计，把水分、养分定时定量，按比例直接提供给作物；水肥一体化精准调控系统（以下简称“系统”）根据监测的土壤水分、作物的需肥规律，设置周期性水肥计划实施轮灌。施肥机会按照用户设定的配方、灌溉过程参数，自动控制灌溉量、吸肥量、肥液浓度、酸碱度等水肥过程的重要参数，实现对灌溉、施肥的定时、定量控制，充分提高水肥利用率，实现节水、节肥，改善土壤环境，提高作物品质的目的。

本书在介绍高效节水灌溉技术现状及意义的基础上，对山地水肥一体化的关键技术、主要作物水肥一体化调控模型、山地水肥一体化施肥机研制、水肥一体化控制系统设计、水肥一体化计量装置、水肥条件下灌溉管网的优化、水肥精准调控信息系统详细设计、水肥精准调控信息系统数据库设计、水肥精准调控信息系统实现与测试以及应用示范等方面进行了全面介绍，是山地水肥一体化精准调控装备与系统技术方面的科技专著。

由于作者的水平、时间和经费所限，本书介绍的成果仅是山地水肥一体化精准调控装备与系统技术的主要方面，对许多问题的认识和研究还有待进一步深化，错误和不足之处敬请专家、同行批评指正！

作者

2021年6月于贵阳

目录

前言

第1章

高效节水灌溉技术现状及意义

1.1 概述

水是生产之要、生态之基、生命之源。对水资源的高效利用、合理开发和有效保护，关系我国经济社会可持续发展。习近平同志强调，保障水安全，关键要转变治水思路，按照“节水优先、空间均衡、系统治理、两手发力”的治水思路，更是将节水摆在首要位置。

高效节水灌溉技术属于水资源利用技术领域，我国水资源利用中存在的主要问题有两个。一是水资源短缺与浪费使用、过度利用并存。我国水资源补给的主要来源是大气降水，但我国年均降水量远低于世界陆地年均降水量。然而，从生活到生产，我国都存在浪费使用水资源的现象。水资源过度利用，突出表现在地下水资源利用上，全国地下水超采区面积达23万km^2，引发了许多环境地质问题。二是水资源污染。目前，工业发达的城镇附近水域污染最为突出，并且城市水污染向农村转移表现出加速趋势。要解决好这些突出问题，加强水资源的合理利用与保护，发展高效节水灌溉技术是应采取的重要措施之一。

我国农业灌溉用水占用水总量的67%左右，具有较大的节水潜力，发展高效节水灌溉农业可有效解决灌溉用水利用率偏低问题。通过渠道防渗、喷灌、微灌、滴灌等工程节水灌溉措施，推广控制灌溉、非充分灌溉、节水点灌等节水灌溉技术，降低单位面积灌溉用水量，提高农业灌溉用水有效利用系数，可在保证农作物产量的前提下最大限度地节约水资源。农业节水技术不仅能提高农业用水效率，也为最严格水资源管理制度考核工作的顺利开展提供了便捷条件。

党中央、国务院高度重视水资源管理问题，近年来采取了一系列重大战略举措切实推动水资源管理工作。2011年《中共中央　国务院关于加快水利改革发展的决定》（以下简称《决定》）和中央水利工作会议明确提出实行最严格水资源管理制度，把严格水资源管理作为加快转变经济发展方式的重要举措。2012年《国务院关于实行最严格水资源管理制度的意见》（以下简称《意见》）对实行最严格水资源管理制度作出了全面部署和具体安排，明确了最严格水资源管理制度用水总量控制、用水效率控制、水功能区限制纳污“三条红线”和相关制度措施要求。党的十八大把生态文明建设纳入中国特色社会主义建设总体布局，把实行最严格水资源管理制度作为生态文明建设的重要内容，提出要通过加强水源地保护和用水总量管理，推进水循环利用，建设节水型社会，通过完善最严格水资源管理制度，全面促进资源节约，大幅降低能源、水、土地消耗强度，提高利用效率和效益。目前，“三条红线”考核已经成为国务院考核地方政府的重要内容之一，水肥一体化等高效节水灌溉技术可以更好地服务于政府考核任务的需求。

1.2 研究现状

1.2.1 国外研究现状

1.2.1.1 美国

美国农业灌溉的节水措施主要是针对输水、灌水、田间三个环节，地面灌溉特别强调通过提高田间入渗均匀度，实现节水，同时做到输水管道化。地面灌水技术在美国农业灌溉中占主导地位，60%以上的农业灌溉采用这种灌水技术，其方法主要有沟灌、畦灌。美国的沟灌与畦灌是经过技术改良的，它融合了现代最新技术成果与科研成就，因此传统的灌溉方法在美国仍然具有较高的科技含量。无论是沟灌或畦灌，其田间大部分都是采用管道输水，水通过管道直送沟、畦，因此，输水过程的水损失很少。田间通过激光平整、脉冲灌水、尾水回收利用等技术，灌水均匀度很高，水流均匀入渗，从而提高灌水效率。输水防渗、田间改造加之相应的配套设备，构成美国地面灌溉节水的三个核心内容。

美国将作物水分养分的需求规律和农田水分养分的实时状况相结合，利用自控的滴灌系统向作物同步精确供给水分和养分，既提高了水分和养分的利用率，最大限度地降低了水分养分的流失和污染的危险，也优化了水肥调控关系，从而提高了农作物的产量和品质。美国已大量使用热脉冲技术测定作物茎秆的液流和蒸腾，用于监测作物水分状态，并提出土壤墒情监测与预报的理论和方法，将空间信息技术和计算机模拟技术用于监测土壤墒情。并在1996年开发了Agrimate自动灌溉系统，集灌区雨量监测、水池水位监测、水泵启停、变频调速、阀门开度等信息采集和自动控制于一体，并与决策支持的数据库系统配合使用。目前，该系统已在农业生产中发挥重要作用。

美国霍尼韦尔和美新半导体公司联合搭建的无线传感器平台，在每个温室都组建一个无线传感器网络，该网络中采用不同的传感器测量节点和具有简单执行控制的节点，节点用来测量土壤湿度、土壤成分、pH、温度、空气湿度、气压、光照强度和CO_2浓度等数据，以便了解温室中的环境状况，同时将生物信息获取方法应用于无线传感器节点，为温室环境进行适当的调控提供了科学依据。温室控制现在正向着规模化和集约化的方向发展，通信技术的迅猛发展为其提供了重要的支撑。

1.2.1.2 以色列

以色列90%以上的农业实现了水肥一体化技术，从一个“沙漠之国”发展成了“农业强国”。以色列主要采用滴灌和喷灌系统，每个系统都装有电子传感器和测定水、肥需求的计算机，操作者在办公室内遥控，且施肥和灌溉可同时进行。滴灌系统是通过塑料管道和滴头将水直接送至需水的作物根部，可以用少量的水达到最佳的灌溉效果，减少了田间灌溉过程中的渗漏和蒸发损失，使水、肥利用率达到80%～90%。农业用水减少30%

以上，节省肥料30%～50%。在缺水的地区，滴灌能使荒地、废地变成高产区，适合在年降雨量特别少甚至无雨，但却有相对大量的水资源如自流井或河流的地区；同时也适用于那些雨量充足的地区。滴灌可以经济地利用水，并降低生产成本。滴灌系统不仅适用于雨量充足的地区，而且适用于干旱、气候恶劣、广泛应用塑料大棚和温室的地区。目前，以色列全国25万hm^2的灌溉面积已全部实现喷灌、滴灌化。

真正的计算机控制灌溉源于以色列，该国最初把自动化控制技术应用到灌溉中的原因是：以色列是一个极其缺水的国家，从自然条件上讲必须发展节水农业；另一方面是出于中东安全的考虑，以色列人想通过自动化控制技术在家里控制农田灌水，减少由于武装冲突带来的危险。最初的灌溉控制器是一个简单的定时器，这可以看作是灌溉控制自动化的第一阶段。随着控制技术、传感器的发展，以色列研发了现代诊断式控制器，这种控制器把以前不能采集到的信息通过不同的传感器来获得，通过互联网、远程控制、CSM等来实现数据传输，然后通过计算机中的一些模型来处理信息，做出灌溉计划。

1.2.1.3 澳大利亚

澳洲土地资源丰富，但严重缺乏水资源，主要水源靠河水和水库。农业区均沿着河流分布，水资源是灌溉农业的命脉。在农业节水灌溉技术方面，首先是改进地面灌溉技术，提高用水效率，如渠道管道化、精确平地、土壤水分含量自动测定等。大力推行节能省水的滴灌和微喷技术，所有新建果园必须采用滴灌，喷灌向着节能、能压方向发展。

在水管理节水技术方面，目前澳大利亚已将3S和3M信息管理技术应用在农业灌溉方面，这包括在水分监测、水分利用评估、管理风险及水资源利用对环境和自然资源的影响等方面的应用。如通过土壤水分监测，分析土壤水分状况和作物需水情况，确定适宜的灌溉时间、灌水定额，以提高水利用率。

1.2.1.4 日本

日本几乎所有灌区都实行自动化动态管理。日本农业管理者，在家中就可以完成农业灌水时间、灌水量的远程控制。还可根据灌溉历史数据分析未来作物的需配水规律，水资源的利用效率很高。这些国家当前广泛应用个人PC控制、模糊控制和神经网络控制等，控制精度、智能化程度和可靠性不断提高，操作也越来越简便。

日本将各种作物不同生长发育阶段所需要的环境条件输入计算机程序，当其中任一环境因素发生改变时，其余因素即可根据计算机程序自动作相应调整或修正，使各个环境因素随时能够处于最佳配合状态。

总体来讲，国外高效节水灌溉技术发展较早，水平较高。发达国家都把发展节水高效农业作为农业可持续发展的重要措施，始终把提高灌溉（降）水的利用率、作物水分生产效率、水资源的再生利用率和单方水的农业生产效益作为研究重点和主要目标。从最早的水力控制、机械控制，到后来的机械电子混合协调式控制，直到当前应用广泛的计算机控制、模糊控制和神经网络控制等，控制精度和智能化程度越来越高，可靠性越来越好，操作也越来越简便，比较有代表性的国家有美国、以色列、澳大利亚等。

1.2.2 国内研究现状

我国在节水灌溉技术方面研究总体水平不高，还处于研制和探索阶段。目前，大多数节水灌溉自动化系统基本都是引进国外技术，没有充分与我国国情与区域土壤、作物等生产要素有效结合，无法充分发挥它的优势，且价格和维护成本较高，长期投入和大规模使用的较少。国内研制的控制器控制对象较为单一，功能还不够完善，稳定性还有待提高。

近年来，我国可控环境农业展开了大量信息技术研究和应用，基本以环境控制、信息采集、系统模拟为主线，这对提高可控环境农业的技术含量，促进升级换代起到了重要作用。"十五"期间，以一些高校或科研院所，例如中国农业科学院、中国科技大学、国家农业信息化工程技术研究中心（即北京农业信息技术研究中心）等为代表，主要在计算机系统软硬件的综合控制、温室专用类型传感器及温室作物模拟系统研究开发等方面做了大量的工作。

中国农业科学院农业环境与可持续发展研究所可控环境农业创新平台联合开发研制了基于 Internet 和 RS-485 总线的温室环境监控系统，该系统采用 ASP.NET 技术规范构建了 B/S（Browser/Server）模式下远程监控系统；经过实际应用，取得了一批具有自主知识产权的技术产品和科研成果，对我国可控环境农业综合控制与管理水平的提高有着较大的帮助。

中国农业大学研制的温室环境监控系统，则包括主控微机、温室机和室外气象站三大部分。其中，主控微机用于控制机房，统一管理整个系统，包括完成各种系统参数的设置，控制算法的实现以及控制命令的生成，测试数据的记录、查询、打印等功能。系统在每个独立的温室都放置一套监控设备，包括一台温室机、控制设备和摄像头，可以将温室内作物生长状况实时发送到监控现场，以实现对温室环境的监测控制。

总体上看，高效节水灌溉技术在发展中国家农业的推广应用仍然非常滞后。我国各地水资源短缺矛盾日益突出，发展高效节水灌溉技术成为现代农业发展的重要方向，国内灌溉技术经过 20 年的发展，已形成一定规模，但国内采用喷灌、微灌和管道输水等先进节水灌溉技术的比例还很低，其中喷灌、微灌面积不足全国有效灌溉面积的 5%；节水灌溉设备质量差、配套水平低，技术创新与推广体系不健全；地面灌溉普遍存在着土地平整精度差、田间工程不配套、管理粗放的问题；灌溉用水管理技术落后，信息技术、计算机、自动控制技术等高新技术在灌溉用水管理方面的应用还很少。

1.2.3 发展趋势

现代网络技术、控制技术、移动通信技术的发展与普及，使得目前农业可控环境研究的重点放到了如何能够更高效地监测和控制农业环境上，如何更进一步提高农业生产信息化水平也成为了人们关注的重点。农业环境监测的重要研究方向主要如下：

（1）作物模型以及作物模型结合农业设施智能控制的研究。当前研究的作物模型都是基于作物生长环境的监控，它主要以温室智能控制的应用为目标；作物模型可分为经验模型和机理模型，它能够反映出作物生长环境对其生长状况的影响，作物模型作为精准农业的基石，在农业自动化生产中占有重要地位。温室控制系统的目标是实现全自动的智能控制，因此可通过建立作物模型，并用环境参数加以描述，再结合作物的生长模型，建立完整的控制策略和解决方案，以最终达到目标。

（2）多因子控制。很多环境参数会出现较强的耦合性，特别是温湿度、光照度、空气中气体浓度等。因此，多因子控制可以克服单一环境要素不够全面的缺点，以提高环境综合控制效果。

（3）与互联网和无线通信技术相结合的远程监控系统。今后监控系统的发展方向是要将农业环境监测系统与 Internet、GSM/GPRS 等无线通信技术相结合，在方便管理、提高效率等方面具有重要的实用价值。

（4）农业信息智能化管理。农业环境系统是个非常复杂的系统，其中包含许多子系统，各个子系统之间又是相互制约、错综复杂的关系，故需要用复杂系统理论来提供新概念、新方法来实现其系统控制，用以解决其不精确性、不确定性、强耦合、非线性等各类问题。加强理论同生产实际的结合，理论联系实际；引入智能化方法和知识工程等方法，用以形成不同形式的控制结构和算法，保证结构算法的简单实用性；开发综合人机智能系统，其中包括计算机监控系统——温室实行先进控制的发展方向。

1）控制理论与方法不断更新并得到了广泛应用。如 SPA 和 VPD 控制方法、粒子群算法、小波理论、支持向量机、人工神经网络、模糊逻辑等非线性技术逐渐被应用到自动控制理论研究领域。控制方法已发展到神经网络和模糊控制、自适应控制等，智能化程度、控制精度及可靠性越来越高，易于操作且成本较低。

2）与农业现代管理相结合，集成性与智能性不断提高。开发具有专家系统参与决策、指导的农业精确和智能管理系统。实时按照作物需水、需肥的量，自动完成无人值守的农业现代化管理，同时系统执行严格的水管理制度，成为区域农业节水和供配水中心。

3）充分利用现代高新技术。开发综合性的节水灌溉自动化及信息化系统，集土壤墒情、气象远程监测、干旱预警等多种功能于一体。充分应用 GIS、全球定位系统（GPS）、无线通信（GPRS/GSM）、微波通讯、卫星遥感、Internet 网络等技术，提供决策、预警预报、抗灾减灾等方面功能。

1.3 研究的必要性与可行性

实施乡村振兴战略，是党的十九大作出的重大决策部署，是决胜全面建成小康社会、全面建设社会主义现代化国家的重大历史任务，是新时代“三农”工作的总抓手。

贵州省实施乡村振兴战略，要以习近平新时代中国特色社会主义思想为指导，全面贯彻党的十九大精神和习近平总书记在贵州省代表团的重要讲话精神，全面落实中央农村工作会议各项部署，加强党对“三农”工作的领导，统筹推进“五位一体”总体布局和协调推进“四个全面”战略布局，大力培育和弘扬新时代贵州精神，坚持把解决好“三农”问题作为贵州省工作重中之重。

在乡村振兴战略的发展下，结合贵州水利建设“十四五”要求，开展贵州山区高效节水灌溉关键技术研究，其研究目标主要为：

（1）研究贵州山区高效节水灌溉作用，助力乡村振兴战略。

（2）研究贵州山区高效节水灌溉技术，助推五大产业发展。

（3）研究贵州山区高效节水长效机制，助长水利服务能力。

1.3.1 研究的必要性

1. 节水灌溉需求极为迫切

贵州省受到山多地少、经济发展相对落后等因素制约，农田水利基础设施建设较为薄弱，传统的农田灌溉方式主要是依靠降雨和大水漫灌。随着经济的迅速发展和农作物种植结构调整步伐的加快，水资源需求量越来越大，水的供需矛盾日益加剧。目前，灌溉用水方面，蔬菜类作物需水量较大，为了满足农业生产用水，采取无节制的漫灌，加快了水资源浪费的速度，降低了农业水分生产率，同时也造成水土流失和农用化肥流失污染。因此，需要改变传统的灌溉方式，推广先进的节水微灌技术，从而才能提高水资源的利用率、改善农业产业结构、增加农民收入、促进农村经济的发展，并且也对环境有巨大作用。因此，需要改善现有的农村水利设施，摆正思想态度，将节水灌溉工程定位为利国利民的工程。

2. 促进农业产业化结构调整

深入贯彻党的十九大精神，切实落实全国农业农村工作会议精神和全省农业农村工作会议部署，按照《贵州省发展蔬菜产业助推脱贫攻坚三年行动方案》《贵州省发展食用菌产业助推脱贫攻坚三年行动方案》和《贵州省发展中药材产业助推脱贫攻坚三年行动方案》《贵州省发展一县一业助推脱贫攻坚三年行动方案》，结合种植业结构战略性调整，大力发展蔬菜、中草药、食用菌、精品水果等经济作物种植。经济作物（如蔬菜），对灌溉质量的要求较高，需水量大，灌水频繁。发展节水灌溉，可大大提高水的利用率，节约大量的水资源，通过先进的节水灌溉技术和措施又可促进农业产业结构调整，发展高新高效农业技术产业。

3. 提升产品质量、增加农民收入的需要

贵州山区受工程性缺水影响，严重影响了当地经济的发展和农民的收入，当地政府和农民对解决水的问题要求非常迫切。从高产、优质、高效要求出发，传统的大水漫灌方式已不适应大田粮食生产的要求，必须发展先进的高效节水灌溉技术，才能极大地提高产品质量。目前，全省农业和农村经济进入了以产业结构调整和农民增收为中心的重要发展阶段。农民收入的提高需要从多个方面入手，而改善农业产业结构、降低农业种植成本对农民的收入具有巨大的推动作用。作为基础的生产资料，水资源的使用能很大程度上体现农业的产业结构，高效的喷灌技术是发展优质高效农业的必要。

4. 节约用水，改善土壤环境

传统农业灌溉主要采用大水漫灌形式，这不仅浪费了水资源，更重要的是土壤湿度太大、含气量少、土地板结，导致作物病虫害增加，这不仅降低了产量、品质，而且农药用量增加，不利于无公害蔬菜生产，严重影响了农民的收入和农村经济的发展。目前，农业生产要向高品质、无公害方面发展，就需要改善作物的生长条件。实施节水灌溉，不仅节约水资源，而且能借助节水灌溉设备的优良性能改善作物生长小气候，使得灌水均匀、土壤不板结、水肥流失少、作物根系发达，能有效控制土壤湿度，减少病虫害，减少农药和化肥用量，提高作物产量和品质，是实施无公害农业生产，实现农业标准化的一个重要手段。

1.3.2 研究的可行性

1. 政策支撑

习近平总书记在参加党的十九大贵州省代表团讨论时，对贵州续写新时代发展新篇章提出了要求：守好发展和生态两条底线，创新发展思路，发挥后发优势，决战脱贫攻坚，决胜同步小康，开创百姓富、生态美的多彩贵州新未来。贵州正走在扶贫攻坚、乡村振兴、工业强省的发展道路上，省委、省政府相继发布“四在农家·美丽乡村”《贵州农村一二三产业融合发展实施意见》“2018年脱贫攻坚春风行动令”等解决贵州“三农”问题的政策。贵州省水利厅响应发展政策的要求，开展以骨干水源工程、引提灌工程、地下水（机井）利用工程为主要内容的水利建设“三大会战”，为小康水和工业化、城镇化发展目标提供可靠的水源保障。小康水行动计划以解决群众生产生活用水为核心，突出农村饮水安全和耕地灌溉两个重点，使农村居民的生活环境和农业生产条件得到明显改善，消除贫困，为与全国同步全面建成小康社会提供坚实的水利保障。贵州山区现代水利试点建设，以全面深化水利改革和构建水生态文明理念为统领，以贵州省100个现代高效农业示范园区为载体，以现代高效节水技术、自动化、信息化和水肥一体化技术为支撑，以完善“建、管、养、用”体系为主要内容，实现水生态治理、环境整治、农业产业结构调整、交通建设等相互配套，充分发挥水利工程在建设乡村文化旅游、建设生态文明中的作用，使现代水利与现代农业、文化旅游产业、新型城镇化融合发展相得益彰。

2. 良好基础

2017年，在贵州省委、省政府的坚强领导下，全省水利系统认真贯彻落实党的十九大精神和习近平总书记在贵州省代表团的重要讲话精神，牢记嘱托、感恩奋进，全省水利改革发展成效显著。一是水利投资取得新突破。完成水利投资386.3亿元，为目标任务340亿元的113.6%。二是供水能力实现新提升。全省首个大型水利枢纽工程黔中水利枢纽工程实现向贵阳供水，中型水库投运的县达到70个。新开工骨干水源工程63座，县现有中型水库项目全部开工建设。全省供水能力达到116亿m^3。三是民生水利迈出新步伐。“小康水”行动有序开展，发展耕地灌溉面积118.1万亩、新增高效节水灌溉面积15.55万亩，120.7万人的农村饮水安全得到巩固提升，治理水土流失面积2808km^2，中小河流治理、病险水库除险加固、农村水电等民生水利工程建设有序推进。四是水利改革注入新活力，全面推行河长制。农村小型水利工程产权制度改革提前全国3年完成。落实水利融资贷款195亿元。农业水价综合改革和水权交易典型培育加快推进。五是行业管理取得新发展。最严格水资源管理制度考核位列全国第7名。

3. 市场潜力

2018年，贵州着力把低效的玉米种植退下来，把高效的经济作物种上去，确保旱地基本农田全部种植效益高的经济作物，在改变农业种植传统上实现重大突破，统筹80%以上产业发展财政资金，用于蔬菜、茶叶、生态家禽、食用菌、中药材等绿色优势产业。同时，全省还将结合各地特别是深度贫困地区发展“一县一业”的经验做法，进一步做大做优做强精品水果、早熟马铃薯、薏仁米、酿酒用高粱、荞麦等区域特色明显的产业，把深度贫困地区建成全省绿色优质农产品重要供应基地，把“一县一业”产业扶贫打造成为脱贫攻坚的“突击队”。基于提升经济作物种植的品质和节水优先保护水资源的态势，贵州山区高效节水灌溉在大中小型灌区、高效产业园区、特色产业试点区、山区现代水利等方面，作为农田水利配套建设具有很大的市场潜力。

4. *发展势头*

基于“节水优先、空间均衡、系统治理、两手发力”的治水思路，结合贵州独特的喀斯特山区特征，发展高效节水灌溉技术，建立相对完善的工程管理制度，结合传统农业灌溉技术以及先进的现代高效节水灌溉技术，加强这一民生工程的建设，这对于提高农业经济生产效益，节约相对贫乏的水资源，对于环境的保护，人类与环境的和谐发展都有极大的好处。

1.4 水肥一体化高效节水需求分析

1.4.1 产业政策

2016年9月9日，农业部办公厅印发《推进水肥一体化实施方案（2016—2020年）》的通知指出，我国水资源总量不足，时空分布不均，干旱缺水严重制约着农业发展。大力发展节水农业，实施化肥使用量零增长行动，推广普及水肥一体化等农田节水技术，全面提升农田水分生产效率和化肥利用率，是保障国家粮食安全、发展现代节水型农业、转变农业发展方式、促进农业可持续发展的必由之路。2020年3月4日，农业农村部办公厅印发《2020年农业农村绿色发展工作要点》指出，加快发展节水农业，以玉米、马铃薯、棉花、蔬菜、瓜果等作物为重点，大力推广膜下滴灌水肥一体化、集雨补灌软体集雨窖、全膜覆盖、半膜覆盖等农业旱作节水技术，提高天然降水和灌溉用水利用效率。以粮食生产功能区和重要农产品生产保护区为重点，完成高效节水灌溉建设任务。

贵州省十一届二次全会提出推进“5个100工程”重点发展平台建设，其中包括100个现代高效农业示范区建设。省十二届人大一次会议通过的《政府工作报告》指出，要重点打造100个现代高效农业示范区。2013年3月21日，省人民政府办公厅关于印发《贵州省100个现代高效农业示范园区建设2013年工作方案的通知》（黔府办发〔2013〕17号），根据省委、省政府的安排部署，结合各地农业产业发展情况，共筛选出113个创建点建设100个现代高效农业示范园区，并制定了工作目标和实施方案。到2017年，100个现代高效农业示范园区实现规划设计科学、产业特色鲜明、基础设施配套、生产要素集聚、科技含量较高、经营机制完善、产品商品率高、综合效益显著，成为做大产业规模、提升产业水平、促进农民增收、推动经济发展的“推进器”和“发动机”。截至目前，贵州省大力发展现代高效农业示范园区，已初步实现了规划设计科学、产业特色鲜明、基础设施配套、生产要素集聚、科技含量较高、经营机制完善、产品商品率高、综合效益显著的特点。

2018年2月4日，中共中央、国务院正式公布《关于实施乡村振兴战略的意见》（“2018中央1号文件”），产业兴旺是乡村振兴的一个重要支撑和标志，这已成为促进农村经济高质量发展的基础性任务。2018年2月9日，贵州召开农村工作会议，省委书记、省人大常委会主任孙志刚指出，要在全省范围内来一场振兴农村经济的深刻的产业革命，要在转变思想观念上来一场革命，在转变产业发展方式上来一场革命，在转变作风上来一场革命，推动产业扶贫和农村产业结构调整取得重大突破。

2018年7月25日，贵州省农委印发《关于500亩以上坝区农业产业结构调整的指导意见》，明确将对全省坡度小于6度、面积500亩以上的种植土地大坝进行农业产业结构调整，努力培育全省农业现代化的“样板田、科技田、效益田”。通过详细调查确定，全省共有500亩以上坝区1725个，涉及86个县（市、区）、854个乡镇、4700个村，其种植土地面积488.6万亩，占全省耕地面积的7.2%，平均每个坝区的种植面积2832亩。按照“因地制宜、优产协调、绿色引领、创新驱动、市场导向、融合发展”原则，全省将以500亩以上坝区为突破口，大力调减低效作物种植，发展优质稻、蔬菜、草本中药材等有市场需求的高效经济作物。到2020年，全省将实现坝区平均亩纯收入比上年增加15%以上、化肥和化学农药使用量零增长、化肥农药利用率不低于40%等目标，力争将500亩以上坝区建成特色优势农业高产高效示范区。为严格保护500亩以上坝区种植土地，实现坝区农业产业规模化发展，2019年2月1日，《省人民政府办公厅关于印发贵州省500亩以上坝区种植土地保护办法的通知》（黔府办函〔2019〕17号）。

为贯彻落实贵州省委、省政府关于纵深推进农村产业革命的决策部署，采取更加有力举措，支持新型农业经营主体推进500亩以上坝区农业产业发展，省人民政府办公厅于2019年2月25日《省人民政府办公厅关于支持新型农业经营主体推进500亩以上坝区农业产业发展的意见》（黔府办发〔2019〕4号）。2019年6月21日，贵州省委省政府领导领衔推进农村产业革命联席会议召开，会议指出，以茶、食用菌、蔬菜、生态畜牧、石斛、水果、竹、中药材、刺梨、生态渔业、油茶、辣椒等特色产业为主攻方向，深入推进农村产业革命，是贵州按时打赢脱贫攻坚战的必然要求，也是贵州深化农业供给侧结构性改革、推动乡村产业振兴的必经之路。

1.4.2 应用需求

水肥一体化是现代农业的“一号技术”，发展水肥一体化高效节水农业是现代农业的现实需要，是转变农业发展方式、加快生态宜居搬迁的重要举措，是保护生态环境的必然要求，也是提高农业综合效益的根本途径。贵州水资源丰富，多年平均水资源量1062亿m^3，居全国第9位。人均占有水资源2800m^3，居全国第10位，高于全国人均水资源占有量2091m^3的平均水平。全省水利工程年供水能力116亿m^3。

贵州省水资源时空分布不均，年际变化大，如2011年极端干旱条件下，年径流量为626亿m^3，仅为多年平均径流量的59%。年内分配极不均匀，丰水期5—10月来水量占全年总水量的75%至80%；枯水期11月—次年4月水量仅占全年总水量的20%～25%，且洪旱交替、旱涝急转。空间分布上南多于北，东多于西。

贵州喀斯特地貌发育，导致水资源开发利用难度大，加之水利基础设施薄弱，工程性缺水问题仍然十分突出。加之，农业灌溉主要依靠水库山塘供水，且灌溉方式为大水漫灌，亩均用水量在400m^3以上，且一方面由于农作物不能适时灌水，影响了产量和品质，另一方面农作物吸收利用率不高，造成大量水资源浪费。

通过发展水肥一体化高效节水技术，可实现节水率达50%以上，还能减少化肥、农药使用量，在缓解水资源短缺的同时，节约的水用于发展戈壁生态农业和林业生态灌溉，可以有效保护生态环境。

通过发展水肥一体化高效节水技术，可实现错峰蓄水、适时灌水，并根据农作物不同生长期对水分和营养元素需求进行适时灌水、精准施肥。经实验对比，猕猴桃、葡萄、火龙果增产幅度分别提高30%、10%、20%以上，且大幅度减少了灌水、施肥、喷药、除草等人工投入，亩节本增效1000元以上，有效提高了农业综合效益。

通过发展水肥一体化高效节水技术，农业生产条件得到大幅提升，有效提高经营主体流转土地发展适度规模经营的积极性，在带动农户增加土地流转收入和务工收入的同时，推动农业生产向规模化、标准化、产业化方向发展，为农业可持续和高质量发展，实现产业振兴奠定了坚实基础。

1.5 本章小结

本章分析了高效节水灌溉技术的国内外研究现状、明确了高效节水灌溉技术研究的必要性与可行性，开展了水肥一体化高效节水的需求分析。

第2章

山地水肥一体化的关键技术

2.1 CFD技术

CFD是计算流体力学（Computational Fluid Dynamics）的简称，是目前流体力学理论分析的主要方法，它产生于20世纪60年代，该学科是建立在计算机的强大计算能力之上的，是综合数学、流体力学和计算机等科学的交叉学科。其主要的应用是通过计算机计算和数值模拟分析的方法求解流体力学中的微分方程，并对流体力学的相关问题进行分析研究。与实际的流体试验分析相比，计算流体力学的方法减少了试验平台、设备搭建带来的费用投入。该技术是通过计算机分析流体各项数据，通过系统内部的物理模型加快流体分析的求解速度，分析得出结果的速度更快、更精准。

CFD技术的应用：①前期对导入CFD软件内的模型进行网格划分，适合的网格会提高计算的准确度，节省分析耗时；②通过对控制方程、离散方法、数值计算方法以及参数的设定完成求解器的设定；③计算机对分析结果呈现出速度场、压力场及其他参数进行后处理。对于上述三个重要的步骤，不同的CFD软件的处理过程各有优势。

FloEFD软件是一款能够同步CFD的流体分析软件。FloEFD软件与传统的CFD软件都基于同样的数学原理以有限体积元分析方法进行流体分析，能够与Inventor、Solid Edge、SolidWorks以及其他主流CFD软件无缝集成。但与传统的CFD软件相比该软件具有其他的技术优势。FloEFD处理仿真过程中的每个步骤直接利用三维模型分析数据、生成网格、求解和结果的所有步骤都包含在一个数据包内；FloEFD直接使用原始固体模型进行模拟分析，CFD不需要“模型转换”或“定义流体区域”步骤。网格生成的步骤仍需要，但它所需要的时间仅数分钟，而不是来回反复消耗数小时，用户可以节省大量的时间和精力。FLoEFD软件支持整套的物理仿真应用：高端流流场、压缩流、空腔模拟等。

2.1.1 物理模型

2.1.1.1 湍流的特点

湍流是不规则、多尺度、有结构的流动，一般是三维、非定常的，具有很强的扩散性和耗散性。从物理结构上看，湍流是由各种不同尺度的带有旋转结构的涡叠合而成的流动，这些涡的大小及旋转轴的方向分布是随机的。大尺度的涡主要由流动的边界条件决定，其尺寸可以与流场的大小相比拟，它主要受惯性影响而存在，是引起低频脉动的原因；小尺度的涡主要是由黏性力决定，其尺寸可能只有流场尺度的千分之一量级，是引起高频脉动的原因。大尺度的涡破裂后形成小尺度的涡，较小尺度的涡破裂后形成更小尺度的涡。在充分发展的湍流区域内，流体涡的尺寸可在相当宽的范围内连续变化。大尺度的涡不断地从主流获得能量，通过涡间的相互作用，能量逐渐向小尺寸的涡传递。最后由于流体黏性的作用，小尺度的涡不断消失，机械能就转化为流体的热能。同时由于边界的作用、扰动及速度梯度的作用，新的涡旋又不断产生，湍流运动得以发展和延续。

相比于一般湍流，旋转湍流中的旋转效应改变了近壁湍流脉动旋度，圆周方向湍流强度增强。在流体机械中，由于强旋转、大曲率和多壁面的共同影响，旋转湍流的各向异性特性更加突出，更容易产生流动分离，在叶片表面存在更大范围的强剪切流动，甚至是由层流到湍流的转捩流动（王福军，2016）。

2.1.1.2 湍流的计算方法

无论湍流运动多么复杂，非稳态的连续方程和 Navier - Stokes 方程对于湍流的瞬时运动仍然是适用的。但是，湍流所具有的强烈瞬态性和非线性使得与湍流三维时间相关的全部细节无法用解析的方法精确描述，况且湍流流动的全部细节对于工程实际来说意义不大，因为人们所关心的经常是湍流所引起的平均流场变化。这样，就出现了对湍流进行不同简化处理的数学计算方法。其中，最原始的方法是基于统计平均或其他平均方法建立起来的时均化模拟方法。但这种基于平均方程与湍流模型的研究方法只适用于模拟小尺度的湍流运动，不能够从根本上解决湍流计算问题。为了使湍流计算更能反映不同尺度的漩涡运动，研究人员后来又发展了大涡模拟、分离涡模拟与直接数值模拟等方法。总体来说，湍流的计算方法主要分为三类：雷诺时均模拟、尺度解析模拟和直接数值模拟。其中，前两类方法可看成是非直接数值模拟方法。

1. 雷诺时均模拟方法

雷诺时均模拟方法是指在时间域上对流场物理量进行雷诺平均化处理，然后求解所得到的时均化控制方程。比较常用的模型包括 Spalart - Allmaras 模型、k - ε 模型、k - ω 模型和雷诺应力模型等。雷诺时均模拟方法计算效率较高，解的精度也基本可以满足工程实际需要，是流体机械领域使用最为广泛的湍流数值模拟方法。

2. 尺度解析模拟方法

尺度解析模拟方法是指对流场中一部分湍流进行直接求解，其余部分通过数学模型来计算。比较常用的模型包括大涡模拟、尺度自适应模拟、分离涡模拟和嵌入式大涡模拟等。这种方法对流场计算网格要求较高，特别是近壁区的网格密度要远大于雷诺时均法，因此所需要的计算机资源较大，但在求解瞬态性和分离性比较强的流动，特别是流体机械偏离设计工况的流动时具有优势。

3. 直接数值模拟方法

直接数值模拟方法（Direct numerical simulation，DNS）是直接用瞬态 Navier - Stokes 方程对湍流进行计算，理论上可以得到准确的计算结果。但是，在高雷诺数的湍流中包含尺度为 10～100 μm 的涡，湍流脉动的频率常大于 10 kHz，只有在非常微小的空间网格长度和时间步长下，才能分辨出湍流中详细的空间结构及变化剧烈的时间特性。对于这样的计算要求，现有的计算机还是比较困难的，DNS 目前还无法用于真正意义上的工程计算。但是，局部时均化模型为开展 DNS 模拟提供了一种间接方法。该模型是一种桥接模型，通过控制模型参数可以实现从雷诺时均模拟到接近 DNS 的数值计算，是一种有着发展潜力的计算模型。

根据流体在文丘里内的流动特性，可认为流体在整个泵内是湍流流动。FLUENT 软件中提供以下湍流模型：Spalart - Allmaras 模型、k - ε 模型、k - ω 模型、雷诺应力模型 (RSM)、大涡模拟模型（LES）。其中 k - ε 模型主要分标准 k - ε 模型、RNG k - ε 模型和可实现的 k - ε 模型三种。

（1）标准 k - ε 模型。最简单的完整湍流模型是两个方程的模型，要解两个变量——速度和长度尺度。在 FLUENT 中，标准 k - ε 模型适用范围广、经济，且具有合理的精度。

湍流动能输运方程是通过精确的方程推导得到，耗散率方程是通过物理推理，数学上模拟相似原型方程得到的。

应用范围：该模型假设流动为完全湍流，分子黏性的影响可以忽略，此标准 k - ε 模型只适合完全湍流的流动过程模拟。

（2）RNG k - ε 模型。RNG k - ε 模型来源于严格的统计技术，它和标准 k - ε 模型很相似，但是有以下改进：

1）RNG 模型在 ε 方程中加了一个条件，有效地改善了精度。

2）考虑到了湍流漩涡，提高了这方面的精度。

3）RNG 理论为湍流 Prandtl 数提供了一个解析公式，然而标准 k - ε 模型使用的是用户提供的常数。

4）标准 k - ε 模型是一种高雷诺数的模型，RNG 理论提供了一个考虑低雷诺数流动黏性的解析公式。

这些特点使得 RNG k - ε 模型比标准 k - ε 模型在更广泛的流动中有更高的可信度和精度。

（3）可实现的 k - ε 模型。可实现的 k - ε 模型是才出现的，比起标准 k - ε 模型有两个主要的不同点：可实现的 k - ε 模型为湍流黏性增加了一个公式；为耗散率增加了新的传输方程，这个方程来源于一个为层流速度波动而作的精确方程。

可实现的 k - ε 模型直接的好处是对于平板和圆柱射流的发散比率能更精确地预测。而且它对于旋转流动、强逆压梯度的边界层流动、流动分离和二次流有很好的表现。

可实现的 k - ε 模型和 RNG k - ε 模型都显现出比标准 k - ε 模型在强流线弯曲、漩涡和旋转有更好的表现。最初的研究表明可实现的 k - ε 模型在所有 k - ε 模型中流动分离和复杂二次流有很好的作用。

该模型适合的流动类型比较广泛，包括有旋均匀剪切流、自由流（射流和混合层）、腔道流动和边界层流动。对以上流动过程模拟结果都比标准 k - ε 模型的结果好，特别是可再现 k - ε 模型在圆口射流和平板射流模拟中，能给出较好的射流扩张。

本研究综合考虑了流体是否可压、精度的要求、计算机的能力、时间的限制等方面的因素，湍流模型选取 RNG 模型 k - ε。

2.1.2 网格划分

在网格划分之前，最好从数值仿真的全局出发明确要求，比如精度要求、计算时间要求、计算机配置等；思考是使用结构网格，还是非结构网格，抑或是混合网格，因为这关系到接下来的网格划分布置和划分策略。

在确定了网格类型之后，根据模型情况构思网格拓扑，就是要明确自己最终想得到什么样的网格，比如翼型网格，是C型还是O型；一个圆面是想得到“内方外圆”的铜钱币类型的网格，还是一般的网格等。确定了网格拓扑之后，就要进行划分网格前的准备，比如分割、对尺度小且对计算结果影响不大的次要几何进行简化等。

划分网格都是从线网格、面网格，到体网格的；线网格的划分，也就是网格节点的布置，对网格的质量影响比较大，比如歪斜、长宽比等，节点密度在GAMBIT中可以通过很多的方法进行控制调整，可以参照相关的资料。面网格的划分，非结构的网格在此处暂且不谈，结构网格可能有时比较麻烦，这就要求最好对几种网格策略比较了解，比如Quad-Map划分方法所适用的模型形状，在划分的时候对顶点类型及网格节点数的要求（Quad-Map，适用于边数大于或等于4的面，顶点要求为4个End类型，其他为Side类型，对应边的网格节点数必须相等），以此类推，其他的划分方法也有这方面的要求以及适合的形状。当出现了不能划分的时候，可以根据GAMBIT给的提示进行修改顶点类型或网格节点数来满足划分方法的要求。如果实在不能划分，则退而求其次，改用其他方法进行划分或者对面进行分割等。关于体网格的划分，与面网格划分所要注意的东西类似。

结构网格比较容易划分，计算结果也比较好，计算时间也相对较短；对于复杂的几何，在尽量少地损失精度的前提下，尽量使用分块混合网格。在使用分块混合网格时注意两点：①近壁使用边界层网格，这对于近壁区的计算精度很有帮助，尽管使用足够多的非结构网格可以得到相同的结果（倘若在近壁区使用网格不当，那么湍流黏性比超过限定值的警告就可能出现）；②分块网格在分块相邻的地方一定要注意网格的衔接要平滑，相邻网格的尺寸不能相差太大，尽量控制在1.2左右。否则在计算时容易出现不收敛或者高连续方程残差的问题。

最后，要预览检查网格的质量。网格导入Fluent中之后，grid->check，可以看到网格的大致情况，有无负体积等；在Fluent窗口输入——grid quality，然后回车，Fluent会显示最主要的几个网格质量。

Fluent计算对网格质量的主要要求如下：

（1）网格质量参数。

Skewness（不能高于0.95，最好在0.90以下；越小越好）；

Change in Cell-Size（也是Growth Rate，最好在1.20以内，最高不能超过1.40）；

Aspect Ratio（一般控制在5∶1以内，边界层网格可以适当放宽）；

Alignment with the Flow（就是估计一下网格线与流动方向是否一致，要求尽量一致，以减少假扩散）；

高长宽比的单元使离散方程刚性增加，导致迭代收敛减慢，甚至困难。也就是说，Aspect Ratio应尽量控制在推荐值之内。

（2）网格质量对精度的影响。

相邻网格单元尺寸变化较大，会大大降低计算精度，这也是为什么连续方程高残差的原因。网格线与流动是否一致也会影响计算精度。

（3）网格单元形状的影响。

对于复杂几何，在近壁这些对流动影响较大的地方尽量使用结构网格，在其他次要区域使用非结构网格。

由于计算文丘里为水平进水偏向进口的结构型式，其腔内为锥形喷嘴以及斜面等复杂结构。为提高数值计算的精确性，在网格的划分上利用非结构化网格进行计算，在结构变化大的位置（文丘里的喷嘴、拐角和斜面），进行网格加密处理。

2.1.3 数学模型

流体力学的核心是流体动力学，该理论对流体运动过程中的各类参数的研究具有重要意义。通常，以拉格朗日法和欧拉法对流体运动规律展开研究。拉格朗日法是将流场中的质点作为研究对象，通过跟踪质点的运动，研究整个流场的运动规律。欧拉法是以流场空间中的位置作为分析研究的对象，通过分析流场中各位置质点的运动，从而确定整个流场内部的规律。对两种研究方法而言，质点在流场中的运动规律复杂多变且不易掌控；此外，实际工程应用过程中极少考虑单个质点的运动情况，只需知道流场中特定位置或空间整体的流体的流动情况。例如，管道内部流体分析的相关问题，主要研究流量以及流体过截面流速等问题，无需考虑质点的具体特性，因此以欧拉法作为后续管道内流体分析的基础方法。

管道内部流体分析在应用欧拉方法研究外，对于反映管道内部流体流动规律的基本方程——连续性方程、伯努利方程、动量方程的合理应用是解决实际问题的关键。从元流、总流、恒定流的角度，运用质量守恒定律、能量守恒定律、动量守恒定律解释上述三个经典方程的应用原理。元流为过流面积无限小的 dA 的流束；总流为无数元流的总和，管道流动均属总流；恒流量是流场中运动参数不随时间变化的流动，恒定流是理想化的流体。严格地讲，恒定流在实际中是不存在的，因在工程上的很多流体的传动，其自身的参数随时间的变化很小，以至于可以忽略，这些流动可以视为恒定流。

2.1.3.1 连续性方程

连续性方程就是质量守恒定律在流体动力学中的具体表现形式，它反映了流体的流动速度沿流向的变化规律。从质量守恒的原理出发，通过元流分析的思想，解释恒定流连续性方程式：流体过流截面，假设两截面上的平均速度记为 v_1、v_2，密度分别为 ρ_2、ρ_1，流体连续运动如图 2-1所示。

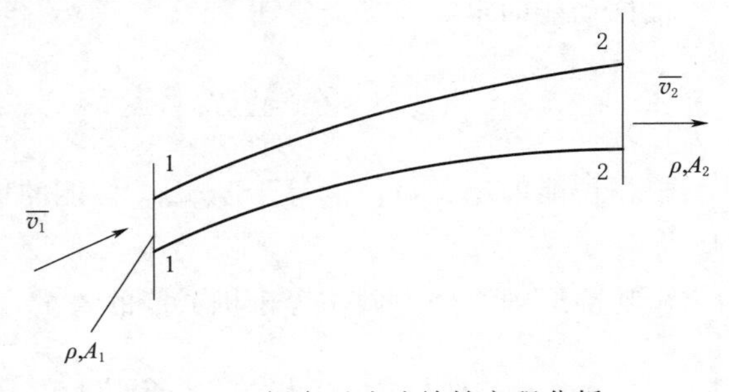

图 2-1 恒定元流连续性方程分析

根据流量计算公式，单位时间内通过界面 A_1 流入的流体质量为

$$m_1 = \rho_1 \overline{v_1} A_1 \mathrm{d}t = \rho_1 q v_1 \mathrm{d}t \tag{2-1}$$

同理，经界面 A_2 流出的流体质量 $m_2=\rho_2\overline{v_2}A_2\mathrm{d}t=\rho_2 q v_2\mathrm{d}t$。假设流体在恒定流状态下，则两端面之间流体的质量无变化，根据质量守恒定律，流入截面 A_1 和流出截面 A_2 的流体质量相等，即

$$\rho_1 q v_1\mathrm{d}t=\rho_2 q v_2\mathrm{d}t \tag{2-2}$$

将公式中的 $\mathrm{d}t$ 消去，得出总的恒流连续方程式为

$$\begin{cases}\rho_1 q_{v1}=\rho_2 q_{v2}\\ \rho_1\overline{v_1}A_1=\rho_2\overline{v_2}A_2\end{cases} \tag{2-3}$$

对于不可压缩的流体，$\rho_1=\rho_2$，因此方程式可简化为

$$\begin{cases}q_{v1}=q_{v2}\\ \overline{v_1}A_1=\overline{v_2}A_2\end{cases} \tag{2-4}$$

根据不可压缩流体的连续方程式表明：不可压缩流体在管道内流动时，流速与截面面积成反比，利用该理论可以判断不同截面上的流速的变化关系。

2.1.3.2 伯努利方程

伯努利方程又称为能量方程，它是能量转换和守恒定律在流体力学中的具体表现形式。从机械守恒原理出发，建立不可压流体一元恒定流方程，解释伯努利方程的原理。

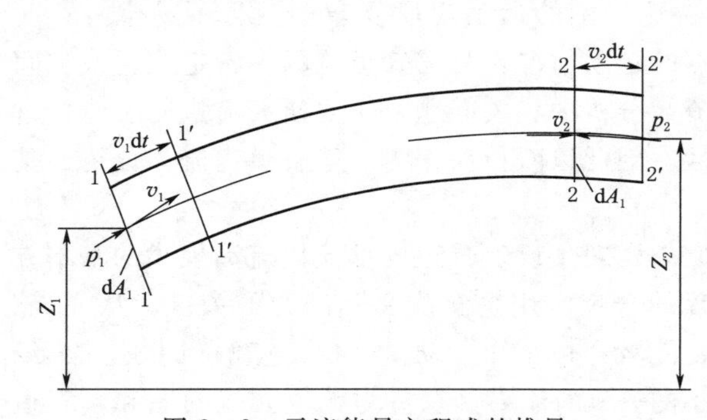

图 2-2 元流能量方程式的推导

如图 2-2 所示，元流在 $\mathrm{d}t$ 时间内从 1-2 位置处，流动到 1′-2′位置处机械能的增加量应该等于 1′-2′段机械能与 1-2 段内机械能之差。假设为恒定流，1′-2′段内的机械能在 $\mathrm{d}t$ 时间前后不变。因此，机械能增量等于 2-2′与 1-1′段内的机械能之差。

流体不可压缩，因此 1-1′段内与 2-2′段内的流体质量可表示为

$$m=\rho\mathrm{d}q_v\mathrm{d}t=\frac{\gamma\mathrm{d}q_v\mathrm{d}t}{g} \tag{2-5}$$

根据动能的定义：动能等于 $\frac{1}{2}mv^2$，得动能增量为

$$\frac{\gamma\mathrm{d}q_v\mathrm{d}t}{g}\left(\frac{v_2^2}{2}-\frac{v_1^2}{2}\right)=\gamma\mathrm{d}q_v\mathrm{d}t\left(\frac{v_2^2}{2g}-\frac{v_1^2}{2g}\right) \tag{2-6}$$

根据位能的定义：位能等于 mgZ，位能的增量为

$$\gamma\mathrm{d}q_v\mathrm{d}t\ (Z_2-Z_1) \tag{2-7}$$

由功能原理：外力做功等于机械能的增量，得

$$(p_1-p_2)\ \mathrm{d}q_v\mathrm{d}t=\gamma\mathrm{d}q_v\mathrm{d}t\left(\frac{v_2^2}{2g}-\frac{v_1^2}{2g}\right)+\gamma\mathrm{d}q_v\mathrm{d}t\ (Z_2-Z_1) \tag{2-8}$$

上述公式两边同除 $\mathrm{d}t$，得

$$\left(\frac{p_1}{\gamma}+Z_1+\frac{v_1}{2g}\right)\gamma\mathrm{d}q_v=\left(\frac{p_2}{\gamma}+Z_2+\frac{v_2}{2g}\right)\gamma\mathrm{d}q_v \tag{2-9}$$

上述公式为全部流量的能量平衡方程，元流总能量方程。

将上述公式同除 γdq_v，得单位重量的能量平衡方程为

$$\frac{p_1}{\gamma}+Z_1+\frac{v_1}{2g}=\frac{p_2}{\gamma}+Z_2+\frac{v_2}{2g} \tag{2-10}$$

上述公式为理想流体恒定元流能量方程，即伯努利方程。

流体在实际传动的过程中，内部摩擦会阻碍流体的流动，做负功，使流体的动量沿着流动方向不断减少，该损失的能量记为 h_l'，实际过程中为

$$\frac{p_1}{\gamma}+Z_1+\frac{v_1}{2g}=\frac{p_2}{\gamma}+Z_2+\frac{v_2}{2g}+h_l' \tag{2-11}$$

2.1.3.3 动量方程

动量方程是在动量守恒定律的基础上分析得来的。物理学中的定义为：动量是物体的质量 m 与速度 v 的乘积；冲量是物体上的合外力 $\sum F$ 与单位作用时间 dt 的乘积。动量变化量的数学表达式为

$$\sum F dt=d(mv) \tag{2-12}$$

将上述公式应用到不可压流体中的恒定流，如图 2－3 所示。以 1－1 断面和 2－2 断面间的流体作为研究对象，两断面的相关参数如图 2－3 所示，流体从 1－1 断面流至 1′－2′所用时间为 dt 且 dt 无限小，故 1 断面的参数和 1′断面上的参数相同，2 断面上的参数和 2′断面上的参数相同。根据恒定流定义，1′－2 空间内的流体动量保持不变，因此，dt 时间内前后流体的动量变化等于 2－2′空间内的动量与流体在 1－1′空间内的动量之差，得

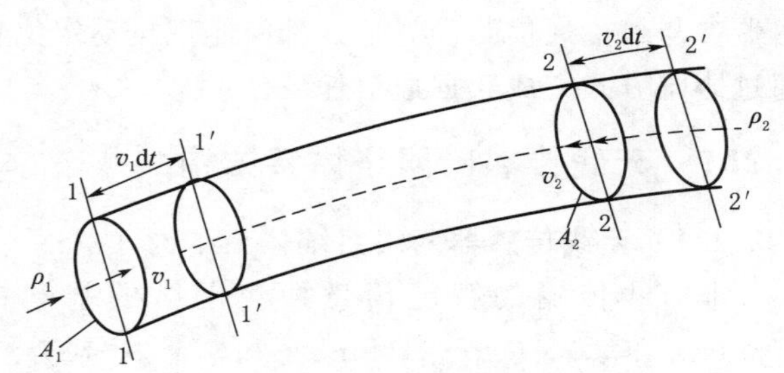

图 2－3 动量方程的推证

$$d(m\,\overline{v})=m_2\,\overline{v_2}-m_1\,\overline{v_1}=\rho qv dt\,\overline{v_2}-\rho qv dt\,\overline{v_1} \tag{2-13}$$

将其代入公式得

$$\sum F dt=\rho q_v dt\,\overline{v_2}-\rho q_v dt\,\overline{v_1} \tag{2-14}$$

两边同除 dt 得

$$\sum F=\rho q_v\,\overline{v_2}=\rho q_v dt\,\overline{v_1} \tag{2-15}$$

上述公式中流体的动量是用平均流速计算的，实际断面上的流速是不均匀的，用平均的速度计算动量与实际动量间存在的误差，为此引入修正系数 α_0 对其进行修正，即

$$\sum F=\alpha_{02}\rho q_v\,\overline{v_2}-\alpha_{01}\rho q_v\,\overline{v_1} \tag{2-16}$$

式（2－16）为不可压流体的恒定流动能量方程式。该公式表明：作用于流端上的全部外力的向量和等于单位时间内流出与流入该段的动量的向量差。为方便计算该公式常写成

$$\begin{cases}\sum F_x=\alpha_{02}\rho q_v v_{2x}-\alpha_{01}\rho q_v v_{1x}\\ \sum F_y=\alpha_{02}\rho q_v v_{2y}-\alpha_{01}\rho q_v v_{1y}\\ \sum F_z=\alpha_{02}\rho q_v v_{2z}-\alpha_{01}\rho q_v v_{1z}\end{cases} \tag{2-17}$$

式中 $\sum F_x$、$\sum F_y$、$\sum F_z$——流体所受外力在相应坐标轴上的投影和代数和，N；

ρ——流体密度，kg/m^3；

v_{1x}、v_{1y}、v_{1z}——1断面的平均流速在相应坐标轴上的投影，m/s；

v_{2x}、v_{2y}、v_{2z}——2断面的平均流速在相应坐标轴上的投影，m/s；

α_{01}、α_{02}——1断面、2断面的动量修正系数，一般选择为1～1.05，工程计算常取$\alpha_{01}=\alpha_{02}=1.0$。

2.2 无线传感器网络技术

无线传感器网络（WSN）是通过许多价格较低的非有线通信节点形成的，每个节点都自行使用非有线的传输方式组织成许多可以跳通信的自动构成网络系统，它的主要作用是相互协作地感知、获得和运算网络区域中感知对象的信息，同时传输给需要者。当中，节点设备、受观察对象、接收者是WSN的三大要素。传感器节点采用广播通信，每个节点均具有采集数据、数据处理等能力。每个节点都有自己的物理地址，都可以视作一个路由器参与最优通信路径寻址，都能实现自动定位功能，能帮助观察者实现定位，节点之间通过协同方式完成数据通信任务。

2.2.1 无线传感器网络体系结构

2.2.2.1 无线传感器网络系统体系结构

非有线传输的智能信息搜集网络的基本构成部分有智能数据采集效应的节点（Node）、信息汇总节点（Sink）和整个发号施令的节点。节点布置在监测区域内，当采集到数据信息后就会按照某种传输方式将数据包向汇集节点传输，在传输的过程中数据信息可能会被处理，经过多条传输后数据包到大汇集处或者稳定的设备BS，最后可以通过现有的网络或者卫星到达发号施令的节点。用户通过发号施令节点就能获取想要的信息，同时管理者也可以通过管理节点向WSN网络发送任务指令，实现在线控制。

目前，WSN的初始布置有两种方案：一种是大规模的随机布置；另一种是针对具有特定用途的有计划的布置。当工作环境为人员不可达时，节点只能通过飞行器或者其他随机撒播的方式来布置，这种方式称之为随机布置节点。相反，当节点可以被精确布置到工作区域中指定的位置时，可认为计划布置节点，目前这种布置方式在实际应用中很常见，适合用于网络节点数目较少的环境中。鉴于WSN规模大、密度高，在随机布置时可能导致节点分布密度疏密不均，覆盖呈现出盲区或者重叠很容易导致节点在通信时出现区域性中断。因而，在初始布置节点后还要采取相应的覆盖控制方法才能达到理想中的网络。

根据不同的应用环境，基于节点的移动性，目前研究者们将节点覆盖分为移动覆盖和静止覆盖。静止覆盖又包括区域覆盖和栅栏覆盖。其中，气候监测、森林防火等区域应用区域覆盖较多；边境入侵检测应用一般采用栅栏覆盖，Kumar等人是最先提出栅栏覆盖的。移动覆盖包括区域覆盖、事件监测和栅栏覆盖。Liu等人通过研究节点的移动性对区域覆盖产生的影响，证实了在一定时间间隔中移动节点在一定程度上可以提高区域的覆盖率。

2.2.2.2 无线传感器网络通信体系结构

在互联网中，为了规范和设计网络体系结构中提出的抽象，人们提出了网络参考模型，具有代表性的参考模型有 OSI 参考模型和 TCP/IP 参考模型。其中 OSI 参考模型是国际标准化组织（ISO）于 20 世纪 80 年代初提出来的，其最大的特点是开放性，它将服务、接口和协议三个概念很清晰地分开了。

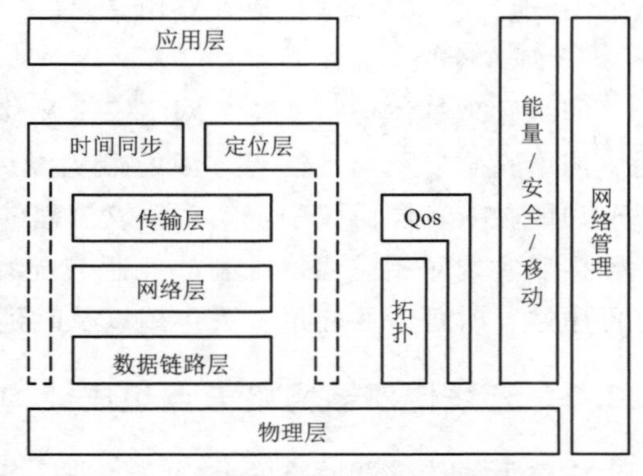

图 2-4 无线传感器网络通信体系结构

研究人员根据 OSI 参考模型，通过研究改进将无线传感器网络系统的协议栈划分为物理层、数据链路层、网络层、传输层、应用层，还包括时间同步和定位层。无线传感器网络通信体系结构如图 2-4 所示。

1. 物理层

物理层位于网络的最底层，负责载波频率的生成、信号的调制与解调以及信号的收发等工作，载波媒体一般选择红外线、无线电波和激光。物理层向数据链路层提供“物理连接服务”“物理服务数据单元服务”和“顺序化服务”。“物理连接服务”是指向数据链路层提供物理连接，数据链路层通过物理接口将数据传输给物理层，物理层就会通过传输介质将数据比特流传输给对等的数据链路层。“物理服务数据单元服务”指在传输介质上传输的“0”“1”比特流。“顺序化服务”指提供信道传输的“0”“1”信号为原信号顺序。

2. 数据链路层

在物理媒介上传输的比特流可能受到不可靠因素的影响而产生差错，数据链路层是在物理层提供的服务基础之上，实施流量控制和差错控制。本层传输的是数据帧，提供数据链路层的激活、保持和去活，对数据帧实时检错与纠错。

3. 网络层

网络层负责对通信子网的运行进行控制，提供路由和交换功能，包括网络层的激活、保持和终止链接。本层在路由选择时还提供了流量控制，防止网络中出现区域性的拥挤和阻塞。

4. 传输层

传输层主要是向用户提供可靠、透明的端到端的数据传输，还包括差错控制及流量控制机制。它将应用通信子网与高层应用分离，提供源到目的间的准确无误的数据传输。

5. 应用层

应用层位于整个体系的最高层，本层的协议直接为应用进程提供服务，包括实时监测、环境温湿度控制、病人体质变化等。

6. 时间同步和定位层

时间同步和定位层其在协议中既依赖传输层及以下各层，同时也为各层提供信息支持。在 WSN 布网成功后，全网开始初始化，实现全网时间同步，保证相邻节点之间实施相同调度，确保数据准确无误地传输，一般节点采用的传输时隙较大，时钟漂移相对较小，时隙转换间隙足以满足时钟漂移。在特殊的应用中需要定位层提供定位信息，包括节点的 IP 地址、MAC 地址以及路由信息等。

7. 网络管理

网络管理具体包括能耗、网络安全及移动性管理，主要协调各层的功能从而达到在能耗、网络安全以及移动性等方面的最优设计。Qos（Quality of Service）及拓扑管理是将部分功能融入各层协议中，实现协议流程的最优化，部分功能是独立于协议层之外，通过特殊接口实现对相应通信机制的控制与配置。其中在 Qos 研究中，人们比较关注的指标有可用性、时延、吞吐量、丢包率以及时延变化。

2.2.2 无线传感器网络节点组成架构

构建无线传感器网络的前提条件是具备可靠有效的节点，节点设计需要满足特殊应用的特殊要求，WSN 节点设计需要考虑的因素：节点微型化、经济实用性、低能耗等。在选择节点组成硬件时，首要考虑的是提供什么样的服务以及服务质量，按照应用要求设计节点尺寸、计算节点成本和能耗。在某些应用领域中要求节点设计尺寸较小，比如灰尘传感器节点，整个节点可以悬浮在空气中。就实际应用而言，尺寸的选择并不是考虑的重点，而能耗和成本是需要首要考虑的因素。

传感器节点首先进行当地信息采集，再次将其传输出去，同时还要转发，有时必须当地保存、相同数据处理，甚至协助其他节点完成特殊工作。因而，一般传感器节点组成部分为电源模块、处理器模块、传感器模块、无线通信模块、存储模块以及其他支持模块。传感器节点结构如图 2－5 所示。

WSN 中除了一般传感器节点之外还有汇聚节点，汇聚节点主要用于实现通信网络之间的数据交换，以及不同类型的通信协议栈的转换。汇聚节点起到连接管理平台和传感网络的传输桥梁作用，节点本身不采集任何信息，且电源一般采用市电供电。节点的存储资源较一般节点大，包括存储系统信息和整个网络的数据信息，节点还包含了网络通信模块，主要用于传感网络与其他网络的通信，如 GSM 网络、Ethernet 等。汇聚节点组成部分为电源系统、处理器模块、网络通信模块、节点通信模块、存储模块等。汇聚节点结构如图 2－6 所示。

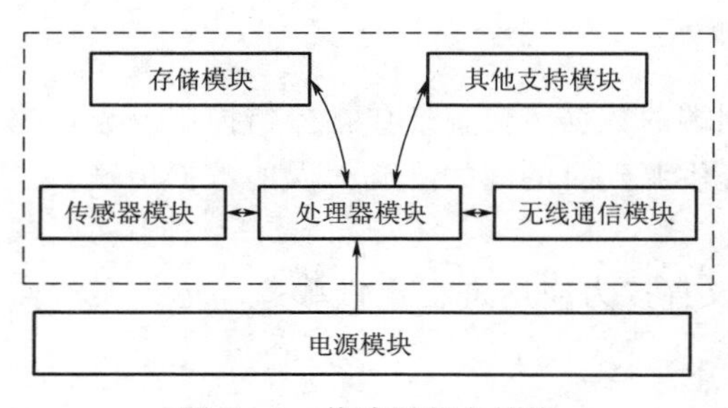

图 2－5 传感器节点结构

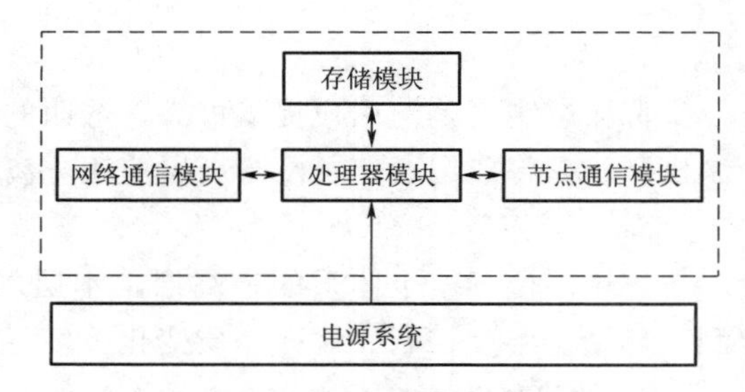

图 2－6 汇聚节点结构

2.2.2.1 数据处理模块

数据计算部分直接决定了节点的计算能力和能量消耗，处理器的优劣直接影响整个网络的工作效率以及生命周期。处理器的类型较多，且各有优缺点，在选择处理器时应本着以下要求：

（1）体积小。处理器的引脚较多，其大小直接决定了节点尺寸的大小。

（2）集成度较高。随着IC技术的进步，一般一个芯片能将RAM、ROM、ADC转换器、计数器、定时器、SPI接口等集中在一个芯片上。这样可以省去许多外围电路，能更好地缩小节点体积，减小器件的功耗。

（3）运行速度快。处理器的运行速度直接决定了整个网络工作任务完成的效率，高效率工作能有效地节省整个网络的能量，尽可能地延长网络生命周期。

（4）有充足的外围I/O接口。无线传感器节点由通信模块、传感器模块、电源模块、存储模块等其他模块组成，这些模块均由处理器控制工作，因而需要足够的外围I/O接口才能保证模块间的通信。

（5）低成本。WSN应用领域广，部署面积大，高成本的节点资源是不经济也不可取的。处理器在节点中的成本占有比率大，选择低成本的处理器能有效降低节点资源。

（6）支持多种工作模式。处理器的功耗一般与工作电压、时钟运行速度相关联，工作电压越高，时钟运行速度越快，其功耗就越大。一般处理器都采用两种工作时钟，快速时钟和慢速时钟。处理复杂任务时选择快速时钟，处理一般任务时选择慢速时钟。不处理任务时，处理器处于空闲或者睡眠状态，这样能有效地减少能量消耗，延长节点生命周期。因而，支持多模工作方式的处理器是首选目标。

目前，传感器节点处理器芯片大多选择Atmel公司的AVR系列单片机Atmega128。Atmega128是在AVR RISC结构之上的8位非高功耗CMOS微处理器，鉴于它有先进的控制命令集和一个周期指令处理时间，Atmega128的数据吞吐率高达1MIPS/MHz，这样可以协调系统在功耗和处理速度之间的问题。其提供了128K字节的系统内可编程Flash，能支持10000次写/擦除周期；4K字节的EEPROM，能支持100000次写/擦除周期；4K字节的内部SRAM，能通过SPI实现系统内编程。同时提供了与IEEE1149.1标准兼容的JTAG接口，其可以实现对Flash、EEPROM、锁定位和熔丝位的编程。

2.2.2.2 无线通信模块

无线传感器节点之间采用的无线通信，传输介质可以是射频、红外、激光、声波等。WSN本身的特点是覆盖面积大、节点数目多，网络采用单跳传输，节点能量有限。因而，为了避免节点间的传输干扰，减小不必要的能量消耗，提供高质量的数据传输是通信模块应支持的功能。

在设计通信模块电路时需涉及到3个层面：网络层、媒介访问层和物理层。网络层主要负责建立消息传递路径；媒介访问层主要实现媒介共享；物理层主要负责发送节点和接收节点之间的物理连接，包括避免信道噪声干扰，以及信号调制、解调、数据编码等。合理的通信模块设计直接决定了网络所采用的通信协议，提供优质高效的通信服务。

可以应用在非有线传输智能数据获知网络的通信芯片种类较多，在通信频率、调制方式以及工作效率上各有千秋，目前应用的最多的是Chipcon公司的CC1000系列。

CC1000是频率相当高的单片IC，是吸收了Chipcon公司的SmartRF制作方法，在0.35μm CMOS工艺下生产的。其适用于功率不高和电压不高类型的非有线电子产品。使用频率大致在315MHz、868MHz及915MHz，CC1000能够应用编程方法使其在300～

1000MHz 范围内工作。其采用高效的曼切斯特编码和译码，当调制数据时，CC1000 在同步曼切斯特码模式下使用曼切斯特编码，CC1000 也能进行数据译码和同步工作。曼切斯特码的原理是“0”“1”变化实施的，“0”代表电平低到高转变，“1”代表电平高到低转变。

CC1000 能检查到曼切斯特码干扰信号，当在接收信号中检查到这种干扰时，CC1000 将设置一个曼切斯特码干扰标志。曼切斯特干扰的门限能在 MODEM1 寄存器里设置，可通过管脚 CHP _ OUT（LOCK）监视曼切斯特干扰标志，它是在 LOCK 寄存器里设置的。曼切斯特码使信号拥有稳定的直流元件，这对于某些 FSK 解调器是很必要的。

CC2420 是首款符合 2.4GHz 802.15.4 标准的射频收发器件，是根据 Chipcon 公司的 SmartRF03 技术，在 0.18μm CMOS 工艺下制造出来的。利用此芯片开发的短距离射频传输系统成本低、功耗小，适合于电池长期供电。同时，具备硬件加密、安全可靠、组网灵活、抗毁性强等特点。其可以支持高达 250kbps 的数据传输率，工作频率范围在 2.4～2.4835GHz，采用了直接序列扩频方式，实施 O - QPSK 调制方式，具有较强的抗邻频道干扰能力。因而，不少无线传感器节点制作商和科研者选择 CC2420 作为通信芯片。

2.2.2.3 传感器模块和电源模块

根据不同的应用需求选择相应的传感器，比如光强、温度、适度、加速度、压力、湿度等。选择合适的传感器参数和性能，能提供相应的服务。传感器是采集数据的器件，精确度一定要高，且外围电路的设计一定要尽可能地减少对传感器采集数据的干扰，比如信号的输入和输出等。目前制作传感器比较知名的公司有 Honeywell、Atmel、Veridicom、MAXIM、Sensirion 等。

电源模块是传感器节点的能量来源，能够为系统提供稳定可靠的电压和电流是保证节点正常可靠工作的必要条件，传感器节点一般采用微型电池供电，在一些特殊环境中也可以采用太阳能电池、热资源或者风能积电等方式供电。在设计电路图布线时，要尽可能地减少电源对其他模块工作的干扰。

2.2.3 无线传感器网络操作系统和编程语言

2.2.3.1 TinyOS 操作系统

作为节点能量、接口资源以及内存受限的无线传感器网络，TinyOS 是典型的应用于 WSN 中的操作系统。它是一种应用 nesC 语言编程的基于事件驱动和组件的操作系统。

TinyOS 是由许多特殊设计的功能独立但相互联系的组件构成的，有效地提高了系统的性能。独自的命令和事件组成了每个模块，同时构成了该模块的接口。四个相互关联的部分组成了 TinyOS 的组件：一组简单任务、一组事件处理程序句柄、一组命令处理程序句柄和一个经过封装的私有数据帧。每个组件必须声明自己的接口，便于各个组件相互联系。其中，事件、命令和任务程序将切换帧的状态。为了系统编译时决定应用程序的全部存储空间，TinyOS 应用了静态分布存储帧。

TinyOS 由三大类组件构成：硬件平台抽象组件、合成组件和高层次软件组件。硬件平台抽象组件用于物理硬件和 TinyOS 组件模型的相互映射，合成组件用于高级硬件行为的模拟，高层次软件组件用于数据传输、控制和路由等。

1. TinyOS 的任务

TinyOS 的任务主要用于实时性要求不高的应用中，一般包括两种类型的任务：基本任务模型和任务接口。

基本任务模型中任务的原型声明如下：

```
Task void taskname () {……}
```

用户使用关键字 post 抛出任务，调用方式如下：

```
Result_t ret=post taskname ()
```

对于任务接口模型，其扩展了任务的语法和语义。一般，包括一个异步（async）的 post 命令和一个 run 事件，其中函数的具体声明由接口决定。如一个允许带有一个整型参数的任务接口：

```
Interface TaskParameter {
Async error_t command postTask (uint16_t param);
Event void runTask (uint16_t param);
}
```

使用该任务接口，组件可以抛出一个带有 uint16 _ t 类型参数的任务：

```
Call TaskParameter. postTask (34); //抛出任务
...
Event void TaskParameter. runTask (uint_t param)
{……}//任务运行事件
```

2. TinyOS 的调度器

调度器实现了任务和事件的两级调度，遵循了 FIFO 模型，任务之间不能相互抢占，事件能抢占任务但是事件之间不能相互抢占。

3. TinyOS 的通信

（1）消息缓冲区。TinyOS 的消息缓冲区类型是 message _ t，采用了静态包缓冲区，message _ t 的定义如下：

```
Typedef nx_struct message_t {
    nx_uint8_t header [sizeof (message_header_t)];
    nx_uint8_t data [TOSH_DATA_LENGTH];
    nx_uint8_t footer [sizeof (message_footer_t)];
    nx_uint8_t metadata [message_metadata_t];
    }message_t;
```

（2）通信组件。TinyOS 采用 4 个主动消息通信组件实现了无线消息的收发。

1）AMSwnderC。该组件用于发送消息，且提供了 4 个接口，分别是 AMSend、Packet、AMPacket、Acks。AMSend 实现消息的发送；Packet 用于设置和访问消息的负载域和负载长度等信息；AMPacket 用于访问或设置通信层的目的地址、源地址、消息类型等信息；Acks 控制组件使用或者不使用 ACK 机制。

2）AMReceiverC。该组件提供了 3 个接口，分别是 Receive、Packet 和 AMPacket。一旦接收到相同的通信层类型，同时目的地址是本节点地址或者广播地址数据包时，就通知 AMReceiver. Receive. receive 事件。后两个接口功能与 AMSenderC 相同。

3）AMSnooperC。该组件提供了 3 个接口，分别是 Receive、Packet 和 AMPacket。只有接收到的通信层类型的数据包的目的地址非本地地址和广播地址时，就通知 AMSnooper. Receive. receive 事件，后两个接口功能与 AMSenderC 相同。

4）AMSnoopingReceiverC。该组件提供了 3 个接口，分别是 Receive、Packet 和 AMPacket。一旦接收到具有相同通信层类型的数据包，不管目的地址是什么就通知 AMSnoopingReceiverC. Receive. receive 事件。后两个接口功能与 AMSenderC 相同。

4. 系统启动和初始化

TinyOS 的启动序列使用了以下三个接口。

（1）Init：初始化组件和硬件状态。

（2）Scheduler：初始化和运行任务。

（3）Boot：通知系统已经成功地启动。

其中，Init 用于实现初始化有序地进行，定义如下：

```
Interface Init {
                    Command error_t init ()；
                    }
```

2.2.3.2 TinyOS 编程语言

TinyOS 是基于事件驱动的操作系统，其采用基于组件编程的 nesC 语言编写而成。nesC 是对 C 语言的扩展，大大提高了开发的方便性和执行的可靠性。nesC 有两种类型的组件：模块（module）和配件（configuration）。模块实现接口，提供应用程序代码；配件实现各个组件的连接。组件定义了两个作用域：形式说明（specification）作用域、组件实现（implementation）作用域。组件可以提供和使用接口，接口是一组相关函数集合，其具有双向性是组件间的唯一访问点。

2.2.3.3 关系数据库系统

常用的关系操作主要有：选择（Select）、投影（Project）、连接（Jion）、除（Divide）、并（Union）、交（Intersection）、差（Difference）等，以及查询（Query）操作和增（Insert）、删（Delete）、改（Update）等。其中最主要的部分是查询的表达能力。

2.3 系统框架

2.3.1 Java EE

Java EE（Java Platform Enterprise Edition）是 Sun 公司专门为 B/S 架构下企业级应用开发的公共平台，旨在简化企业级应用开发的复杂度，为企业提供快速、完善的解决方案的开发、部署和管理。

Java EE 帮助企业开发、部署和管理具有可移植、健壮、可伸缩且安全等优点的多层级服务器端Java应用程序。平台通过设计完整服务类（Services）、供开发者直接调用的公共接口（APIs）和本框架下的相关协议，为开发者快速实现基于Web的多层应用开发提供了功能支持。Java EE中包括13种技术规范，限于篇幅，本文对部分内容作简要描述。

企业级JavaBean（Enterprise JavaBean，EJB）部署、运行于服务器端，功能是完成应用程序的业务逻辑，本质上视为一组组合起来实现了某个企业组的业务逻辑JavaBean有序集合。

Servlet（Server Applet）部署、运行于服务器端，用于实现Web页面数据浏览、修改和生成。本质上，servlet就是一个Java接口，interface servlet接口定义的是一套处理网络请求的规范，所有servlet的实现类，都需要具体完成类内定义的5个方法，其中关键是两个生命周期方法init（）和destroy（），以及一个处理请求方法service（）。所有想要处理网络请求的类，即所有servlet接口实现类，都需要回答这3个问题。Servlet不能单独存在，需要部署在servlet容器，比如最常用的tomcat，才能与客户端进行通信。servlet容器监听端口，当接收请求后根据url等信息，决定处理该请求任务的servle，然后调用类内service方法，处理完成后返回一个response，servlet容器将response对象返回给客户端。

JSP（JavaServer Pages）即动态网页技术标准，由Sun公司联合业内其他权威公司共同创建。JSP部署在服务器端，根据客户端请求内容动态地生成HTML、XML或其他格式文档的Web网页，将Web请求结果返回给请求者。

Java EE为开发者提供了很多规范的接口，由开发者设计具体的实现方法，这样做的好处在于为第三方提供了统一接口。

Java EE平台为开发者提供完善的系统级服务，这使得开发者可以将精力聚集在核心业务程序编写上，同时允许组件根据任务需求部署需要的资源，避免资源冗余。依托于众多组件技术，Java EE平台通过自身API实现不同客户端的远程访问，并且实现服务器分布协同工作。组件必须在容器中才能工作，容器分为WEB容器和Enterprise Java Bean容器。容器充当中间件角色，即将应用程序运行环境与操作系统隔离，从而实现应用程序开发者聚焦在应用程序的业务程序处。应用程序组件（JSP，SERVLET）只需与容器中的环境变量接口交互，运行环境由WEB容器提供。Enterprise java bean容器提供给运行在其中的组件EJB各种管理功能。容器对于满足javaee规范的EJB进行高效管理，并且可以通过自身设计的相关接口来获得系统级别的服务，包括安全（Security）、事务管理（Transcontroller Management）、远程连接（Remote Client Connectivity）、生命周期管理（Life Cycle Management）、数据池连接等服务（Database Connection Pooling）。

2.3.2 SSM

SSM（Spring＋SpringMVC＋MyBatis）是当前最流行的一种web应用程序开发框架，一方面其开源性使得开发者众多，为框架完善提供了巨大支持，另一方面Spring、SpringMVC、MyBatis三个开源框架能够很好地融合并完成MVC模式的Web程序开发。系统从职责上分为持久层、业务层、控制层和View层。

1. 持久层：DAO层（mapper）

DAO层主要负责数据持久化，封装与数据库直接交互的任务。DAO层主要内容：设计DAO接口、在Spring配置文件中定义对应接口实现类。Service层调用DAO接口来处理数据业务。DAO层数据源、连接数据库的属性（properties文件）都在Spring配置文件中进行编写。

2. 业务层：Service层

Service层主要负责业务逻辑设计。Service层主要内容：设计接口，设计接口实现类。Spring配置文件中编写接口与实现类的关系。应用程序调用Service接口处理业务。

3. 控制层：Controller层

Controller层主要进行业务逻辑关系及进程的控制，具体实现方式是通过调用Service层接口来实现相关控制，在Spring配置文件中配置控制逻辑关系。

4. View层

View层主要负责jsp页面呈现。

DAO层和Service层间耦合度低，适合单独进行设计。Controller和View层间耦合度比较高，需要同时设计。Service进行业务逻辑设计，位置处在DAO层之上Controller层之下，通过调用DAO层接口实现数据获取，又要提供接口给Controller层进行业务流程控制。

Spring是一个轻量级并且开源的Java EE应用程序开发框架，降低了应用程序开发的复杂度，帮助开发者进行快速开发与扩展企业级应用。Spring使用基本的Javabean替代以前EJB实现复杂的业务逻辑，简化了应用程序开发难度。

IOC容器：Spring提出了一种思想，就是将对象的控制权从引用对象转移到spring。所有类都在spring容器中登记详细信息，包括是什么、需要什么。Spring在相应时刻提供对象所需要的数据以及将它提供给其他对象。容器中所有的类的创建、销毁都由spring来控制，即控制反转（IOC）。

AOP：将可重用的功能模块分离出来，然后在程序执行的合适的地方动态地植入这些代码并执行，即面向切面编程（AOP）。Spring通过配置的方式，而且不需要在业务逻辑代码中添加任何额外代码，就可以很好地实现上述功能，这样有利于实现通用功能复用并简化代码书写。比如安全、日记记录等通用的功能。

声明式事务：在Spring中，可以通过声明方式灵活地进行事务管理，提高开发效率和质量。

黏合剂：Spring提供自己功能之外还提供黏合其他技术和框架的能力，使得开发者可以更自由地选择技术进行开发。

Spring集成了相关技术，使得开发者一方面可以将主要精力投入到用户需求的顶层设计上，另一方面也简化了开发流程与复杂度。

SpringMVC是一种基于Spring实现了Web MVC设计模式的请求驱动类型的轻量级Web框架。根据MVC架构模式的思想，Web层按照职责进行层级划分，为简化日常开发，提供了极大便利。

SpringMVC工作流程如图2-7所示。

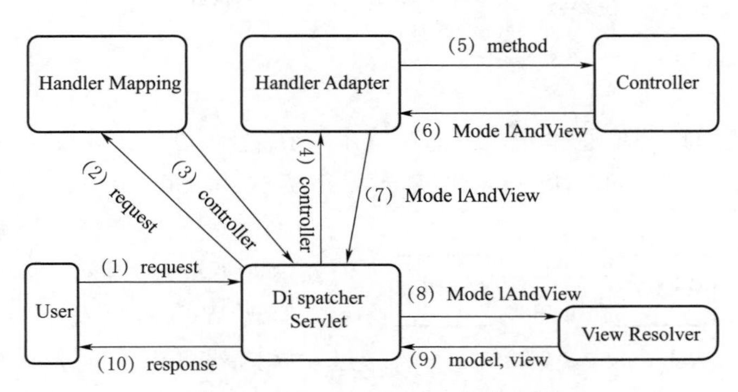

图 2-7 SpringMVC 工作流程图

SpringMVC 提供了总开关（DispatcherServlet），请求处理映射器（Handler Mapping）、处理适配器（Handler Adapter），视图解析器（View Resolver），动作处理器 Controller 接口（包含 ModelAndView，以及处理请求响应对象 request 和 response）。

"（1）"客户端请求（url）。"（2）～（3）"核心控制器 Dispatcher Servlet 接收到请求，通过映射器配置找到对应的 handler，并将 url 映射的控制器 controller 返回给核心控制器。"（4）"通过核心控制器找到对应的适配器。"（5）～（7）"由找到的适配器，调用实现对应接口的处理器，并将结果返回给适配器，结果中包含了数据模型和视图对象，再由适配器返回给核心控制器。"（8）～（9）"核心控制器将获取的数据和视图结合的对象传递给视图解析器，解析结果再响应给核心控制器。"（10）"核心控制器将结果返回给客户端。

MyBatis 是一个开源持久层框架，对数据库操作进行了轻量级封装。在 SSM 框架中，MyBatis 的主要功能是实现应用程序和数据库之间的交互。一方面通过 JDBC 操作封装实现数据库查询、存储等常规操作，另一方面通过 XML 或注解进行数据表配置和映射实现 Java 类与 SQL 语句的相互转换。MyBatis 聚焦在 SQL 本身，是一个足够灵活的 DAO 层解决方案，能够大大缩短系统程序的开发周期。

MyBatis 三大对象：SqlSessionFactoryBuilder、SqlSessionFactory、SqlSession 对象。SqlSessionFactoryBuilder 的主要功能是构建 SqlSessionFactory，同时为开发者提供现成的 build（）方法重载；SqlSessionFactory 的主要功能是创建 SqlSession 实例工厂；SqlSession 用于执行持久化操作的对象。Mybatis 框架原理图如图 2-8 所示。

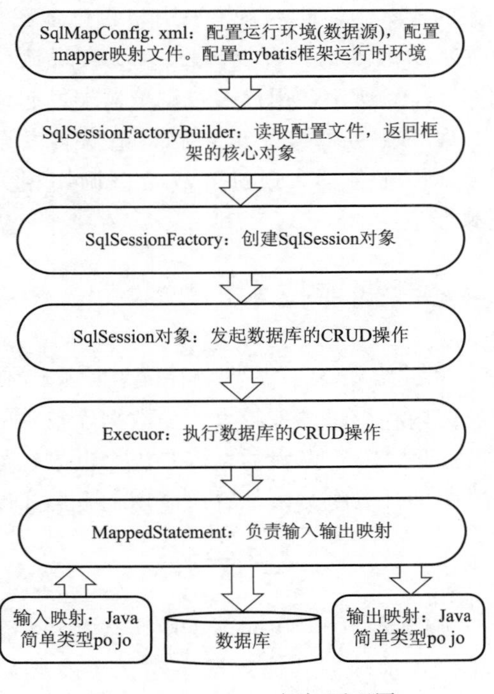

图 2-8 Mybatis 框架原理图

2.3.3 Web GIS

本系统需要使用地理信息系统（GIS）技术，在电子地图上进行水利工程信息查询、结果展示等操作，采用 Web GIS 技术来实现 Web 方式的交互。

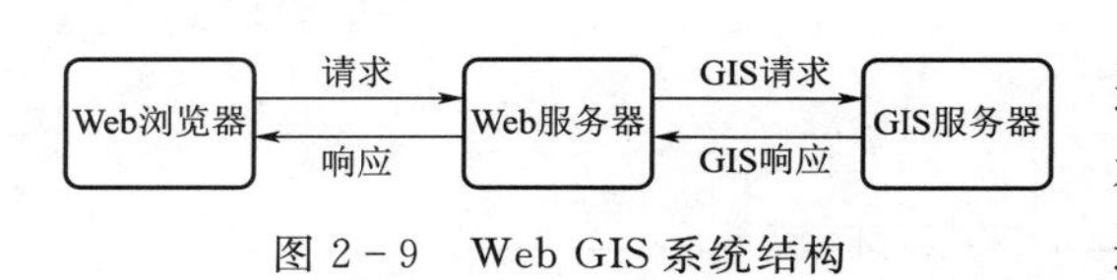

图 2-9 Web GIS 系统结构

Web GIS 是传统 GIS 技术在互联网高速发展时期的新发展，通过结合 Internet 技术，实现 Web 网页发布地理信息，用户通过互联网就可以实现相关地理空间数据的查询和分析。Web GIS 的结构如图 2-9 所示，用户通过浏览器端发起请求，Web 服务器接受请求后将请求转发至 GIS 服务器调用相关资源。

Web GIS 大多是基于已经成熟的企业级 GIS 平台进行开发。例如 Arc GIS 的 server，通过现成的 REST 接口就可以获取 Arc GIS 服务器为开发者提供的丰富资源和服务。ArcGIS 等专业 GIS 开发平台的强大之处在于空间分析，但是需要根据专业软件开发相应的 GIS 系统，过于昂贵。百度地图 JavaScript API 是通过 JavaScript 语言编写的应用程序接口，开发者通过接口就可以访问百度地图服务器获取丰富的资源和服务，进而在开发网站中实现功能丰富、交互性强的地图应用，并且支持最新 HTML5 特性的地图开发。接口对开发者免费开放。百度地图之类提供了基本的底图，免去了很大一部分底图数据的维护和制作，它的强大之处在于地理数据的显示，特别是点数据的显示。百度地图 JavaScript API 方案一方面满足了本系统工程空间地理信息显示的功能，另一方面节约了巨大的成本。因此本系统采用将百度地图 API 应用于 WebGIS 中，实现水利工程空间信息展示功能方案。百度地图 API 实现流程如图 2-10 所示，用户通过浏览器端发起请求，Web 服务器接受请求后将请求转发至百度地图服务器，通过开放接口调用相关资源。

图 2-10 百度地图 API 应用在 WebGIS 中实现的流程

2.4 数据库技术

20 世纪 60 年代后期，伴随着计算机硬件、软件的快速发展，计算机的运行速度不断刷新、内存容量越来越大，为数据库技术的产生奠定了良好基础。数据库技术在短短几十年时间里，有了巨大的发展。当今世界，数据库技术与信息技术息息相关，几乎所有与信息有关的计算机技术都有所应用，发展速度十分迅速，超过了其他许多技术。

2.4.1 SQL Server 数据库

SQL 是 Structured Query Language 的简称，它是一种结构化查询语言，可以通过 SQL 语言完成同其他数据库建立连接来实现数据信息沟通，完成多源异构数据的交换。Microsoft SQL Server 2015 通过集成的商业智能（BI）工具实现企业级的数据管理，它本质是一个较为全面的数据库平台。关系型数据库和结构化数据库通过 Microsoft SQL Server 2015 数据库引擎来实现更加可靠和安全的存储功能。它可与 Visual Studio 2015 实现有效整合，具有 .NET 框架主机、XML 技术、ADO. NET2.0 版本、增强的安全性、Transact - SQL 的增强性能、Web 服务、报表服务等特点。

在大规模联机事务处理（OLTP）中，通常选用 Microsoft SQL Server 2015 数据库平台，同时它也是用于电子商务应用的数据库平台。数据集成、分析和报表解决方案的商业智能平台也可选用 Microsoft SQL Server 2015。

目前，访问数据库服务器的主流标准接口主要有 ODBC 和 ADO 等。

1. 开放数据库连接

开放数据库连接（Open Database Connectivity，ODBC）是由微软公司定义的一种数据库访问标准。它是微软公司开放服务结构（WOSA，Windows Open Services Architecture）中有关数据库的一个组成部分。ODBC 的主要组成部件有：①应用程序（Application）；②ODBC 管理器（Administrator）；③驱动程序管理器（Driver Manager），在 ODBC 中，它是至关重要的部件，主要实现 ODBC 驱动程序的管理；④ODBC API（Application Programming Interface）是一套复杂的函数集，可提供一些通用的接口，以便访问各种后台数据库。开放数据库互连（Open Database Connectivity，ODBC）是微软公司开放服务结构（WOSA，Windows Open Services Architecture）中有关数据库的一个组成部分，它建立了一组规范，并提供了一组对数据库访问的标准 API（应用程序编程接口）。这些 API 利用 SQL 来完成其大部分任务。ODBC 本身也提供了对 SQL 语言的支持，用户可以直接将 SQL 语句送给 ODBC；⑤ODBC 驱动程序，主要由一些 DLL 文件组成，ODBC 与数据库的接口功能由它来完成；⑥数据源，数据源的实质是对数据连接的抽象，由数据库位置和数据库类型等构成数据源信息的主要内容。

ODBC 在支持 SQL 语言的数据库连接上具有良好的效果，水肥一体化精准调控系统将其作为数据库连接方式之一。

2. 动态数据对象

动态数据对象（Active Data Object，ADO）是一种简单的对象模型，可以用来处理任何 OLE DB 数据，可以由脚本语言或高级语言调用。ADO 对数据库提供了应用程序的接口（Application - Level Programming Interface），几乎所有语言的程序员都能通过 ADO 来使用 OLE DB 的功能。ADO 通过 OLE DB 来存取数据。

ADO 中包含了 7 种独立对象，有记录对象（Recordset）、链接对象（Connection）、域对象（Field）、命令对象（Command）、参数对象（Parameter）、属性对象（Property）、错误对象（Error）等。

2.4.2 数据模型

数据库系统的核心和基础是数据模型，它具有数据联系和描述数据两方面功能，完成描述数据的结构，以及定义在其上的操作和约束条件等内容。

在数据库中，为了满足不同的应用目的和使用对象，通常采用多级数据模型，一般可以分为概念数据模型和逻辑数据模型等。

1. 概念数据模型

概念数据模型与数据库管理系统之间没有关系，主要是对具体单位的概念结构进行描述。它的数据模型是面向用户和现实世界的。在初始的设计阶段，数据库系统的一些技术问题，数据库设计人员无需考虑，而以了解和描述现实世界方面作为主要的研究重点。

2. 逻辑数据模型

它是对概念数据模型的进一步分解和细化，按照逻辑模型分类，数据库管理系统可分为关系模型、网状模型、面向对象模型以及层次模型。目前数据库管理系统数据模型中最常用的是关系模型，在关系模型中，逻辑数据模型使用较为普遍。

2.4.3 数据库系统设计方法

数据库应用系统设计是数据库系统设计（或数据库设计）的主要内容，它是在具备了系统软件、DBMS、操作系统和硬件（含网络）的环境后，开发人员在这一环境的支持下，充分应用各种开发工具，设计出满意的数据结构，编写相应的数据处理程序。数据库设计方法主要有直观设计法和规范设计法等。本系统采用的是规范设计法。

1. 直观设计法

直观设计法通常也叫手工试凑法，目前一般不采用直观设计法。它的缺陷是完全依赖于设计者的经验和技巧，与设计者的技术水平和经验有很大关系，因此设计的质量难以保证。

2. 规范设计法

规范设计法的主要思想是逐步求精和过程迭代，也叫新奥尔良法（New Orleans）。它将数据库设计划分为需求分析（分析用户要求）、概念设计（信息分析和定义）、逻辑设计（设计实现）、物理设计（物理数据库设计）和数据库调试、评价与维护5个阶段。图2-11是规范设计法的设计流程。规范设计法是目前得到公认的，较完整权威的数据库设计方法。

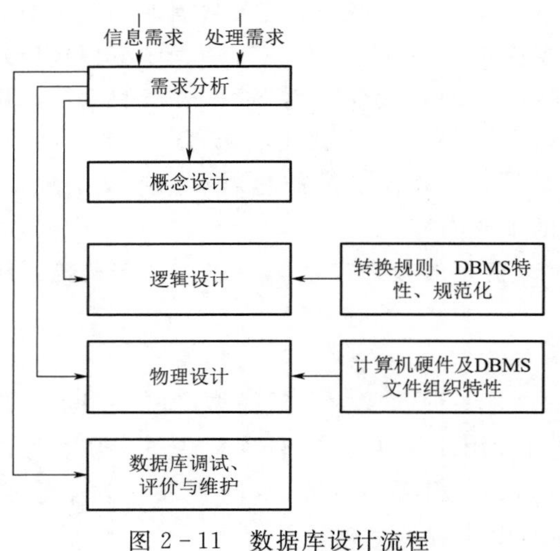

图2-11 数据库设计流程

2.5 并发控制与恢复机制

水肥一体化精准调控系统采用的是事务管理中的锁机制进行并发控制。事务就是对数据库进行读和写的序列。事务有两个明显的特性：原子性和可串行性。

1. 数据库的并发控制

数据库采用并发控制的目的是为了实现多个事务对数据库的某个公共部分进行同时存取的自动控制。

（1）冲突与冲突解决、可串行性冲突的表现。当两个事务同时对表中数据修改，就会发生冲突。当事务读操作时，又有一事务进行写操作，也会发生冲突。将事务可串行化调度来解决冲突。

（2）基于锁机制的并发控制。系统允许在写操作只有一个的前提下，一定数目的任务对同一个表进行读操作，所以引入两种锁：共享锁和排他锁。

1）锁机制中的锁申请原则。对锁的申请有两种：单个表的锁和多个表的锁，假如其他表（table）没有锁，而当前 table1 的锁状态为读，队列中第一个任务 task1 申请 table1 的写锁和 table2 的读锁，由于 table1 的写锁申请不到，故在队列中等待；task 2 申请 table1 的写锁，但由于 table1 在申请 table1 的锁，故需要等待。若第三个任务申请 table n 的锁，由于没有冲突，可以直接得到锁。

2）锁机制中的释放锁原则。当释放一个或多个锁时，依次检查申请队列，则唤醒满足条件的申请。

3）锁机制的实现。为了表达表锁状态，每个打开的表部都有一个锁管理结构，在表的定义中加入了锁信息。

2. 恢复机制

因软硬件故障导致的事务中断，水肥一体化精准调控系统使用事务恢复机制。有两种基于事务日志的恢复方案：重做和撤销。考虑到水肥一体化精准调控系统的实现要求和运行情况，系统主要采用了 UNDO（记录数据的备份）日志，这种方法要求将包含更新了的对象页在事务结束时存入服务器。

2.6 公钥密码系统技术

在系统的安全性方面，水肥一体化精准调控系统采用的是 Blum - Goldwasser 概率公钥密码系统。本密钥系统通过引入了 Blum - Blum - Shub 随机序列发生器产生一系列随机序列构成明文或密文，从而达到加密的目的，以提高系统的安全性。

2.6.1 Blum - Blum - Shub 随机序列发生器

设 $n=pq$，p、q 是两个 $k/2$ 位的素数，满足

$$p=q=3 \bmod 4 \tag{2-18}$$

式中 mod 4——某个数除以 4 的余数。

记 $QR(n)$ 表示 n 的平方剩余，种子 s_0 是 $QR(n)$ 的一个元素。

对于 $1\leqslant i\leqslant t$，定义

$$s_{i+1}=s_i^2 \bmod n \tag{2-19}$$

产生的随机序列为

$$f(s_0)=(z_1,z_2,\cdots,z_t) \tag{2-20}$$

其中：$z_i=s_i \bmod 2$，k、$t\in Z$，$n\in N$。

f 称为 Blum - Blum - Shub 随机序列发生器，简称 BBS 随机序列发生器。

2.6.2 Blum - Goldwasser 概率公钥系统

设 $n=pq$，p、q 满足

$$p=q=3 \bmod 4 \tag{2-21}$$

明文空间

$$P=Z_2^m \tag{2-22}$$

密文空间

$$C=Z_2^m \times Z_n^* \tag{2-23}$$

密钥

$$K=\{(n, p, q): n=pq\} \tag{2-24}$$

其中：n 为公钥，p 和 q 为私钥。

对于种子 $r \in Z_n^*$，加密算法如下：

利用种子 r，通过 BBS 随机序列发生器产生随机序列 z_1，z_2，…，z_m，计算

$$s_{m+1}=s_p^{2^{m+1}} \bmod n \tag{2-25}$$

式中 mod n——某个数除以 n 的余数。

对于 $1 \leqslant i \leqslant m$，计算

$$y_i=(x_i+z_i) \bmod 2 \tag{2-26}$$

序列 $y_i=(y_1, y_2, \cdots, y_m, s_{m+1})$就是密文，加密完成。

解密算法如下：

计算

$$a_1=\left(\frac{p+1}{4}\right)^{m+1} \bmod (p-1) \tag{2-27}$$

$$a_2=\left(\frac{q+1}{4}\right)^{m+1} \bmod (q-1) \tag{2-28}$$

计算

$$b_1=s_{m+1}^{a_1} \bmod p \tag{2-29}$$

$$b_2=s_{m+1}^{a_2} \bmod q \tag{2-30}$$

根据中国剩余定理计算出 s_0，使得

$$\begin{cases} s_0=b_1 \bmod p \\ s_0=b_2 \bmod q \end{cases} \tag{2-31}$$

由 $s_0=r$ 通过 BBS 随机序列产生器产生序列 z_1，z_2，…，z_m，对于 $1 \leqslant i \leqslant m$ 计算

$$x_i=(y_i+z_i) \bmod 2 \tag{2-32}$$

于是得到明文 $x_i=(x_1, x_2, \cdots, x_m)$，解密完成。

水肥一体化精准调控系统对系统的安全性要求很高。设计的主要难点是必须考虑如何实现系统运行的安全正常，如何提高系统的稳定性和效率，如何克服数据库在网络使用过程中的数据共享冲突以及容错性。考虑到系统的安全性要求较高，系统将设计的重点放在了系统和数据加密方面。为了确保系统的安全和稳定运行，采用了事务日志的恢复机制和事务中锁机制的并发控制，并使用概率公钥密码系统。经过不断的改进设计，水肥一体化精准调控系统的所有设计功能都已得到验证。目前，该系统能够安全稳定地长期运行。

2.7 系统网络架构

目前系统网络架构主要有两种：客户/服务器（Client/Server）模式和浏览器/服务器（Browser/Server）模式。

2.7.1 Client/Server（C/S）结构模式

1. *两层C/S结构模式*

按照两层C/S结构模式，应用程序可分为客户端和服务器端。连接访问远程的数据是借助网络来实现的。两层C/S结构模式示意如图2-12所示。

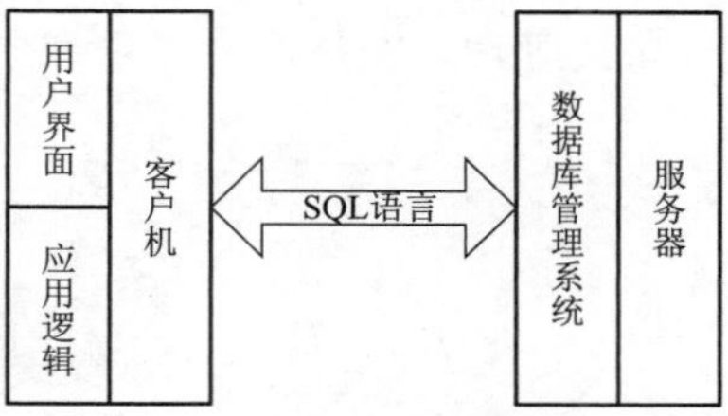

图2-12 两层C/S结构模式示意图

2. *三层C/S结构模式*

目前比较通用的结构模型是三层C/S结构模式，它已经成为设计和应用的主流。三层结构模式由表示层、功能层和数据层组成。其应用功能分割明确，在逻辑关系上却又相互独立，并且在数据库系统中数据层也已经独立出来，三层C/S结构示意如图2-13所示。

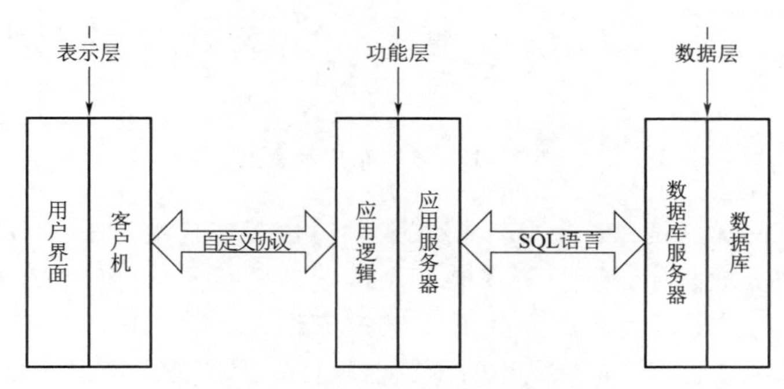

图2-13 三层C/S结构示意图

（1）表示层。系统与用户的接口部分为表示层，它的主要作用是负责用户与应用程序间的对话，按照用户的操作调用相应的业务逻辑。仅需改变现实控制和数据检查程序，就可变更用户的接口。

（2）功能层。它作为应用逻辑处理的核心，成为应用的主体，成为连接客户和数据库服务器的桥梁和中介。在表示层与功能层的数据交换时，语言尽量要简洁。一般在开发这层的程序时，多采用可视化编程工具。

（3）数据层。需要专家系统进行大量逻辑判断的工程。采用C/S结构，在本地安装客户端软件，由多位专家在异地、异时进行登陆评估，再由水利工程评定与评估系统根据每位专家的权重来录入专家评定结果。网络结构拓扑示意如图2-14所示。

2.7.2 Browser/Server（B/S）结构模式

B/S结构模式是一种以Web为技术基础的系统集成模式。它把C/S结构模式中的服务器部分分解为一个数据服务器与一个或多个应用服务器。B/S 结构模式在逻辑上分成 4 个层次：客户端、Web 服务器、应用服务器和数据库服务器。客户端主要负责人机交互，包括一些与数据和应用关系的图形和界面；Web 服务器主要负责对客户端应用程序的集中管理；应用服务器主要负责应用逻辑的集中管理，即事务处理，应用服务器还可以根据其处理的具体业务不同而分为多个；数据库服务器则主要负责数据的存储和组织、数据库的分布式管理、数据库的备份和同步等。B/S 结构示意如图 2-15 所示。

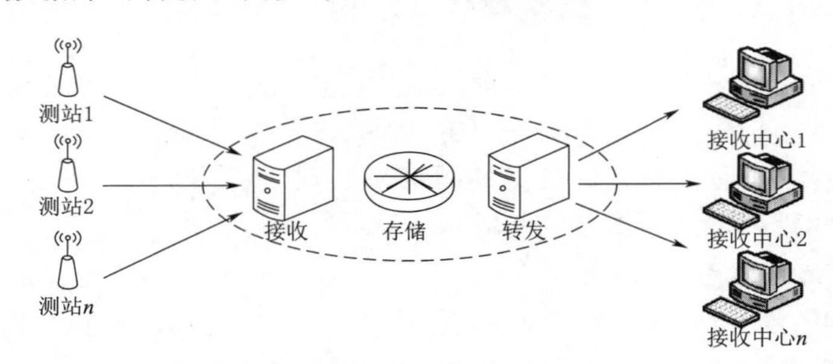

图 2-14　C/S 网络结构拓扑示意图

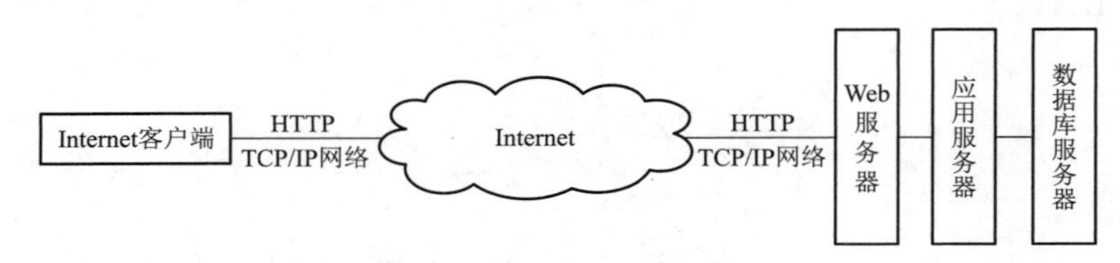

图 2-15　B/S 结构示意图

B/S 模式具有的优点是：首先 B/S 模式大大简化了客户端。采用 B/S 模式不再需要在客户端安装用户界面程序，而只要安装一个浏览器就行了。同时由于 B/S 模式的功能都在 Web 服务器上实现，因此大大降低了维护工作。其次，操作变得相当容易，采用 B/S模式时，客户端只是一个简单易用的浏览器软件，无论是决策层还是操作人员都无需培训就可以直接使用。此外，系统的开发者无需再为不同级别的用户设计开发不同的客户应用程序，而只需把所有的功能都实现在 Web 服务器上，并就不同的功能为各个级别的用户设置权限就可以了。各个用户通过 HTTP 请求在权限范围内调用 Web 服务器上的处理程序，就可以完成对数据的查询或修改。

2.8　系统开发方法

在水肥一体化精准调控系统的开发过程中，必须要保证系统的可靠性、安全性、实用性、协调性、统一性和连续性，按照一定的方法进行系统开发。系统开发的方法较多，按照系统开发所应用的观念来进行分类，可将系统开发方法主要分为系统生命周期法和系统原型法。水肥一体化精准调控系统采用的是系统原型法进行开发。

2.8.1　系统生命周期法

系统生命周期法（System Life Cycle Approach，SLCA），是 20 世纪 60 年代逐步发

展起来的一种系统开发方法。系统生命周期法是当今系统开发中使用较为普遍，也较为成熟的一种开发方法。

系统工程的方法是工程化的方法，系统生命周期开发方法的基本思想是系统工程的思想。采取用户第一的原则，对系统进行分析和设计时采用的方法是结构化、模块化和自顶向下的方法。系统工程的本质是结构化的系统开发，系统生命周期法的生命周期如图2-16所示。

因为考虑的是系统设计的整个周期，系统周期法也有它的不足，一是用户与系统开发人员之间的技术交流不直接；二是开发过程比较繁琐和复杂、开发周期比较漫长；三是适应环境的变化能力较弱，特别是较大范围内适应环境的变化的能力。

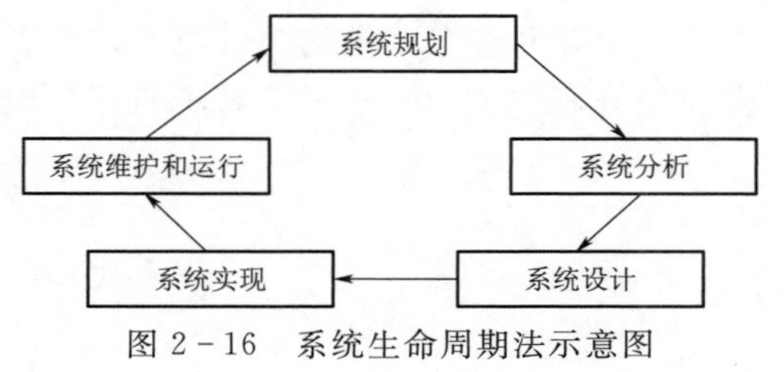

图2-16　系统生命周期法示意图

2.8.2　系统原型法

系统原型法（Prototyping Approach，PA）是在关系数据库系统、第四代程序设计语言和各种辅助系统开发工具产生的基础上，产生于20世纪80年代。与系统生命周期法不同，系统原型法通常是当系统开发人员完成了系统的需求分析后，为了确定用户需求，事先建立的系统软件原型，这个软件模型只有系统的大概轮廓，并未涵盖系统的全部功能，通过业主与系统开发人员对此系统轮廓进行全面评估，确定系统的需求，并根据业主的实际需求不断修改软件原型，直到最后业主的所有需求都得到满足为止。使用系统原型法需要系统开发人员完成系统规划后，就必须进行需求分析，当对系统了解的比较深入和充分后，再逐步完成系统设计，接下来需要开发者根据系统设计规格，完成系统原型并提供给业主进行评估，通过对该系统进行评估来强化系统功能，直到实现系统完整的功能为止。

系统原型法有许多较为明显的优点：①通过软件的评估与使用，可以帮助用户更加确定未来系统的需求；②提前帮助系统开发人员了解所定义的软件系统是否具有用户真正想得到的系统；③通过系统原形的评估，增加用户参与系统开发的体会；④应用系统原型法开发系统，可以降低系统的开发成本；⑤大大减少软件系统后期的维护费用，系统的功能能正确反映用户的需求。

采用系统原型法开发新系统也有以下不足：①建立的系统原型如果本身功能设置不齐全、性能不好，会导致设计和使用的费用与时间超出预期；②系统原型法需要一个合适的软件开发环境，以便使原型能直接转换成现实系统。因此要对建立系统的原型进行反复维护和修正。

通过比较可以看出系统原型法具备较多十分明显的优点：①通过对系统的评估和使用，可以帮助业主不断确定系统未来的需求；②前期可以帮助系统开发人员明确所定义的软件系统是否满足业主的具体要求，业主是否满意；③通过系统评估和修正，可以增加业主参与系统开发的体会和体验，有助于与业主保持良好的沟通；④采用系统原型法对系统进行开发，能够达到降低系统开发成本的目标；⑤可以确保系统的功能准确体现用户需求，大幅度减少软件系统后期的维护费用。

水肥一体化精准调控系统的开发采用系统原型法进行开发，可以确保水利工程建设质量管理需求能在系统中得到比较全面的体现。

2.9 本章小结

本章主要介绍了系统的关键技术，分别从数据库技术、系统网络结构、系统开发方法等方面展开研究，初步确定了系统所要采用的关键技术。

第3章

主要作物水肥一体化调控模型

本章主要介绍的一体化调控模型包括水稻、玉米、冬小麦、油菜及烤烟等贵州主要作物的土壤水分调控阈值、水肥一体化模糊控制模型和水肥一体化模糊PID控制模型等三个方面。

3.1 主要作物适宜的土壤水分调控阈值

根据试验设计的主要作物在不同处理的土壤湿度阈值，并结合主要作物的需水规律，在满足作物需水和土壤供水的范围内，确定了贵州省主要作物适宜的土壤水分调控阈值，得出了各作物的三种节水灌溉模式，当土壤水分临近或低于土壤水分下阈值时，实施灌水，达到土壤水分上阈值要求时停止灌水，以适应不同水文年的作物高效用水要求。同时为灌水调控系统提供了依据。

3.1.1 水稻的土壤水分调控指标

试验结果表明，“科灌”是最为节水的水稻灌溉方法，当地水稻的正常生长稻田水分下限见表3-1。为了使秧苗在返青期插得浅、直、不易漂秧，且促进早分蘖，田面水层控制在15～40mm；分蘖前期应保持田间土壤处于饱和状态，分蘖末期晒田时，0～20cm土层内平均土壤湿度下限为饱和含水率的70%；拔节孕穗期是水稻一生中生理需水高峰期，田面保持20～30mm浅水层；在抽穗开花期，田面保持5～15mm薄水层。

表3-1 水稻土壤水分调控阈值

返青期	分蘖期		拔节孕穗期	抽穗开花期
	分蘖前期	分蘖后期		
15～40mm	100%θ_f	70%θ_f	20～30mm	5～15mm

注 θ_f为稻田的田间持水率。

3.1.2 玉米的土壤水分调控指标

玉米土壤水分调控阈值见表3-2，当玉米在苗期～拔节期的土壤湿度低于70%田间持水率时，作物产量明显下降，玉米苗期土壤湿度低于60%田间持水率时，玉米田水分亏缺严重，对玉米生育后期的滞后效应影响较大，作物产量下降尤其显著，玉米苗期土壤湿度不应低于70%田间持水率；在拔节～抽雄期，从节水和高产的角度来看，拔节～抽雄期的土壤湿度应低于60%田间持水率；抽雄～灌浆期是生殖器官发育的最主要阶段，土壤湿度低于65%田间持水率时，产量发生大幅度的减产；在灌浆～成熟期，保证适宜的土壤水分可以避免叶片衰老，增强叶片光合性能，在灌浆—成熟期的水分亏缺影响不明显，灌浆-成熟期的土壤湿度应保持在70%田间持水率。

表3-2　玉米土壤水分调控阈值

苗期～拔节	拔节～抽雄	抽雄～灌浆	灌浆～成熟
70%	60%	65%	70%

3.1.3　冬小麦的土壤水分调控指标

冬小麦土壤水分调控阈值见表3-3，从播种到返青是冬小麦生长的起始期，土壤水分不足会造成分蘖数明显降低，后期生长不良，长势较差，并最终影响穗数和产量。试验研究表明，贵州省冬小麦在播种～返青期的土壤水分不应低于田间持水率的70%；为保证冬小麦在播种～返青期之间的土壤水分和地下部分的正常生长，土壤水分下限为田间持水率的70%；拔节～抽穗期是冬小麦雄蕊分化形成期，麦株由营养生长转为营养生长与生殖生长并进阶段，此时小麦生长速率加快，干物质累计增加，光合作用强度加大，此时土壤水分应当控制在田间持水率的55%；抽穗～成熟期是小麦植株分化的最后阶段，株体代谢作用最强，蒸腾作用强烈，光合作用达到了最大，对水分亏缺的反应最为敏感，是小麦的需水临界期，土壤湿度小于60%的田间持水率时，麦株受水分胁迫，穗数减小，穗粒数也明显降低，植株受胁迫症状明显。

表3-3　冬小麦土壤水分调控阈值

播种～分蘖	分蘖～越冬	越冬～返青	返青～拔节	拔节～抽穗	抽穗～成熟
70%	70%	70%	55%	55%	60%

3.1.4　油菜的土壤水分调控指标

油菜不同的生育阶段对土壤水分的要求不同，苗期不宜低于65%田间持水率；旺长期不宜低于75%田间持水率；花期不宜低于80%田间持水率；成熟期不宜低于65%田间持水率（表3-4)。花期是油菜对水分最为敏感的阶段，花期低于80%田间持水率时，水分亏缺影响到油菜的分支、发芽的生长及花序，减少了有效分支和花蕾数，最终影响荚果增加，因此花期的土壤湿度不宜低于80%田间持水率。

表3-4　油菜土壤水分调控阈值

苗期	旺长期	花期	成熟期
65%	75%	80%	65%

3.1.5　烤烟的土壤水分调控指标

烤烟土壤水分调控阈值见表3-5，缓苗期为烤烟的移栽阶段，该期土壤水分低于田间持水率的75%时，烟田会发生死秧，使烤烟不能成活；团颗期土壤湿度应保持在田间持水率的70%以上，否则烤烟不能够正常蹲苗；旺长期为烤烟的生长旺盛期，也是烤烟的需水临界期，土壤湿度下限为田间持水率的75%，低于土壤湿度下限，烤烟的长势和产量将受到严重影响；成熟期对水分的敏感性较差，但低于55%田间持水率时，烤烟的衰老将迅速提前，烤烟将大幅度减产。

表3-5　　烤烟土壤水分调控阈值

缓苗期	团颗期	旺长期	成熟期
75%	70%	75%	55%

本节通过对水稻、玉米、小麦、烤烟和油菜等主要作物进行灌溉试验，得出了作物需（耗）水规律，研究了作物的土壤水分调控指标，得出了不同作物适宜的土壤水分控制阈值，为自动化与信息化系统控制指标提供了依据。

3.2 水肥一体化模糊控制模型

由于水肥一体化控制系统在控制过程中的参数是非线性变化的，因此无法对其建立精确的数学模型，而常用的PID控制对于参数的变化比较敏感，限制了水肥一体化控制系统的控制效果。模糊控制策略就是通过模拟人类的思维方式对被控对象进行相应的控制，不再需要对被控对象建立数学模型，控制性能对参数变化不敏感。该系统采用模糊控制技术与PLC系统相结合的方案，提高施肥灌溉系统的可靠性和水肥利用效率。

3.2.1 模糊控制理论

3.2.1.1 模糊控制原理

模糊控制是基于模糊集合理论、模糊逻辑推理，并同经典控制理论相结合，用以模拟人类思维方式的一种计算机数字控制方法。通常模糊控制器由控制规则库、测量输入模糊化、模糊推理算法及模糊判决等部分组成。模糊控制器的组成如图3-1所示。

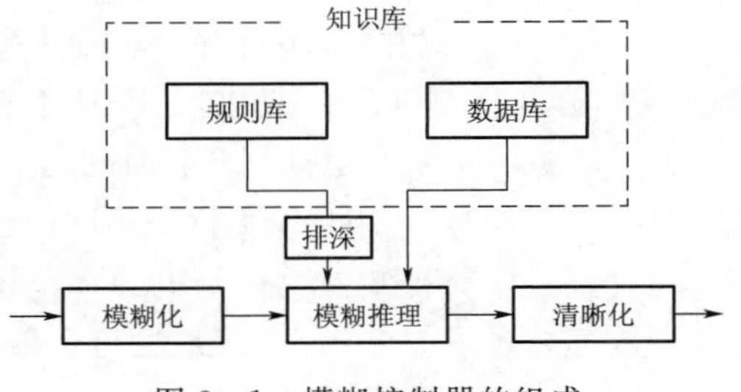

图3-1　模糊控制器的组成

模糊控制系统最主要的部分就是模糊控制器。模糊控制系统控制效果如何，主要是由模糊控制器的结构、模糊规则、推理算法，以及模糊决策的方法等因素所决定的。

3.2.1.2 模糊控制的实现

常见的模糊控制器有：单输入单输出、双输入单输出、多输入单输出和多输入多输出等。理论上通过增加输入来提高系统的精度，但是输入量的不断增加，就会导致整个系统的复杂性大大增加，即使做了大量工作都不一定能实现。本系统的模糊控制是对EC（电导率）值进行控制，基于农作物对液肥浓度的微小波动并不敏感，也不会导致农作物减产或者施肥过多出现问题，因此本系统并没有采用复杂的多输入进行控制。因此，本系统设计为双输入单输出模糊控制器。

水肥一体化设备主要是控制施肥过程中的肥液 EC 值。液体肥料经由文丘里管与水配兑，再由吸肥泵注入主管道，与主管道的水相融合。系统通过模糊控制器控制电动阀开启时间的长短来调节主管道肥料的浓度，满足不同农作物的施肥要求，肥料浓度由 EC 传感器检测。该系统模糊控制器的工作原理如图 3-2 所示。

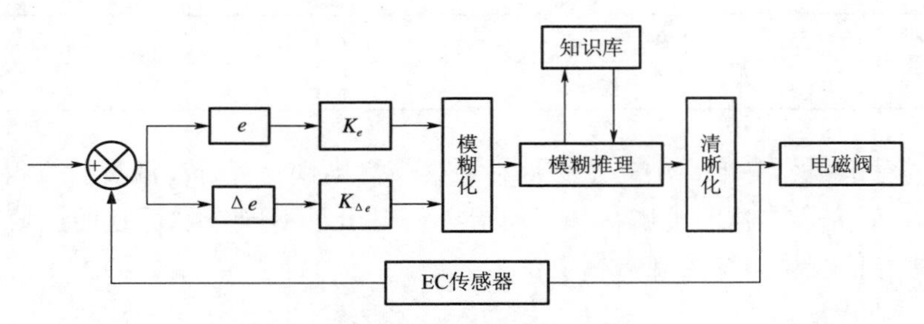

图 3-2 模糊控制系统结构图

电动阀的启闭根据主管道肥液中 EC 的实时值分别与其初始给定值的比较差值来控制。其中 e 为电导率输入偏差，Δe 为电导率输入偏差变化率，Ke 为电导率输入偏差的量化因子，$K\Delta e$ 为电导率偏差变化率的量化因子。经过清晰化，本系统最终确定电动阀的开启或关闭时间的长短。

3.2.1.3 输入量、输出量的量化

根据实际情况确定变量的模糊论域。共两个输入量，即浓度差 e、浓度偏差变化率 Δe，一个输出量。随着语言变量值的描述增加，对输入量的要求表达的就会更具体，施肥效果就会更好。但是当语言变量值增加得越多就会导致系统的复杂性增加。一般来说，语言变量数目在 3～10 之间，由于农作物对导电率在较小范围内波动不是很敏感，因此不需要增加过多的语言变量值，本系统都选择 5 个。浓度差 e 用 5 个模糊子集进行涵盖，即 NB（过小）、NS（稍小）、Z（适宜）、PS（稍大）、PB（过大），对应的量化论域为 {−4，−2，0，2，4}。浓度偏差变化率 Δe 同样用 5 个模糊子集进行涵盖，即 NB（减少严重）、NS（减少稍重）、Z（没有变化）、PS（增加较多）、PB（增加过多），对应的量化论域为 {−4，−2，0，2，4}。电动阀开启时间肥液 U 的模糊子集选取 Z（常闭）、DS（短时）、ZS（中时）、CS（长时），用 4 个模糊子集进行涵盖，对应的量化论域为 {0，1，2，3}。

通过查找资料得知，农作物电导率范围一般在 0.8～2.5mS/cm 之间，电导率偏差 e 的范围应不超过±0.8mS/cm。取浓度偏差 e 的基本论域为 [−40，40]（通过把 [−0.8，0.8] 扩大 50 倍，以提高系统的灵敏度）。模糊论域均为 [−4，4]，输出电动阀的基本论域为 [0，9]，模糊论域为 [0，3]，则输入量 e、Δe 的量化因子 Ke、$K\Delta e$ 分别为：$Ke=0.1$，$K\Delta e=0.1$，输出量的比例因子为 $Ku=3$。

3.2.1.4 模糊规则的确定

模糊子集的隶属函数根据需要选取常用的三角函数。当 e 为 PB（浓度过大）、PS（浓度稍大）、Z（浓度适宜）时，肥液电动阀需关闭。当 e 为 NS（浓度稍小）、NB（浓度过小）时，无论浓度偏差变化率 Δe 为多少，肥液电动阀都需要打开。当 e 为 Z（浓度适宜）时，主要问题变为系统的稳定性问题。为了保持浓度的稳定，需要浓度偏差变化率 Δe 来控制肥液电动阀的开启时间 U。若为正，说明有减小的趋势，因此取较短时间的控制量。若为负，表示偏差有增大的趋势，因此取较长时间的控制量。模糊控制规则需要归纳人类的经验进行描述。一般用条件语句表达，如 If（浓度偏差 is none）and（浓度偏差变化率 is none）then（肥液电动阀 is none）。

根据模糊控制系统的特点以及以上规则语句得到相应的控制规则见表 3-6。

表 3-6　电动阀控制规则表

浓度偏差变化率 Δe	浓度差 e				
	PB	PS	Z	NS	NB
PB	Z	Z	Z	Z	DS
PS	Z	Z	Z	Z	DS
Z	Z	Z	Z	DS	ZS
NS	Z	Z	DS	ZS	CS
NB	Z	DS	ZS	CS	CS

3.2.2 模糊控制系统的仿真

MATLAB 拥有非常强大的仿真能力，有专门用于进行模糊控制的模糊控制器（Fuzzy Logic Designer），在 MATLAB 主页面直接输入 fuzzy 回车即可进入。创建好模糊控制器（Fuzzy Logic Designer）后就可以利用 Simulink 模块对模糊控制进行仿真。

3.2.2.1 模糊控制器的设计

在 MATLAB 主界面输入 Fuzzy 回车就可以打开模糊控制器（Fuzzy Logic Designer）模块，通过对输入、输出创建三角形隶属度函数，然后就可以创建模糊规则。本系统的电导率模糊控制采用是双输入单输出的模糊控制器，所以把模糊控制器默认的输入输出类型改成双输入单输出类型。一个输入量设置为电导率偏差 E，另一个输入量设置为电导率偏差变化率 EC。输出量设置为电动阀开启时间的长短 U。模糊控制器的结构如图 3-3 所示。

创建完双输入单输出的模糊控制器，在模糊控制器（Fuzzy Logic Designer）编辑界面上，双击输入量电导率 E 的示意图，就会弹出隶属函数编辑器（Membership Function Editor），简称 MF 编辑器。把默认的 3 个 MFs 全部移除，新增加需要的个数即可。在类型 Type 中选择 Trimf 的类型。把 Range 的范围设置成 [−4, 4]，模糊子集设置为 {NB, NS, Z, PS, PB}。同样把 EC 也设置成同 E。U 的论域设成 [0, 3]，其模糊子集设置成 {Z, DS, ZS, CS}。如图 3-4～图 3-6 所示。

在模糊控制器（Fuzzy Logic Designer）界面上双击模糊控制规则框，就会弹出模糊规则编辑器界面。在此界面上，根据已经确定的模糊规则，顺序点击相应的模糊子集名称，再单击编辑功能按钮，就可以编辑出模糊规则。模糊控制规则编辑如图 3-7 所示。

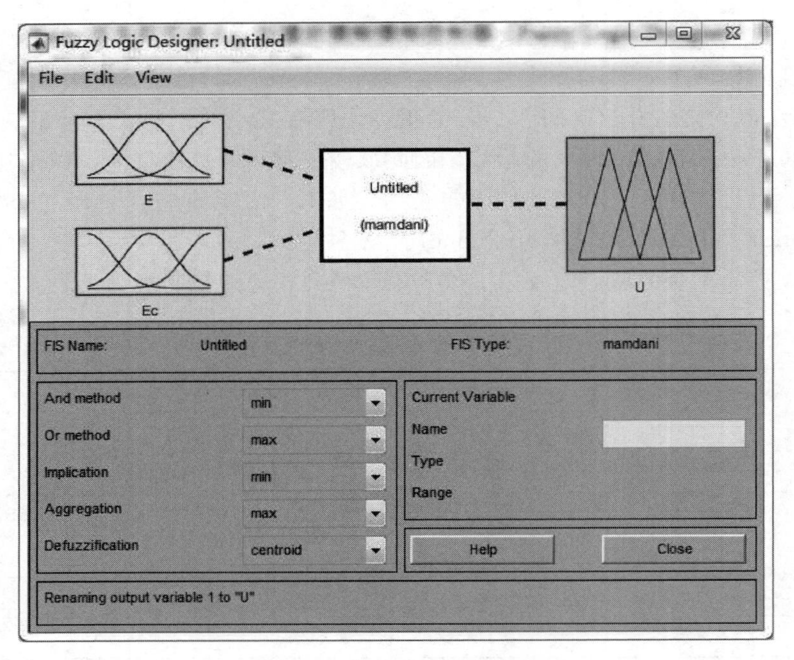

图 3－3 模糊控制器结构图

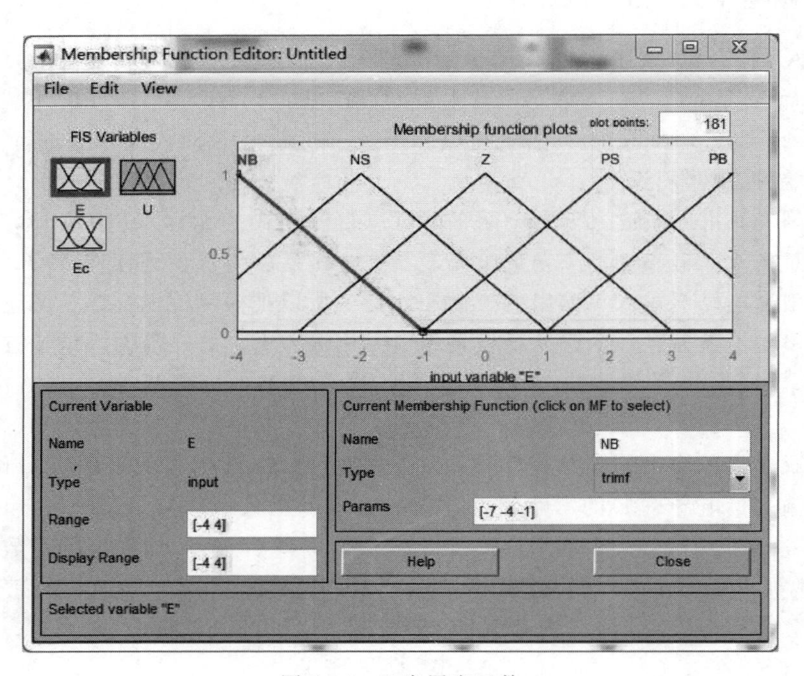

图 3－4 E 隶属度函数

输出量曲面观测窗是通过立体性的方式显示的，在坐标内用一个空间曲面把整个论域上输出量与输入量间的相应关系都表示了出来。两个横轴分别表示输入量 level 和 rate，纵坐标表示输出量 valve，即输出量跟输入量的关系曲面。输出量曲面观测窗如图 3－8 所示。

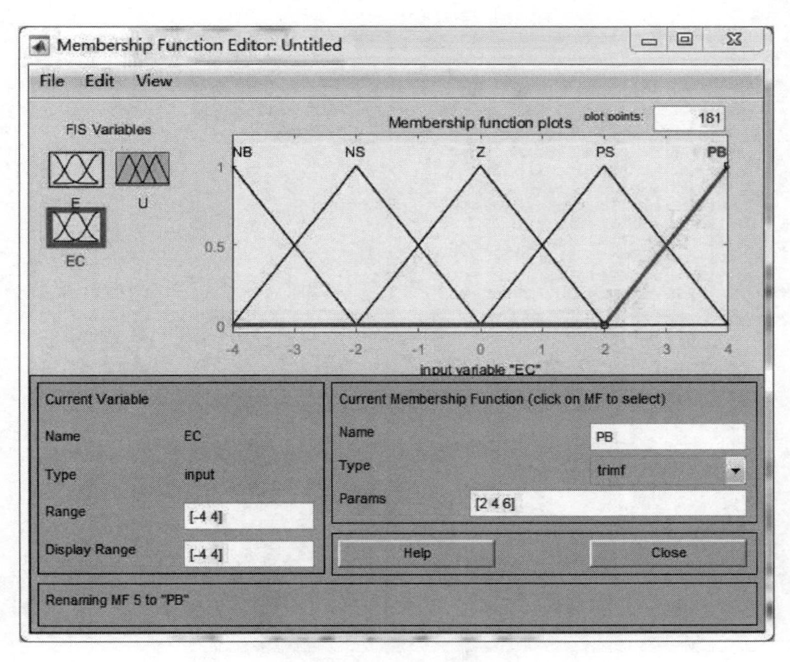

图 3-5　EC 隶属度函数

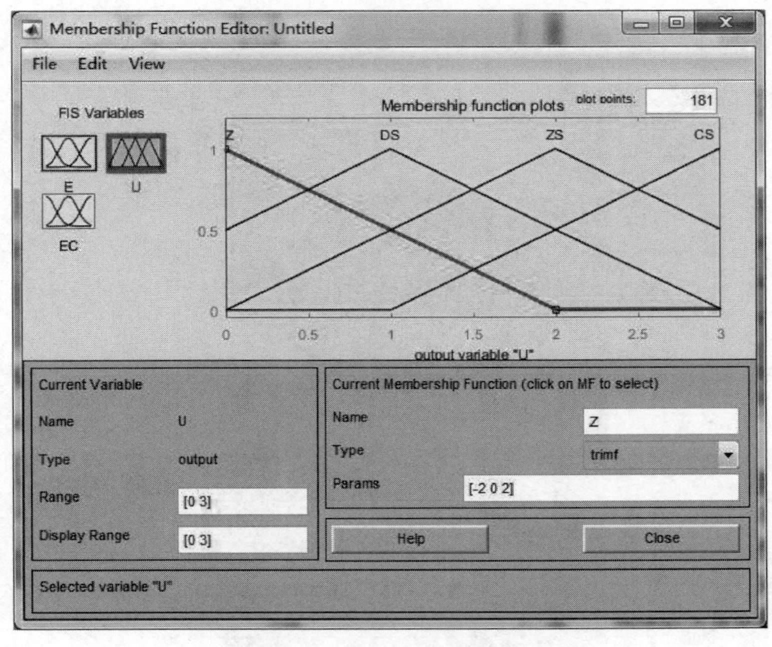

图 3-6　U 隶属度函数

3.2.2.2　模糊控制器仿真

对于模糊逻辑控制系统，可以使用 MATLAB 中的 Simulink 对该系统进行仿真。把上面已经建立好的模糊控制规则导入 Workspace 中。在 Simulink 中选用合适的模块并连

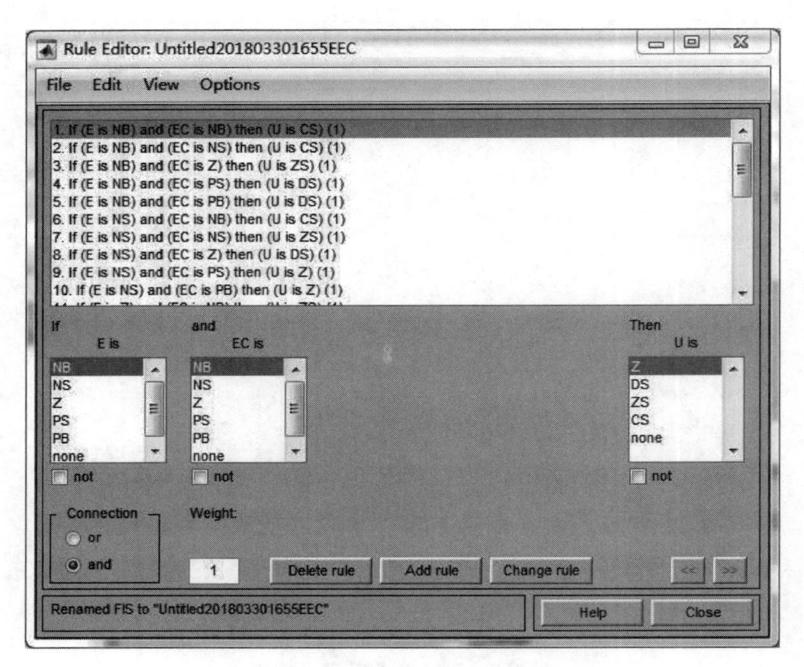

图 3－7　模糊控制规则图

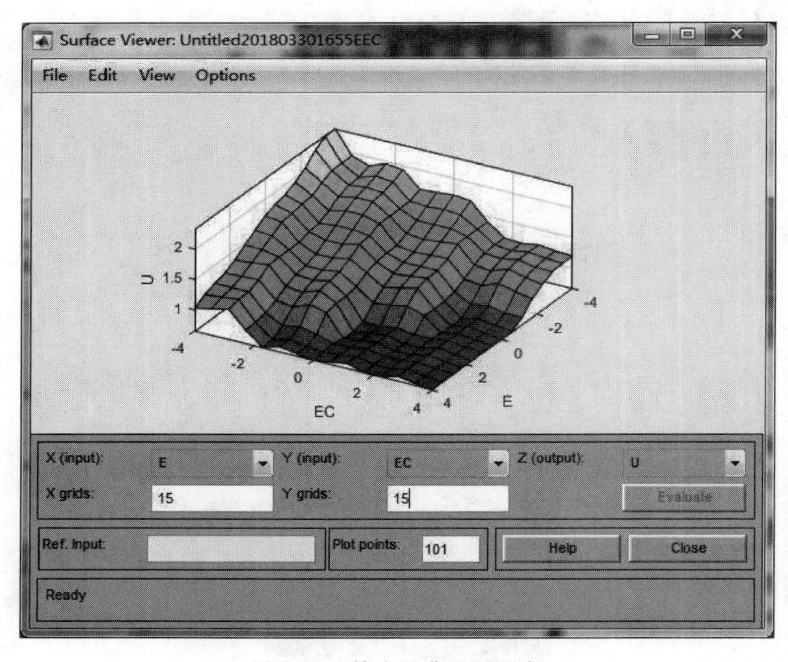

图 3－8　输出量曲面观测窗

线，然后对建立的模糊控制模型进行仿真。

肥液电导率的变化与施肥量之间存在一定的关系，可用函数表示为

$$\Delta y = a \cdot \sin(\pi \cdot x/b) \tag{3-1}$$

式中 x——经过模糊控制换算的电动阀通电时间；

Δy——导电率的变化。

本系统导电率输入值设为 2.0ms/cm，电导率控制的传递函数中 $a=2$，$b=25$。电导率模糊控制系统模型如图 3-9 所示。

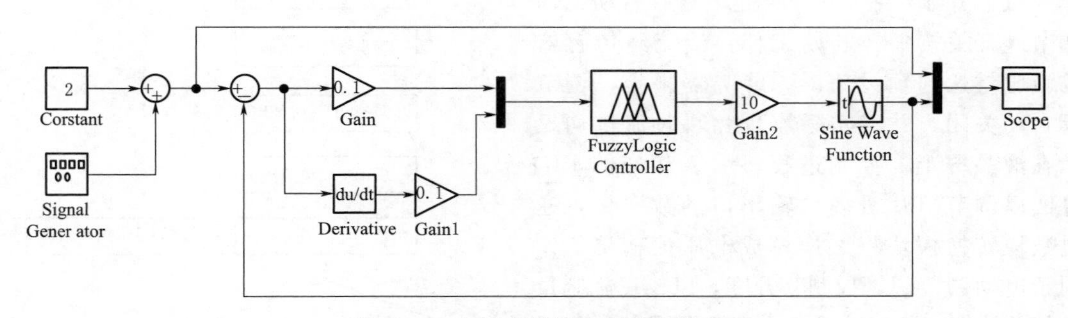

图 3-9 电导率模糊控制系统模型

把相关参数设置好后运行模型，点开示波器输出仿真模块，并查看其曲线走向，电导率模型输出如图 3-10 所示。

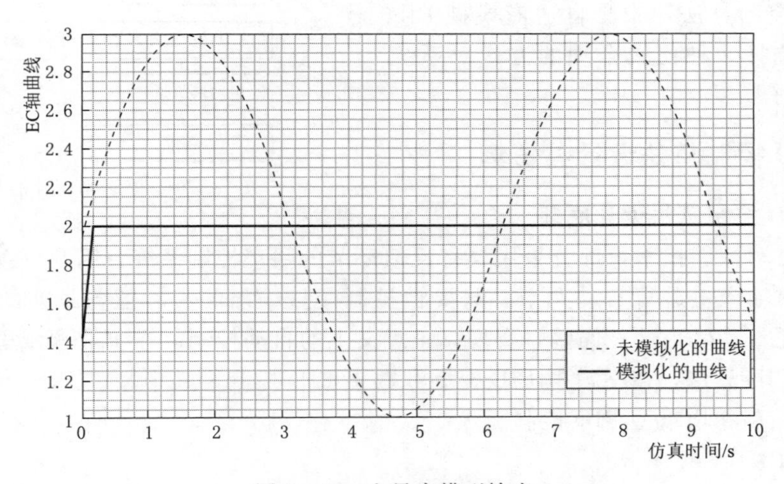

图 3-10 电导率模型输出

正弦波形相当于随机输入的未经过模糊控制的波形，另外一条是正弦波经过模糊控制输出的波形。波形显示能达到设计的目的要求，超调量比较小，性能比较稳定。

3.3 水肥一体化模糊 PID 控制模型

硬件电路是控制系统设计的第一步，有了硬件电路还需要给它赋予必需的程序，并应用相应的软件才能成功地激活控制系统。

3.3.1 水肥调控模型软件方案

该控制器的软件程序由 C 语言编写，并应用德国 Keil 公司开发的 Keil uVision4 软件对程序进行编译，控制系统流程如图 3-11 所示。该方案是通过按键加减将预设值输入单片机，并显示在 LCD 屏上，然后启动电动调节阀开关按钮，开始工作，当流经传感器的液肥量达到预设值时，蜂鸣器报警，调节阀自动关闭，并将实际流量和瞬时流量均显示在液晶屏上。控制过程将引入相应的 PID 算法以调节单片机 8 位输出口的数字量，通过数模转换模块将之换算成电压值输出，作用于电动调节阀，控制其开度，以校正施肥量的偏差，使实际液肥量逐次逼近预设值，将误差降至最小，从而实现水肥调控模型的目的。

本系统保证精准控制的关键在于对控制算法的选择，本研究提出两种控制方式，一是常规 PID 控制算法，二是自适应模糊 PID 控制算法，选择一种比较合理的方式对系统进行精准控制。

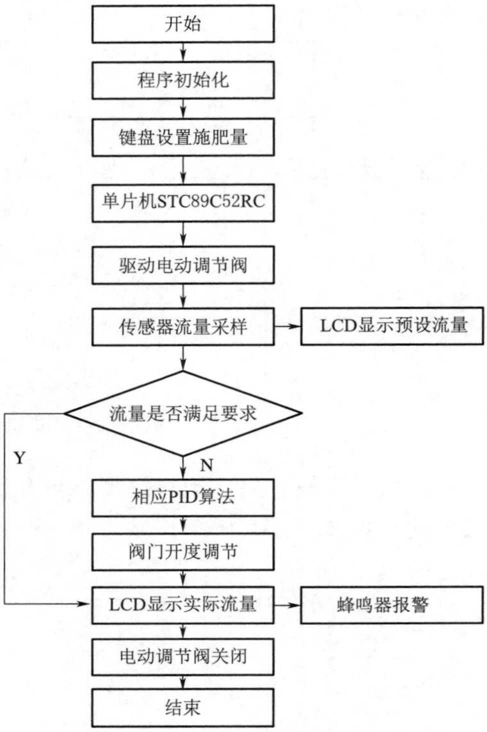

图 3-11 控制系统流程图

3.3.2 PID 控制算法设计与仿真

3.3.2.1 PID 控制算法设计原理

当今的自动控制技术大部分采用具有反馈环节的闭环控制系统，因其可以根据输出量产生的偏差对输入量进行自动调节，只要被控制变量输出的实际值与最初的设定值有偏离，该系统便自动减小这一偏差，实现真正意义上的自动控制。在工业领域里，大多数系统均采用了 PID 算法，包括模拟 PID 控制和数字 PID 控制，其中数字 PID 控制又可分为位置型 PID 控制和增量型 PID 控制。

1. 模拟 PID 控制

模拟 PID 控制系统包含了 PID 控制器和被控对象，其系统原理框图如图 3-12 所示：

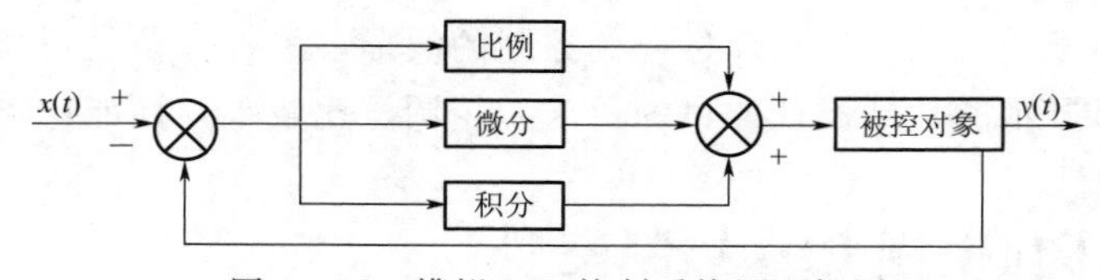

图 3-12 模拟 PID 控制系统原理框图

模拟 PID 控制可根据输入设定值 $x(t)$ 与输出的实际值 $y(t)$ 作差得到两者的偏差量 $error(t)$，即

$$error(t)=x(t)-y(t) \tag{3-2}$$

PID 控制系统的输入为 $error(t)$，输出为 $u(t)$，所以模拟 PID 控制系统的控制规律为

$$u(t)=k_p\left[error(t)+\frac{1}{T_I}\int_0^t error(t)\mathrm{d}t+\frac{T_D derror(t)}{\mathrm{d}t}\right] \tag{3-3}$$

式中　$error(t)$——控制系统偏差量；

k_p——比例系数；

T_I——积分时间常数；

T_D——微分时间常数。

可将式（3-3）分别写成三个控制项之和，具体如下：

比例项

$$u_p(t)=k_p error(t) \tag{3-4}$$

积分项

$$u_I(t)=k_p\frac{1}{T_I}\int_0^t error(t)\mathrm{d}t \tag{3-5}$$

微分项

$$u_D(t)=k_p\frac{T_D \mathrm{d}error(t)}{\mathrm{d}t} \tag{3-6}$$

经过拉氏变换成传递函数形式为

$$G_s=\frac{U_{(s)}}{E_{(s)}}=k_p\left(1+\frac{1}{T_I s}+T_D s\right) \tag{3-7}$$

2. 数字 PID 控制

计算机处理器不能连续采样，只能根据采样时间的偏差值进行计算，是一种采样调节，故上述的模拟 PID 控制方法不能直接使用，需将其离散为数字 PID，才能在计算机中实现，让本系统的单片机处理器起作用。数字 PID 控制需要用程序实现，程序需要处理器实现，而处理器的特性要求积分、微分的实现均只能通过数值逐次逼近其最终结果，其中以求和的方式代替积分，以向后差分的方式代替微分，以式（3-8）的形式等效表示，进行数值离散，即

$$\int_0^t error(t)\mathrm{d}t \approx T\sum_{i=0}^{k} e(i) \tag{3-8}$$

$$\frac{\mathrm{d}error(t)}{\mathrm{d}t} \approx \frac{e(k)-e(k-1)}{T} \tag{3-9}$$

其中，位置型 PID 控制系统是将模拟 PID 控制算法里连续时间 t 分散为一系列采样点 kT，然后将其中的积分用矩形法数值积分代替，微分用一阶向后差分代替，即

$$\begin{cases} t \approx kT(k=0,1,2\cdots) \\ \int_0^t error(t)\mathrm{d}t \approx T\sum_{j=0}^{k} error(jT)=T\sum_{j=0}^{k} error(j) \\ \dfrac{derror(t)}{\mathrm{d}t} \approx \dfrac{error(kT)-error((k-1)T)}{T}=\dfrac{error(k)-error(k-1)}{T} \end{cases} \tag{3-10}$$

可得离散 PID 表达式为

$$u(k)=k_p(error(k)+\frac{T}{T_I}\sum_{j=0}^{k}error(j)+\frac{T_D}{T}(error(k)-error(k-1)))$$

$$=k_p error(k)+k_i\sum_{j=0}^{k}error(j)T+k_d\frac{error(k)-error(k-1)}{T} \tag{3-11}$$

其中

$$k_i=\frac{k_p}{T_I}$$

$$k_d=k_p T_D$$

式中 T—— 采样周期；

k—— 采样序号，$k=1，2，3\cdots$；

$error(k-1)$、$error(k)$—— 第$(k-1)$和第 k 时刻所得的偏差信号。

位置式 PID 控制系统如图 3-13 所示。

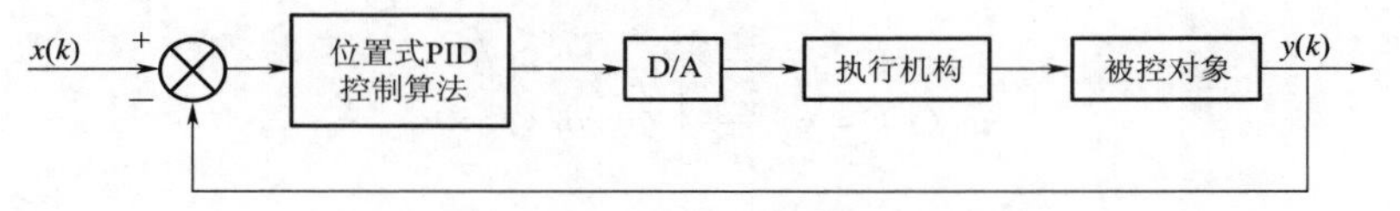

图 3-13 位置式 PID 控制系统

而增量型 PID 控制与位置型 PID 算法不同，当系统需要的是控制量的增量时，应采用增量式 PID 控制。进一步根据递推原理可得

$$U(k-1)=k_p\left\{error(k-1)+k_i\sum_{j=0}^{k-1}error(j)+k_d[error(k-1)-error(k-2)]\right\} \tag{3-12}$$

故，增量型 PID 控制算法为

$$\Delta u(k)=u(k)-u(k-1) \tag{3-13}$$

故

$$\Delta u(k)=k_p(error(k)-error(k-1)+k_i error(k)+k_d(error(k)-2error(k-1)+error(k-2)) \tag{3-14}$$

增量型 PID 控制系统如图 3-14 所示。

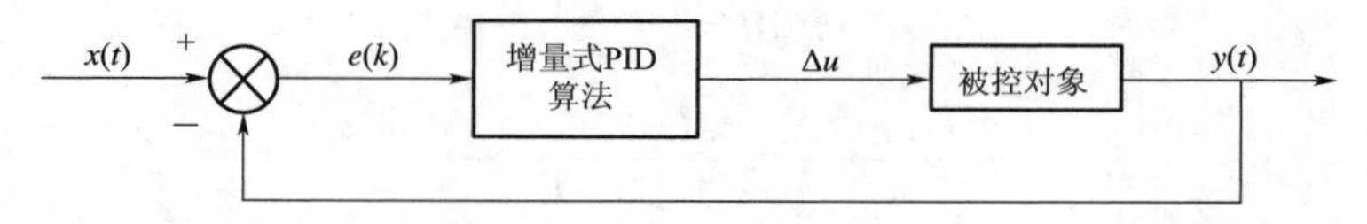

图 3-14 增量型 PID 控制系统

上述的两种控制算法区别很明显，位置型 PID 控制算法在运算过程中需要对过去的所有时刻进行累积计算，运算量很大，而增量型 PID 算法仅需对相邻的三个时刻产生的偏差进行计算，因此从计算量考虑，可将增量型 PID 算法用于本系统。

3.3.2.2 PID 控制系统仿真分析

PID 算法虽原理简单，容易理解和上手，应用广泛，但是在应用时需要对计算过程中的参数进行复杂详细的整定，是控制系统的重要研究内容，是系统需要做的前期工作。需要整定的是上述内容中的 k_p、k_i、k_d 这三个参数，PID 参数整定的方法有计算整定法和工程整定法。因为计算整定法需要具体的数学模型才能精确算出其详细参数，而在一般情况均比较复杂，其具体数学模型很难得到，故比较常用的是工程整定法。工程整定法是一种近似方法，会有一定的误差，但是适用于一般控制系统，进行调整最后得到合适的 PID 参数数值。其中 PID 控制器各校正环节的作用如下：

（1）比例环节。系统产生偏差以后比例调节环节会立马开始作用，成比例地减少偏差，k_p 值的大小与比例控制作用，动态响应速度及误差减小能力成反比，也就是可尽量减小比例系数便可减小偏差。但是实际系统存在惯性，控制输出变化后实际需要一定时间才能缓慢变化，k_p 越小，比例控制作用越强，则系统越不稳定，易产生震荡，故 k_p 值应该根据具体情况进行调试，一般 k_p 值从大往小调。比例控制作用的输出与误差成正比，如若想误差为零，那就只能使 k_p 为零，故比例作用不可能使误差完全消失，不可能使实际输出值和最初设定值一样。为使系统稳定输出，那就必须存在一个稳定误差，为了消除这一稳定误差，就必须引入积分环节。

（2）积分环节。积分环节的目的是消除稳态误差，该环节的 k_i 值与积分作用成反比。积分环节产生以后便对系统进行持续不断的误差调节，直到实际输出值与最初设定值一样时才停止调节。因系统惯性，且积分作用的强弱与系统的惯性成反比，故需增强积分作用，但积分作用过强，调节容易溢出，也就是常说的积分超调。

（3）微分环节。比例和积分环节都是对误差的事后调节，仅对稳态系统可以实现无差，但是通常情况下对于动态系统，均要求在进行负载变化或者在调整过程中产生扰动后，需快速恢复至稳态，所以自动控制系统仅比例积分环节是不够的，必须引入微分环节防止超调情况的发生。该环节控制的是偏差的变化趋势，通过调整 k_d 值，修整系统的动态特性。微分环节的参数值与微分作用同样与前两环节一样成反比，但是该值应该从小往大调节，且微分环节不能单独使用。

整定过程一般先确定 k_p 值，令 $k_i=0$、$k_d=0$，然后将 k_p 逐渐增大，观察曲线变化，如若曲线震荡开始出现，再逐渐减小 k_p 值，直至震荡消失，设定的最终 k_p 值是该值的 60%～70%。待 k_p 确定后，先将 k_i 设定成较大值，慢慢减小该 k_d 值，观察曲线变化，如若出现震荡，再慢慢增大 k_i，直到震荡消失，设定的最终 k_i 是此时的 150%～180%。一般设定为零，若有要求，设定方法与 k_p 和 k_i 相同，取不震荡时的 30%。最后经过微调，直至出现最佳 PID 参数。

本研究的 PID 参数整定在 MATLAB 中的 Similink 中进行，根据上节推出的传递函数 $W(s)=Q(s)/U(s)=k/(1+\tau_1 s)$。查阅相关资料可假设 k 值为 3.1，相应时间延迟为 0.01s，以阶跃信号为输入，则建立的相应数字 PID 控制仿真系统如图 3-15 所示。

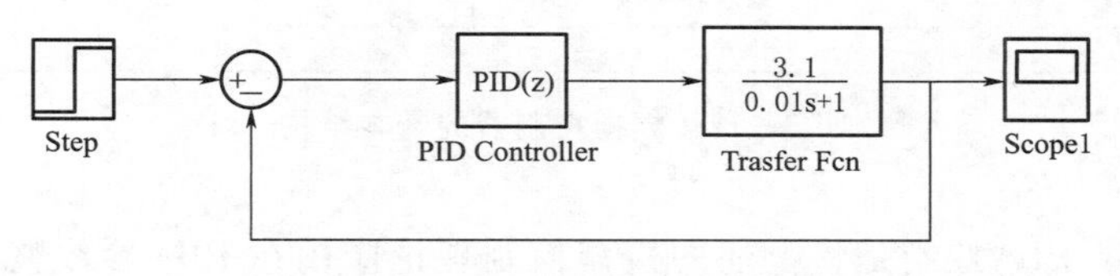

图 3-15　PID 控制仿真系统

通过在软件中用“先比例再积分最后微分”的口诀进行参数整定寻优，当 $k_p=0.1$、$k_i=5$、$k_d=10$ 时，系统达到比较理想的效果，其响应曲线如图 3-16 所示。由图 3-16 易知，其响应时间是 0.35s，即系统对信号的响应速度较快，误差较小。

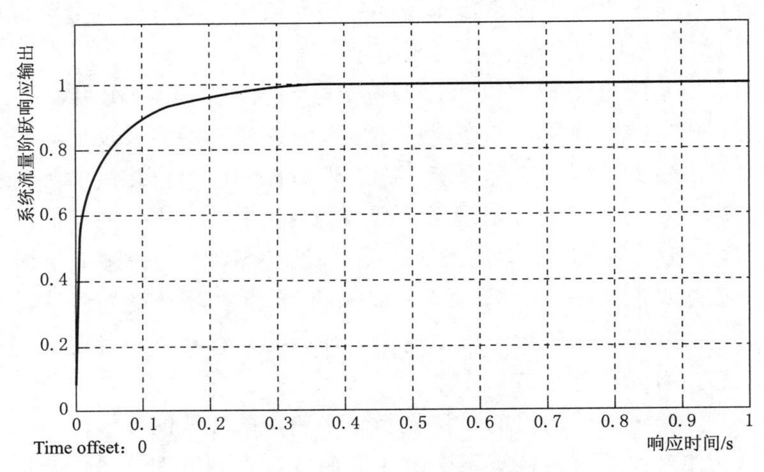

图 3-16 PID 控制系统仿真曲线

但是该算法有一个不可忽视的缺点就是不能在线实时整定三个参数值，故考虑将 PID 算法与模糊控制理论结合起来，提出了自适应模糊 PID 控制，比较两者的区别，选出较优算法。

3.3.3 施肥量自适应模糊 PID 控制设计与仿真

3.3.3.1 自适应模糊 PID 控制原理

模糊控制是利用模糊数学理论和基本思想进行控制的方法，该方法以模糊数学、模糊语言的知识表示和模糊逻辑推理为理论支撑，通过计算机技术实现具有反馈调节的闭环控制系统，它的控制核心是模糊控制器，由模糊化、模糊推理和清晰化模块组成，其基本结构如图 3-17 所示。

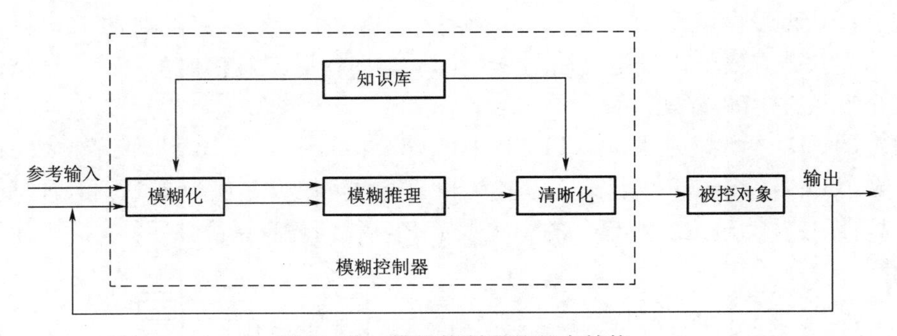

图 3-17 模糊控制器的基本结构

而自适应模糊 PID 控制是将上述的模糊控制理论应用在 PID 参数整定中，以偏差 E 和偏差变化率 EC 作为模糊 PID 控制器的输入，利用上述的模糊控制器分别对 PID 的输入、输出参数进行模糊化处理、模糊规则的制定和一系列的推理运算，最终把这些模糊量进行清晰化处理的一个过程，本系统的输出量是 Δk_p、Δk_i、Δk_d，其自适应模糊 PID 控制器如图 3-18 所示。

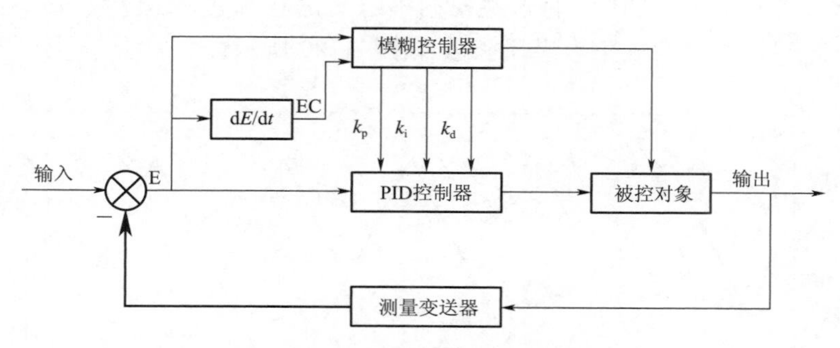

图 3-18　自适应模糊 PID 控制器

将自适应模糊 PID 控制理论用来控制水肥调控模型系统，不仅可避免系统受到干扰，而且可消除系统运行过程中的震荡和余差。

3.3.3.2　自适应模糊 PID 控制器的设计

1. 模糊控制器结构

根据上节讨论，本节的模糊 PID 控制器的输入变量是预设流量与累积流量的偏差 E 和偏差变化率 EC，输出量是 PID 参数 k_p、k_i、k_d 的三个校正量 Δk_p、Δk_i、Δk_d，即两输入三输出的控制器，控制器结构和编辑界面如图 3-19 所示。

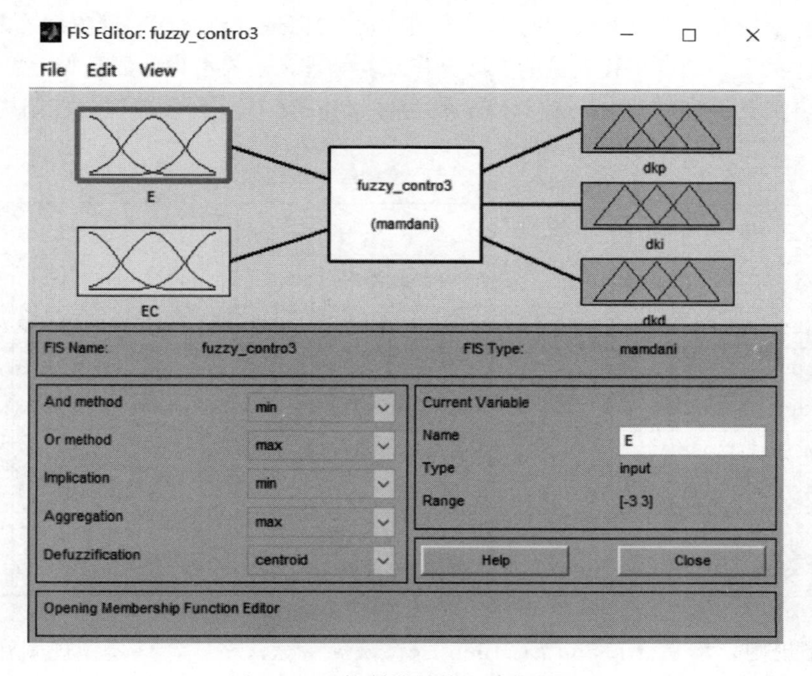

图 3-19　控制器结构和编辑界面

将 E 和 EC 及矫正量 Δk_p、Δk_i、Δk_d 的值进行模糊化处理，表示成语言形式，分别表示成NB（负大）、NM（负中）、NS（负小）、ZO（几近零）、PS（正小）、PM（正中）、PB（正大），故输入输出量 E、EC、Δk_p、Δk_i、Δk_d 的模糊子集可表示成｛NB，NM，NS，ZO，PS，PM，PB｝，将这些模糊集的变化范围定义在论域｛−3，−2，−1，0，1，2，3｝区间，选取的三角形隶属函数如图3-20所示。

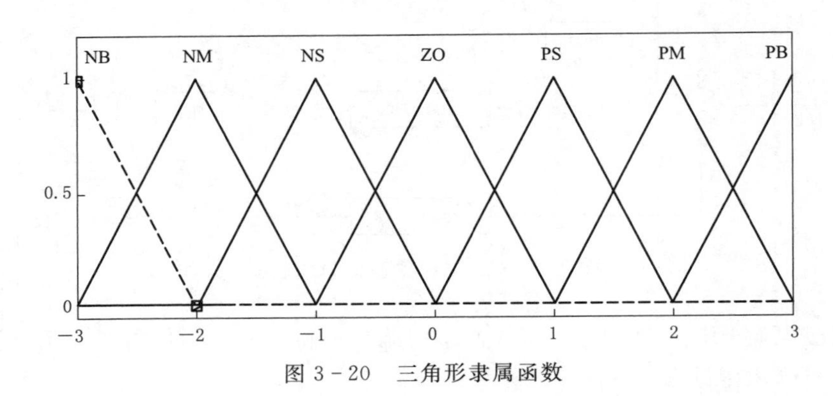

图3-20　三角形隶属函数

2. 模糊控制规则的设计

在理论和前人经验的基础上，结合理论分析可以总结出E、EC与PID调节的三个参数 k_p、k_i、k_d 的关系：当 E 值比较大时，为使系统快速响应，应加大 k_p 值，为了控制最初超出的范围，应取较小的 k_d 值，而为了避免较大范围的超出，可取 $k_i=0$；当 E 值中等大小时，应将 k_p 适当地减小，k_i 适当地增大，此时 k_d 的取值比较重要；当偏差 E 值较小时，稳态性要求较高，故可取较大的 k_p、k_i 值，k_d 的值选取要适当，避免系统出现超调。

基于上述关系，结合工程人员的实际操作经验和理论，再考虑施肥量偏差变化率 EC 的变化规律，将 E、EC 和 Δk_p、Δk_i、Δk_d 的关系总结成表3-7所示的模糊控制规则表。

表3-7　Δk_p、Δk_i、Δk_d 模糊控制规则表

Δk_p ＼ E	EC						
	NB	NM	NS	ZO	PS	PM	PB
NB	PB	PB	PM	PM	PS	ZO	ZO
NM	PB	PB	PM	PS	PS	ZO	NS
NS	PM	PM	PM	PS	ZO	NS	NS
ZO	PM	PM	PS	ZO	NS	NM	NM
PS	PS	PS	ZO	NS	NS	NM	NM
PM	PS	ZO	NS	NM	NM	NM	NB
PB	ZO	ZO	NM	NM	NM	NB	NB

Δk_i ＼ E	EC						
	NB	NM	NS	ZO	PS	PM	PB
NB	NB	NB	NM	NM	NS	ZO	ZO
NM	NB	NB	NM	NS	NS	ZO	ZO
NS	NB	NM	NS	NS	ZO	PS	PS
ZO	NM	NM	NS	ZO	PS	PM	PM
PS	NM	NS	ZO	PS	PS	PM	PB
PM	ZO	ZO	PS	PS	PM	PB	PB
PB	ZO	ZO	PS	PM	PM	PB	PB

Δk_d ＼ E	EC						
	NB	NM	NS	ZO	PS	PM	PB
NB	PS	NS	NB	NB	NB	NM	PS
NM	NS	NS	NB	NM	NM	NS	ZO
NS	ZO	NS	NM	NM	NS	NS	ZO
ZO	ZO	NS	NS	NS	NS	NS	ZO
PS	ZO	ZO	ZO	ZO	ZO	ZO	ZO
PM	PB	NS	PS	PS	PS	PS	PB
PB	PB	PM	PM	PM	PS	PS	PB

共49条规则，均是if E and EC then Δk_p、Δk_i、Δk_d 格式，该模糊规则在MATLAB编辑界面如图3-21所示。

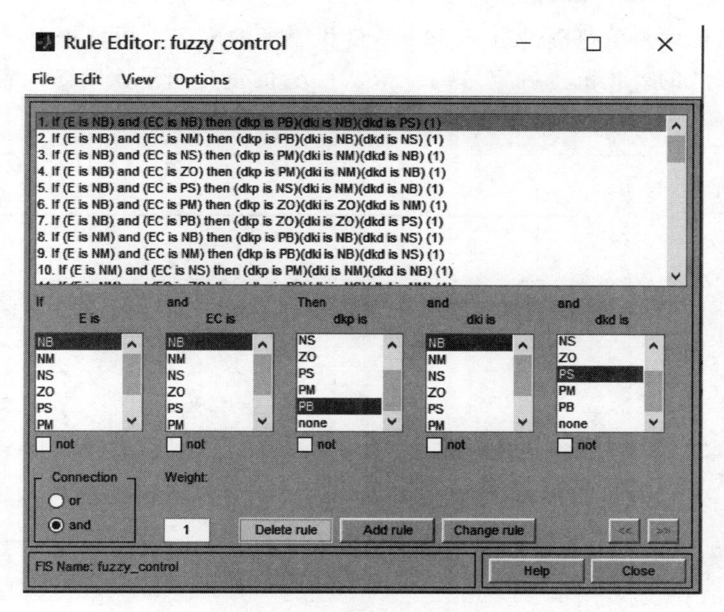

图 3-21　控制规则编辑界面

3. 清晰化

控制系统在进行完模糊推理以后，要将这些模糊集合进行反模糊处理，即清晰化的过程，本研究采用重心法，其计算公式为

$$z_0=\frac{\sum_{i=0}^{n}\mu_c(z_i)z_i}{\sum_{i=0}^{n}\mu_c(z_i)} \tag{3-15}$$

式中　z_0——系统输出量；

z_i——模糊控制量在论域内的值；

$\mu_c(z_i)$——z_i 的隶属度值。

根据上述方法再经过加权平均可得出最终的输出量 Δk_p、Δk_i、Δk_d 的精确值。

3.3.3.3　自适应模糊 PID 系统仿真分析

将上述的三角形隶属函数和 49 条模糊控制规则输入模糊控制器，然后将其导入 MATLAB 的工作空间 workspace 中，搭建如图 3-22 所示的自适应模糊 PID 控制系统模型。

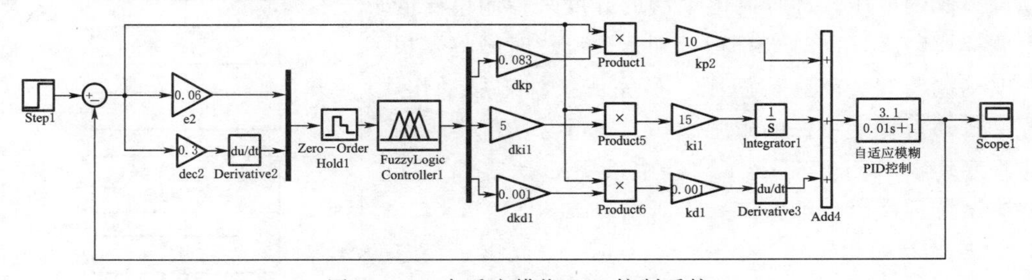

图 3-22　自适应模糊 PID 控制系统

根据施肥量的偏差值范围进行 E 和 EC 量化因子的确定，再根据上节讨论的 PID 调节的三个基本参数的变化范围确定 Δk_p、Δk_i、Δk_d 的量化因子，最终得到的仿真曲线如图 3-23 所示。

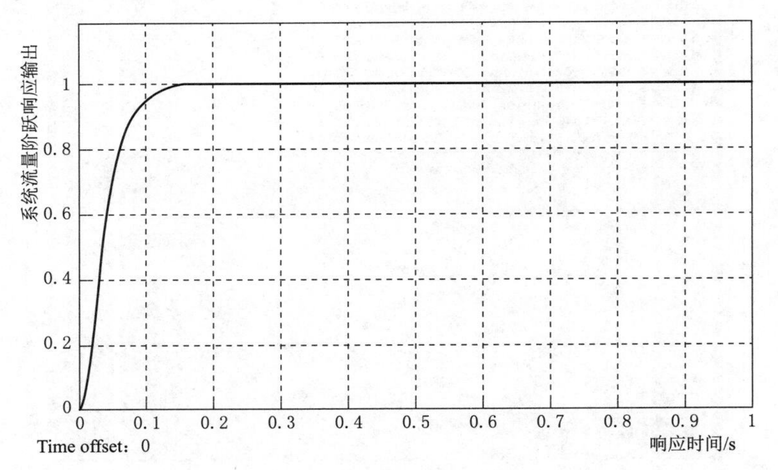

图 3-23 自适应模糊 PID 控制系统仿真曲线

由图 3-23 的曲线可知在单位阶跃信号输入的情况下自适应模糊 PID 控制系统的响应时间为 0.15s，而 PID 控制系统响应时间是 0.35s，对比很明显能看出自适应模糊 PID 控制系统比上节讨论的 PID 控制系统的响应时间更短，自适应模糊 PID 控制方法比常规 PID 控制方法更优，故本研究采用自适应模糊 PID 控制方法进行系统软件实现的进一步研究。

3.3.3.4 水肥调控模型枪系统程序实现

本系统主要是在核心芯片 STC89C52RC 和上一章设计的各硬件电路的基础上进行功能实现编程，控制系统主要需实现的功能可分为以下三部分：一是通过 LCD1602 液晶屏实时显示的工作状态——瞬时流量、累积流量和预设流量；二是通过两按键的加减实现预设流量值的调节；三是可根据前端流量传感器的反馈控制电动调节阀的电压，即控制电动阀的开度来控制单株的水肥调控模型量，同时当累积量到达预设量时蜂鸣器报警，电动调节阀关闭，待施肥人员完成换株施肥动作，系统又自动重复上一株的施肥动作。三部分功能实现的相应程序均在 Keil uVision4 软件中采用 C 语言编写实现，该系统程序流程如图 3-24 所示。

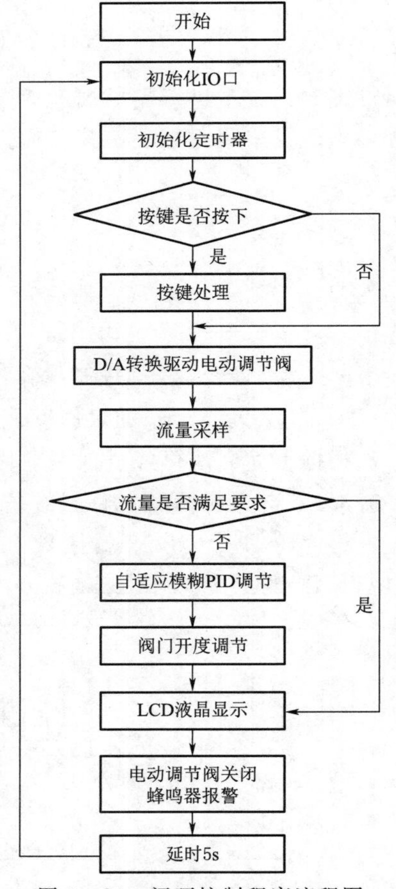

图 3-24 闭环控制程序流程图

1. 系统初始化

在系统开始工作前，为了避免前次作业对本次的影响，需要对相关模块进行必要的初始化工作，其中包括液晶屏的初始化、液晶屏清屏、定时器初始化等一系列工作，程序流程如图 3-25 所示。

程序包含的头文件是 ＃include＜reg52.h＞、＃include＜stdio.h＞、＃include "1602.h"、＃include " delay.h"，其中应用到程序调用，包括的程序及功能如下：

LCD_Init（）函数，主要是实现 LCD1602 液晶显示初始化功能。

LCD_Clear（）函数，主要实现液晶显示屏清屏功能。

Init_Timer（）函数，主要实现定时器初始化工作。

2. 按键处理

按键处理模块主要是实现单株施肥量的预设，因为按键电路与单片机连接接口默认高电平，所以当输入信号为低电平时，按键动作有效，当按下按键时，高电平跳变为低电平。先确定按键是否按下，如若有，使用延时函数以排除按键抖动的情况，延时 10ms 方可识别按键确实已按下。贵州省烟科院所给施肥数据是单株烤烟在不同阶段所需施肥量从 50mL 至 300mL 不等，可确定每次按键的增加和减少量以 10mL 为单位进行跳变。为使系统开发具有通用性，当预设流量少于 999mL，增加键（$key1=0$）按下时，每次增加量为 10mL，同理，当预设流量值大于 10mL，减小键（$key2=0$）按下时，每次减少量为 10mL，其程序流程如图 3-26 所示。

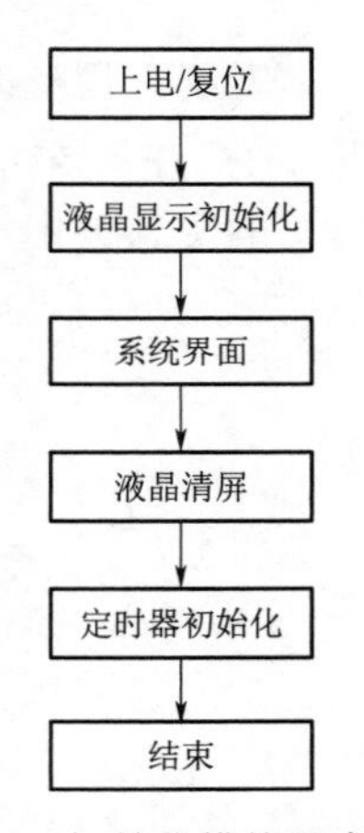

图 3-25 初始化模块程序流程图

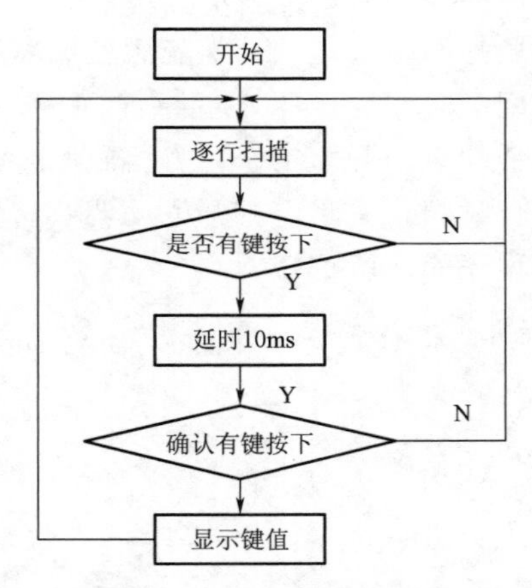

图 3-26 按键处理程序流程图

3. 液晶屏显示

液晶屏是控制系统人机交互的直观反映模块，施肥人员按下按键预设好的施肥量需要显示出来，同时根据本研究要求需要显示瞬时流量和累积流量值。为使预设流量动作方便快捷，本系统的预设值初始值可定义为 100mL。本系统的流量传感器选用的是 SEN-HZ21WC 脉冲型流量传感器，当管道通过 1L 流体时，流量传感器就相应输出 600 个脉冲，可算出每输出一个脉冲通过的流量为 1.67mL，故本系统的液晶屏显示模块的部分程序实现如下所示：

```
unsigned long PluNum=0;
float ShunShi=0;
```

```
float LeiJi=0;
float YuShe=100;
ShunShi=(float)PluNum * 1.67;
LeiJi=LeiJi+(float)PluNum * 1.67;
sprintf(dis0,"S:%4.2fmL/s",ShunShi);
LCD_Write_String(0,0,dis0);                    sprintf
(dis1,"L:%3dmL   Y:%3dmL",LeiJi,YuShe);
LCD_Write_String(0,1,dis1);
PluNum=0;
```

4. 电动调节阀控制

本系统的电动调节阀控制模块主要是通过单片机程序比较单株施肥量的累积值和预设值得出偏差，实现电动球阀开度的调节，按键输入预设值，开启电动阀开关，施肥工作开始，流量传感器实时反馈通过管路的单株施肥量累积值，然后单片机算出两者偏差，将偏差作为输入对电动球阀进行开度控制。流量传感器反馈的累积值远小于预设值时，电动调节阀开度快速增大，待累积值距预设值相差在一定范围内时，电动球阀的开度开始变小，直至累积值与预设值相等时，电动阀彻底关闭，至此，单位面积一次施肥工作完成，电动调节阀控制流程如图 3-27 所示。

烤烟施肥是间歇工作，一株施肥完成需要进行下一株作业，本系统采用延时程序设定好每株施肥间歇时间为 5s，在间歇时间内，施肥人员换株施肥，随后单片机清零累积流量，电动调节阀重新开始工作，直至施肥工作全部完毕后，关闭总电源开关即可，如若换株施肥需较长时间，关闭再打开电动调节阀开关即可，可进行手动施肥控制，电动调节阀实现的部分程序如下所示：

```
sbit CE=P3^6;
void valve()
{
    float e, ec, du;
    static float lastE=0;
    static float sumE=0;
    fuzzy_PID OUT={0,0,0}
    CE=0;
    P1=0X00;
    e=YuShe-LeiJi;
    ec=e-lastE;
    sumE +=e;
    lastE=e;
    OUT=PID fuzzy(e, ec);
    du=(Kp+OUT.Kp) * e+ (Ki+OUT.Ki) * sumE + (Kd+OUT.Kd) * ec;
    P0=(uchar)du;
}
```

水肥调控模型枪控制系统采用自适应模糊 PID 控制方法，系统的输入量是流量传感器的脉冲信号，根据流量与脉冲信号的换算关系计算出实际输出施肥量，同时与系统最初按键输入的预设流量值相比较计算出偏差，得到自适应模糊 PID 的输入量偏差 E 和偏差变化率 EC，然后通过模糊控制器输出实时 Δk_p、Δk_i、Δk_d 值，与初始 k_p、k_i、k_i 值求和，算出实时自适应模糊 PID 控制算法的输出量，即可通过调节电动调节阀上的电压来控制阀门开度，其自适应模糊 PID 控制的工作流程如图 3-28 所示。

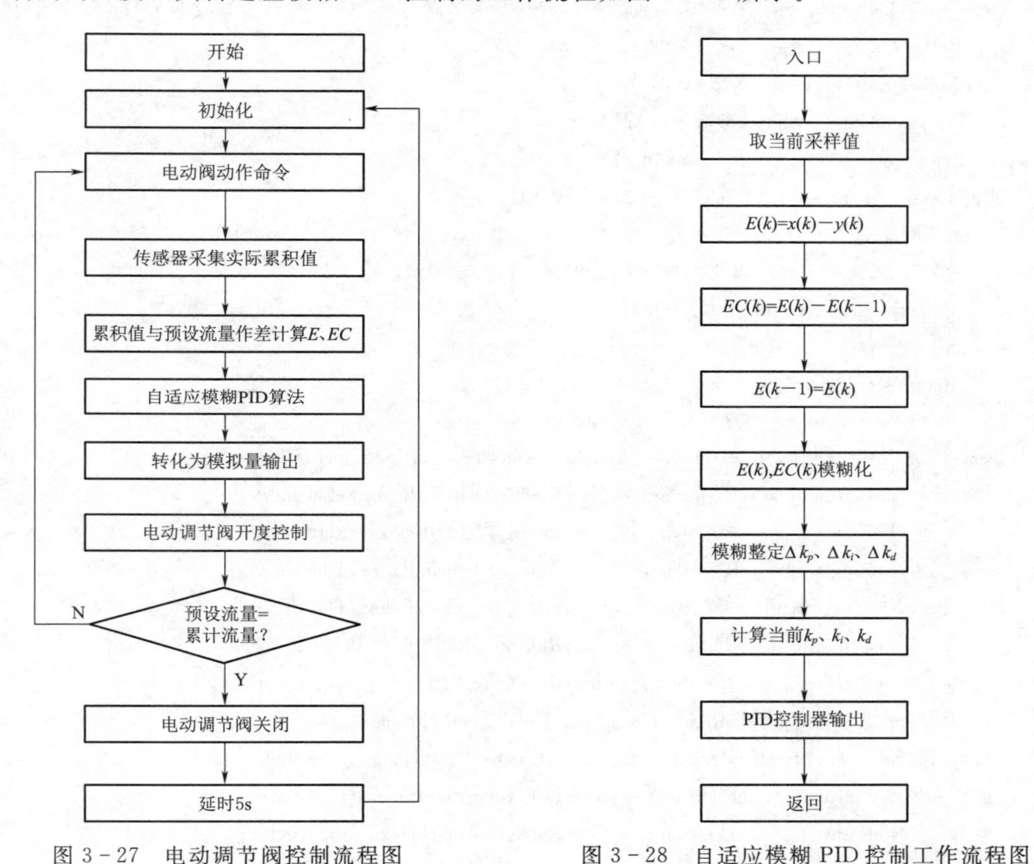

图 3-27　电动调节阀控制流程图

图 3-28　自适应模糊 PID 控制工作流程图

根据上述自适应模糊 PID 控制的流程图得到的部分程序如下所示：

```
#define NB  -3
#define NM  -2
#define NS  -1
#define ZO  0
#define PS  1
#define PM  2
#define PB  3
static const float fuzzyRuleKp[7][7];
static const float fuzzyRuleKi[7][7];
```

```
static const float fuzzyRuleKd[7][7];
typedef struct {float Kp, Ki,Kd;}fuzzy_PID;
PID fuzzy(float e, float ec)
{
  float etemp, ectemp, eLefttemp, ecLefttemp, eRighttemp, ecRighttemp;
  int eLeftIndex, ecLeftIndex, eRightIndex, ecRightIndex;
  etemp=e>3.0? 0.0:(e<-3.0? 0.0: (e>=0.0? (e>=2.0? 2.5: (e>=1.0? 1.5: 0.5)): (e>=-1.0 ? -0.5: (e>=-2.0? -1.5: (e>=-3.0? -2.5: 0.0) ))));
  eLeftIndex=(int)((etemp-0.5) + 3);
  eRightIndex=(int)((etemp+0.5) + 3);
  eLefttemp=etemp==0.0? 0.0:((etemp+0.5)-e);
  eRighttemp=etemp==0.0? 0.0:( e-(etemp-0.5));
  ectemp=ec>3.0? 0.0: (ec<-3.0? 0.0: (ec>=0.0? (ec>=2.0? 2.5: (ec>=1.0? 1.5: 0.5)):(ec>= -1.0? -0.5: (ec>=-2.0? -1.5: (ec>=-3.0? -2.5:0.0) ))));
  ecLeftIndex=(int)((ectemp-0.5) + 3);
  ecRightIndex=(int)((ectemp+0.5) + 3);
  ecLefttemp=ectemp==0.0? 0.0:((ectemp+0.5)-ec);
  ecRighttemp=ectemp==0.0? 0.0:( ec-(ectemp-0.5));
  fuzzy_PID.Kp=(eLefttemp * ecLefttemp * fuzzyRuleKp[ecLeftIndex][eLeftIndex]
           +eLefttemp * ecRighttemp * fuzzyRuleKp[ecRightIndex][eLeftIndex]
           +eRighttemp * ecLefttemp * fuzzyRuleKp[ecLeftIndex][eRightIndex]
           +eRighttemp*ecRighttemp*uzzyRuleKp[ecRightIndex][eRightIndex]);
  fuzzy_PID.Ki=(eLefttemp * ecLefttemp * fuzzyRuleKi[ecLeftIndex][eLeftIndex]
           +eLefttemp * ecRighttemp * fuzzyRuleKi[ecRightIndex][eLeftIndex]
           +eRighttemp * ecLefttemp * fuzzyRuleKi[ecLeftIndex][eRightIndex]
           +eRighttemp * ecRighttemp * fuzzyRuleKi[ecRightIndex][eRightIndex]);
  fuzzy_PID.Kd=(eLefttemp * ecLefttemp *fuzzyRuleKd[ecLeftIndex][eLeftIndex]
           +eLefttemp * ecRighttemp * fuzzyRuleKd[ecRightIndex][eLeftIndex]
           +eRighttemp * ecLefttemp * fuzzyRuleKd[ecLeftIndex][eRightIndex]
           +eRighttemp*ecRighttemp *fuzzyRuleKd[ecRightIndex][eRightIndex]);
  return fuzzy_PID;
}
```

5. 蜂鸣器报警

当实际累积流量达到预设值时，电动阀全关，单片机通知蜂鸣器报警以提醒施肥人员，通过循环调用延时函数即可完成蜂鸣器的报警工作，其控制程序流程图如图 3-29 所示。

3.3.4 水肥调控模型试验与分析

3.3.4.1 精准控制有效性试验

根据上述硬件原理图，考虑实际的接口和安装，绘制了 PCB 板，将各个模块进行组装焊接，得到最终的系统电路实物图，然后启动该硬件系统，在 Keil uVision4 软件中调试以检测各个部分是否可以工作正常。具体操作是接通电源供电模块，Keil uVision4 软件编写程序，并进行调试，生成 HEX 文件，然后连接下载线将程序导入到 STC-ISP 烧录软件中进行单片机程序下载，随后给单片机上电，检测按键输入模块、液晶屏显示模块是否正常工作，调试现场如图 3-30 所示。

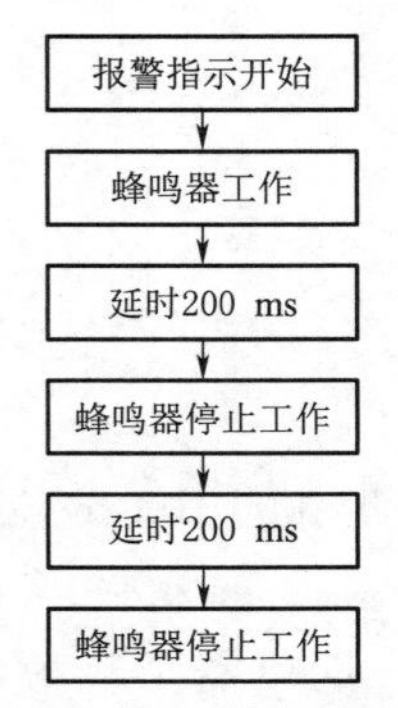

图 3-29 蜂鸣器报警控制程序流程图

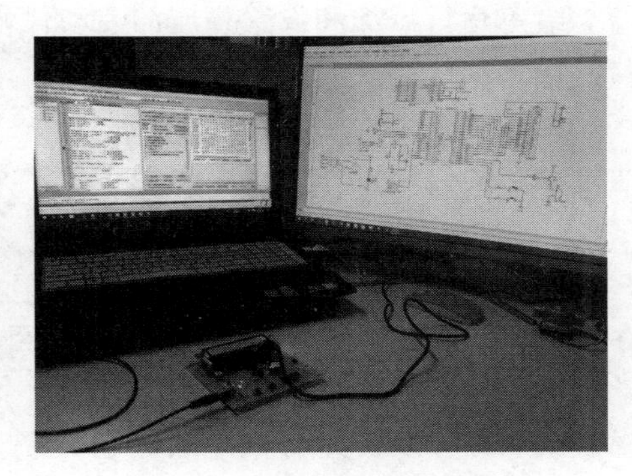

图 3-30 控制系统调试现场

单片机的调试软件选用 Keil uVision，它具有强大的功能，能进行基本程序编译的同时具有仿真调试的作用，它支持多种变量类型、堆栈数组的编译，它不局限于汇编语言的编写与应用，可直接应用 C 语言，易上手，可操作性强，开发平台简单易学。因本系统采用的是 STC89C52RC 单片机，故采用 Keil uVision4 软件进行系统开发，同时 Keil uVision4 本身自带项目管理器，它可以支持同类单片机的更多衍生产品和支持更多的仿真器，开发个人或团体在工作过程中更能逻辑清楚，方便快捷，仅需考虑系统逻辑本身，再遵循开发步骤即可快速开发出成品，Keil uVision4 开发环境界面如图 3-31 所示。

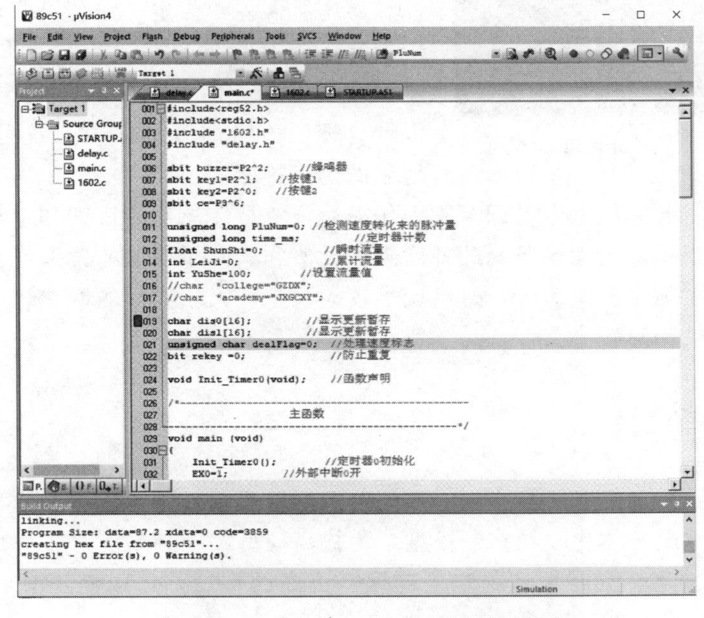

图 3-31 Keil uVision4 开发环境界面

开发步骤如下：

（1）打开 Keil uVision4 软件，在工具栏中点击 Project 新建工程并从目标组中实际生成必要的项目。

（2）新建一个源文件即 Source Group，将其添加至工程中。

（3）给单片机添加和设置相应的启动代码。

（4）设置硬件相关的选项。

（5）编译整个工程同时生成 HEX 文件。

通过以上的试验操作，程序编译正确，并成功烧写进单片机，且接上电源以后，按键正常工作，液晶屏正常显示，软件实现良好。

3.3.4.2 模型试验及误差分析

在控制系统有效性试验验证之后再进行试验平台搭建，精度测试的田间试验选择在贵州大学机械学院试验地里进行。

根据烟农经验及贵州省烟草科学研究院所给数据，烤烟生长期所需肥料最低需要为50mL/株，最高需要为300mL/株，施肥量生长阶段不同，所需肥液量也不同，本次实验采用量筒测量实际喷肥量，为避免量筒分度值带来的误差，本实验针对不同施肥量选用不同量程的量筒。如图 3-32 所示，量程依次是100mL、250mL、500mL，其分度值分别为 1mL、2mL、5mL。

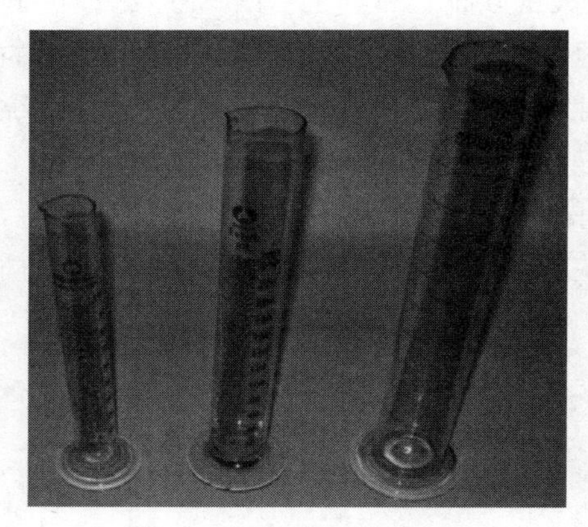

图 3-32　不同量程量筒

试验时，在控制器上通过加减按键预设单株施肥量后，启动电动调节阀，待施肥量达到预设量后，电动调节阀自动关闭，观测量筒测量实际值，然后对比实际流量值与预设流量值的偏差，计算出施肥误差，设定 8 组预设值，每组预设值对应的实际施肥量均采集三次取平均值，测得施肥量偏差及施肥相对误差，实验结果表明控制系统设计合理，该烤烟液肥深根系统可满足山区复杂地貌的烤烟施肥。

产生误差的主要原因是电动调节阀动作滞后，流量传感器的反馈和量筒的测量和读数也会导致一定的误差。电动调节阀的开度随预设值和实际累积值的偏差值变化，是一个动态的过程，因此在最小流量 50mL 时出现了较大误差，大流量时的误差较小是因为其受电动调节阀动态影响相对较小。

3.4 本章小结

本章在总结水稻、玉米、冬小麦、油菜及烤烟等贵州省主要作物土壤水分调控阈值的基础上，构建了水肥一体化模糊控制模型，为提高模型的控制精度，进一步引入水肥一体化模糊 PID 控制模型，具有更快的响应速度、更高的精度，可以满足农业生产快速、准确地实现水肥一体化调控的要求。

第4章

山地水肥一体化施肥机研制

4.1 研制目标及内容

根据现代山地水肥一体化施肥机功能需求，首先设计并建立系统总体结构，再分析研究系统的执行机构和传感器的工作原理，主要分为吸肥系统、混肥系统、控制系统、压力管道系统及动力源等部分，以此来建立各主要器件的数学模型，并确定配肥方法。

4.1.1 研究目标

主要研发一款适应于山地丘陵地区施肥灌溉的低成本、高性能水肥一体化自动施肥机，旨在较好地解决山地丘陵地区作物水肥一体化系统灌溉技术问题。在综合考虑农作物水肥需求特点和贵州省地貌特征的前提下，进行了设备研究内容的确定。

4.1.2 系统整体设计

根据系统功能需求分析，对本文所研发的水肥精准配比控制系统进行整体设计，按照模块化的设计思维给出系统整体框图。系统整体设计框图如图4-1所示。

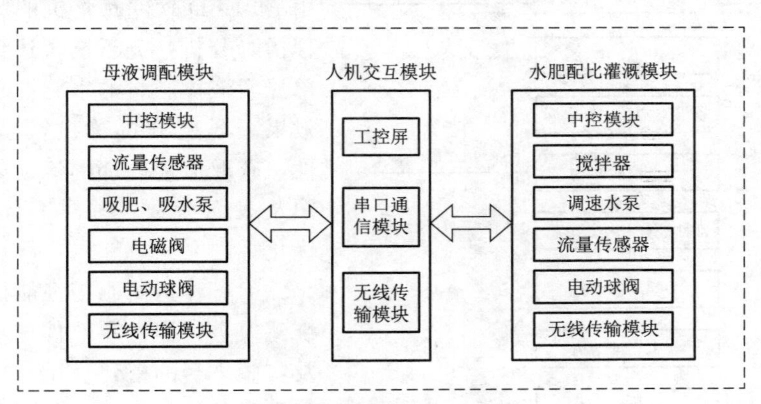

图4-1 系统整体设计框图

本系统初步设计为三大功能模块，包括人机交互模块、母液调配模块和水肥配比灌溉模块。各模块之间通过Modbus总线进行数据传输。人机交互模块主要完成提供可视化的操作界面以及下达相关操作指令的功能，该模块由一块HMI工控屏以及与其通过串口进行通信的 CC2530 模块组成。母液调配模块主要完成四路营养液的比例调配功能，该模块由一条主路管径与四路肥路管径构成，主要器件包括中控模块、CC2530 无线通信模块、流量传感器、吸肥泵、吸水泵和电动阀等。水肥配比灌溉模块主要完成的功能是将已调配好的 4 种营养液与水按一定配比浓度进行灌溉施肥，该模块由一条水路管径与一条肥路管径构成，主要器件包括中控模块、CC2530 无线通信模块、搅拌器、调速水泵、流量传感器等。

4.1.3 系统结构设计与加工

基于研究内容的确定和大范围查阅该方面文献的基础之上，围绕整机方案的设计与部件划分、核心部件设计分析、整机模型的建立及整机运行工况的仿真分析开展，拟定以下研究技术路线，如图 4-1 所示。

(1) 整机方案的设计与部件划分。针对我国进口施肥机价格昂贵、后期维护成本高，国产机型功能单一、精度较低的现状，综合施肥设施性能要求与农作物需肥特点，进行三通道旁路吸肥式自动施肥机的方案设计与部件划分。并在整机方案确定的基础上，提出了施肥机“后进前出”工作模式。

(2) 核心部件设计分析及整机模型的建立。开展施肥机核心部件吸混肥系统的设计与分析优化，设计基于文丘里管施肥器并联的吸混肥系统。通过 SolidWorks 软件建立吸混肥系统三维模型，并运用 FloEFD 软件仿真分析文丘里管施肥器的吸肥量与进出口压差的工作特性关系。基于以上核心部件结构设计与工作特性分析，进一步确定三通道旁路吸肥式自动施肥机整机模型。

(3) 整机运行工况的仿真分析。针对三通道旁路吸肥式自动施肥机整机结构，进行整机运行工况的仿真分析。运用 FloEFD 软件对整机的吸混肥运行过程仿真分析，分析能否达到对水及三种单元素液体肥料的水肥混合及稳定输出效果。通过分析整机模型吸肥动力特性，获取流场内部的流动迹线、切面云图及表面参数，并进一步展开性能的优化。

(4) 样机研制与性能试验。依据三维建模进行样机零部件选型、样机搭建及实验平台的搭建。试验中，开展最大吸肥量试验、定量吸肥试验及样机稳定性试验，根据样机试验结果进行样机的性能评估及参数优化，并对定量吸肥试验数据做出进一步分析。研究技术路线如图 4-2 所示。

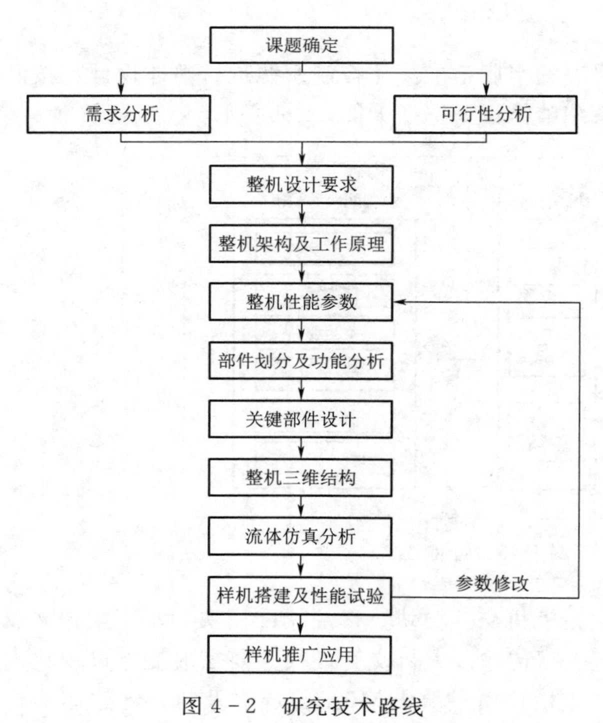

图 4-2 研究技术路线

4.2 三通道旁路吸肥式自动施肥机方案设计

水肥一体化技术是一项集作物灌溉与施肥于一体的新型现代农业技术，而施肥机是影响水肥一体化技术的关键因素。几十年来，农作物施肥技术经历了从颗粒肥到液肥、从水肥分施到如今最为广泛的水肥一体化灌溉施肥技术的变化发展。近年来，为了获得适应性更强、满足作物不同生长期需肥特点的施肥机，技术人员在水肥一体化灌溉施肥基础上研发出多种新型施肥机。

国外水肥一体化施肥机主要有 PL -助肥式、PB -加压式、PD -压差式及 MS 恒压式 4 种（图 4 - 3～图 4 - 6）。其中试用条件如下：

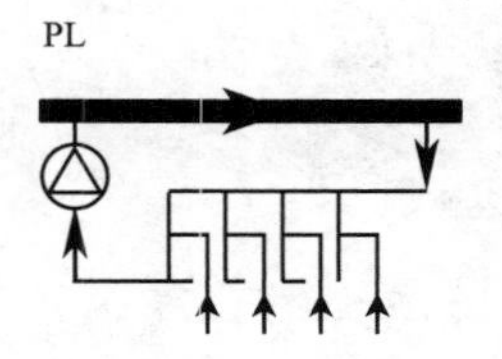

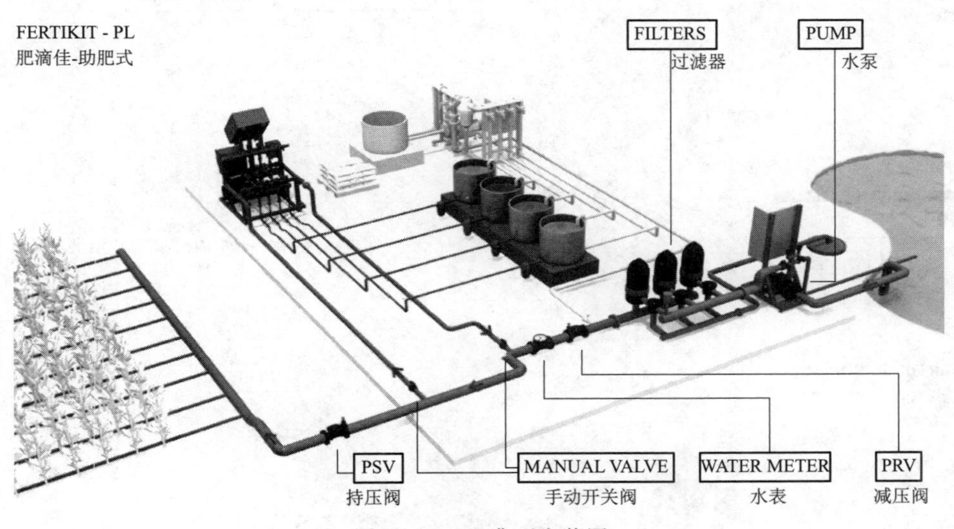

图 4 - 3　PL 典型安装图

在对国内外现有施肥机相关机型研究的基础上，本章综合考虑作物生长发育对“三要素”（氮、磷、钾）养分需要量较大，而种植土地中的养分固有量却无法满足作物的生长需要，针对贵州省农业生产需求、农艺要求以及定量施肥技术的发展趋势，参照总体技术路线、性能设计要求等内容，对三通道旁路吸肥式自动施肥机展开整机的方案设计。

4.2.1 施肥机设计性能要求

本研究设计的三通道旁路吸肥式自动施肥机需满足以下性能要求：

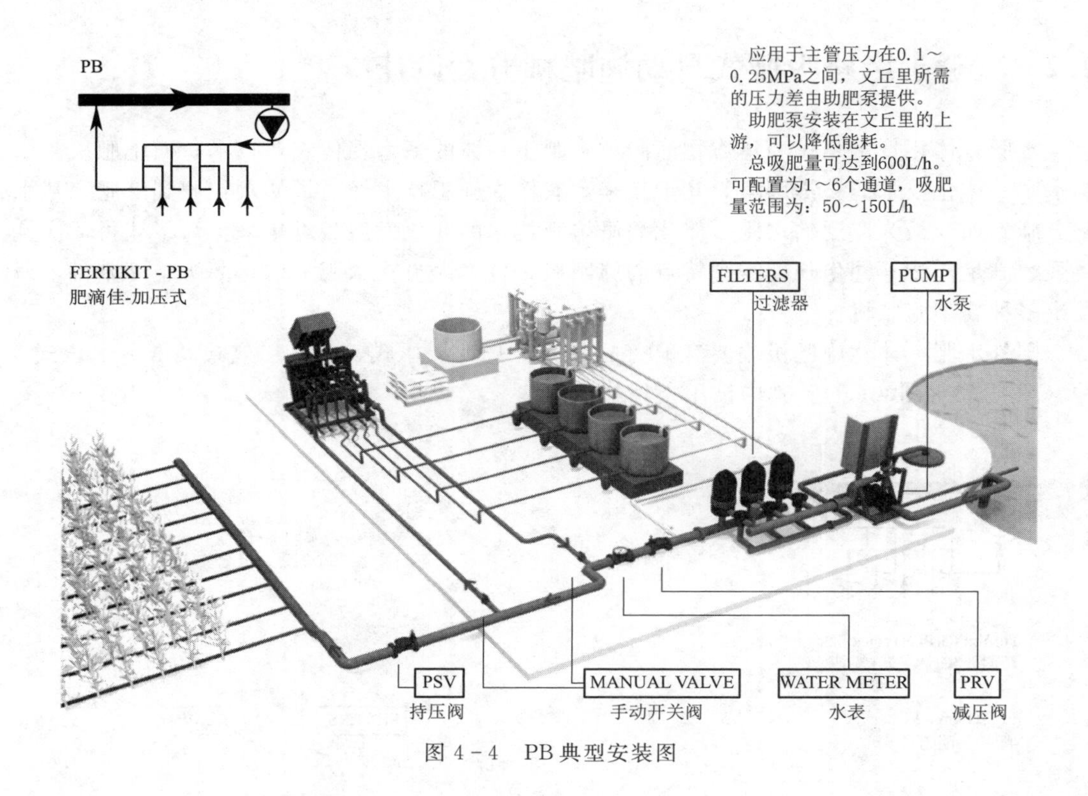

图4-4 PB典型安装图

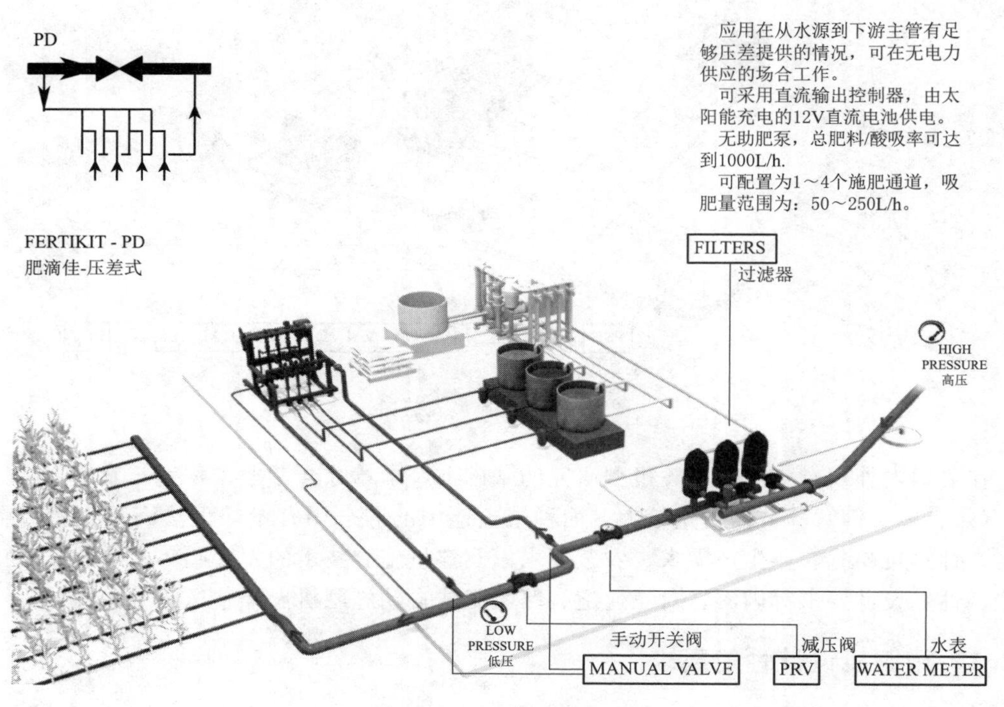

图4-5 PD典型安装图

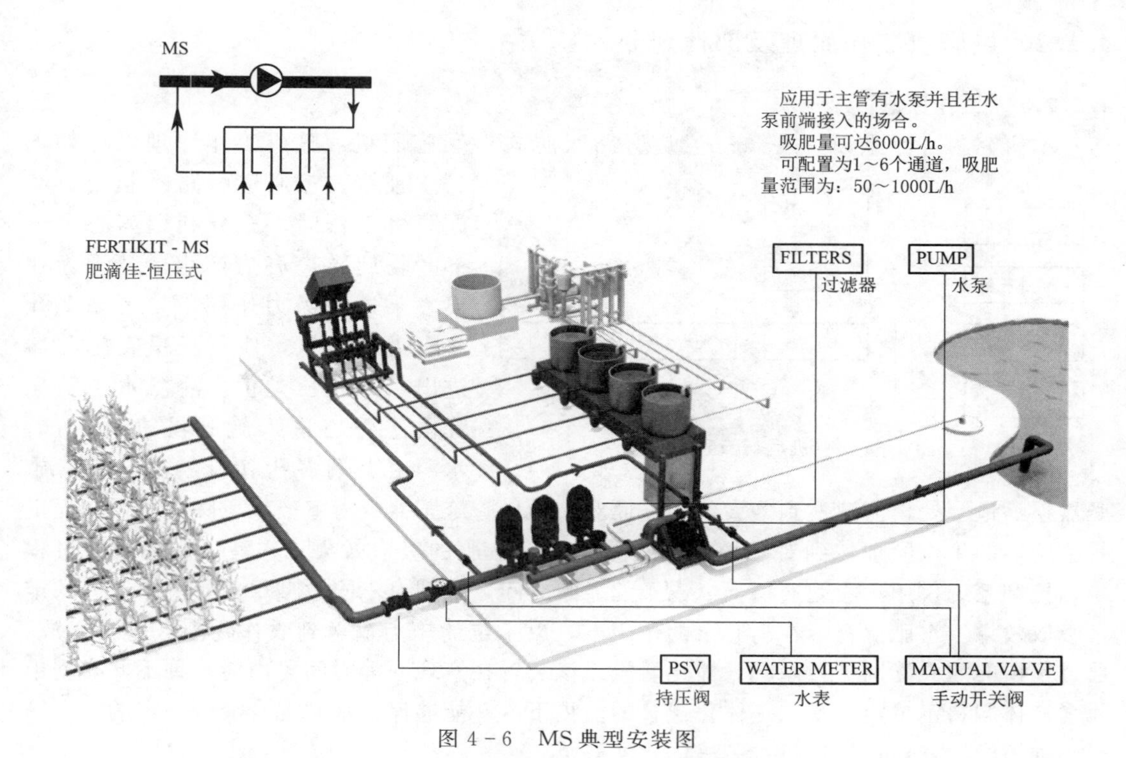

图 4-6 MS 典型安装图

（1）管道布局的合理性。综合分析总结目前市场上的施肥机机型与相关研究成果，对三通道旁路吸肥式自动施肥机展开创新性设计研究，设计出施肥系统的吸肥系统、混肥系统、动力系统及管道布局，尽可能达到设计的合理化。

（2）吸肥量的可控性。基于农业生产中不同类型农作物的需肥特点，施肥机应具有对不同类型单元素液体肥料供给及供给量的可控性功能，这对设备适应于不同类型作物、作物不同生长期的水肥一体化灌溉有着十分重要的实用价值。

（3）整机运行的稳定性。考虑到施肥机是实现对水源和不同类型单元素液体肥料混合及稳定输出的新型农业装备，系统应具有良好的稳定性、故障发生率低。若运行过程中某通道出现故障，均会造成水肥配比的失衡，进而损害作物的生长。整机运行的稳定性是保证作物进行科学配比水肥一体化灌溉的前提。

（4）整机运行的连续性。由于水肥一体化技术是一项集灌溉与施肥于一体的新型农业技术，系统在运行阶段应具有连续性。施肥机运行的连续性是保证灌溉系统正常运行最基本的条件，是保证系统进行源源不断水肥灌溉的基础，在系统中起到承上启下的关键作用。

（5）整机安装、维护的方便性。考虑到施肥机前期的运输、设备安装及后期易损件的维护修理，施肥机各零部件间应具有独立的可操作性。整机安装的方便性及损坏零部件的可更换性，是后期样机试制试验、推广应用及维护修理所必须考虑的。

基于以上设计性能要求，结合贵州地区农作物特点，三通道旁路吸肥式自动施肥机的整机运行流程设计如图 4-7 所示。

4.2.2 施肥机工作原理及部件划分

4.2.2.1 工作原理

本研究的目标是设计一款三通道旁路吸肥式自动施肥机，整机工作原理设计如图4-8所示。三通道旁路吸肥式自动施肥机工作时，充分利用离心泵内部叶轮旋转离心力产生的压差。在离心泵进口吸力作用下，下端多孔管压力非常低，使文丘里管施肥器进出口产生压差值。灌溉水源随压降由主管道进入施肥机机身内部，水源由上端多孔管流经文丘里管施肥器喷嘴最窄处，流速达到最大值，进而对文丘里管施肥器吸入室产生压降，利用文丘里管施肥器的工作原理达到对三种不同类型单元素液肥的吸取效果。在液体肥料吸取过程中，控制系统作用于吸肥通道上电磁阀的通断时间，达到对不同类型单元素液体肥料的定量吸取效果。水肥混合液在离心泵的作用下，以一定的压力输送到农作物灌区进行释放，通过预设的灌溉管网进行水肥一体化灌溉。该装置在实现同等时间段内对三种不同类型单元素液体肥料定量定比水肥一体化混合的前提下，并能够保证水肥混合液以一定的压力输送到种植灌区，对作物进行水肥一体化灌溉。

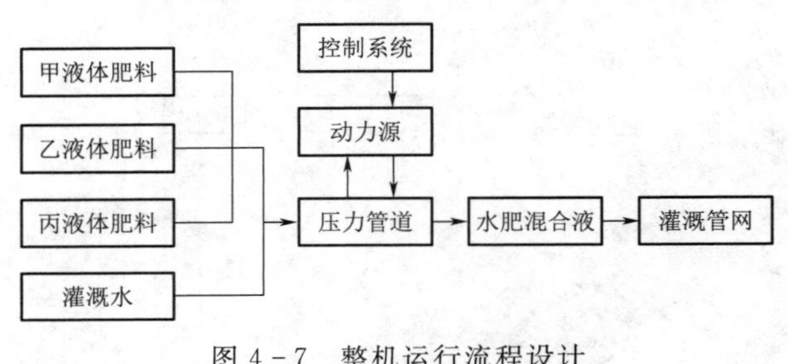

图4-7 整机运行流程设计

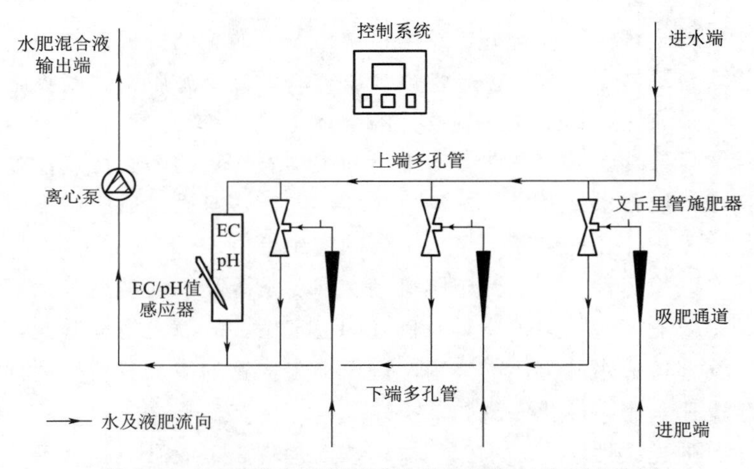

图4-8 三通道旁路吸肥式自动施肥机工作原理简图

4.2.2.2 功能及部件划分

通过以上对三通道旁路吸肥式自动施肥机工作原理的设计，整机功能部件可总结划分为吸肥系统、混肥系统、控制系统、压力管道系统及动力源等部分。

（1）吸肥系统。吸肥系统是施肥机的主体设备，其中文丘里管施肥器是吸肥系统的关键部件，利用其独特的混合室结构特点，可实现水与单元素液体肥料的混合。吸肥系统在结构设计中要充分考虑吸肥端、进水端及水肥混合液输出端的结构布局，实现整机运行的连续性。吸肥系统是连接液肥储存罐及混肥系统的桥梁，在施肥机中的布局要合理，尽量减小局部压力损失。其中，吸肥系统中定量吸肥通道的结构设计，是水肥一体化施肥机实现同等时间段内对三通不同类型单元素液体肥料定量定比吸取的关键。

(2) 混肥系统。混肥系统是实现水及三种不同类型的单元素液体肥料混合的场所，是施肥机运行过程中吸肥的下一道工序，是实现水肥混合液输出的前提。

(3) 控制系统。建立一个有效的施肥机控制系统，来实现控制整个施肥机的运行、对吸肥系统的通道的通断进行控制、检测控制系统的电导率和酸碱度。

(4) 动力源。为了使施肥机保持整机运行的稳定性，需要机身自带一个动力源，为系统提供满足条件的压力和流量。此外，还可为吸肥系统提供一个压力差，以满足对单元素液体肥料吸取的运行需要。

(5) 压力管道系统。压力管道系统是施肥机进行水肥混合的基础条件，主要有相应的管路组成。合理的机身管路设计是施肥机功能实现的有力保障，可提高整机的工作效率，实现对资源的最优化利用。

4.2.3 施肥机安装模式设计

4.2.3.1 传统的施肥机安装模式

在三通道旁路吸肥式自动施肥机工作原理设计完成之后，下面进行整机安装模式的设计。目前，市场上传统的施肥机“前进后出”安装模式简图如图 4-9 所示，此模式中水源的输出端连接施肥机的输入端，水肥一体化施肥机在开启状态下可实现田间作物灌区农作物的水肥一体化灌溉，若进行作物的纯水源灌溉需启动施肥机机身的离心泵。

进行水肥混合后输出到田间作物灌区。

根据以上对传统的施肥机“前进后出”安装模式的分析，其存在以下问题：整体功能单一，纯水源灌溉附加消耗大。水肥一体化施肥机在开启状态下可实现田间作物灌区农作物的水肥一体化灌溉，若进行作物的纯水源灌溉需启动施肥机机身的离心泵，离心泵的启动造成能源附加消耗，成本较大。

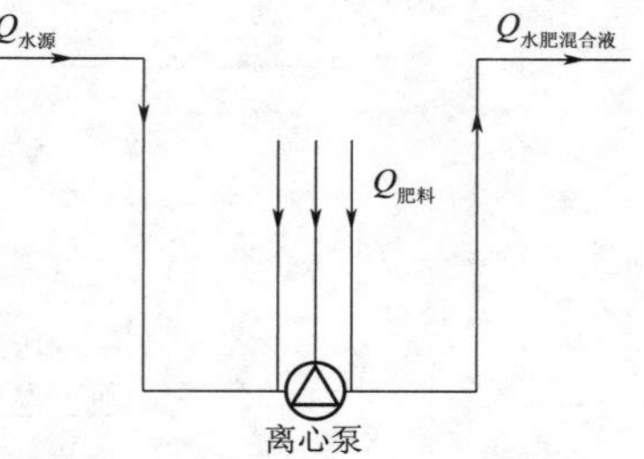

图 4-9 施肥机“前进后出”安装模式简图

4.2.3.2 “后进前出”安装模式设计

本研究设计的施肥机采用“后进前出”安装模式，设计简图如图 4-10 所示。此模式中施肥机开启状态下可实现作物的水肥一体化灌溉，在进行作物纯水源灌溉中无需离心泵的启动，减小了资源的使用度，降低了成本。

在图 4-10 所示的施肥机“后进前出”安装模式中，对于离心泵在运行过程中，出口流量 $Q_{出}$、吸肥流量 $Q_{肥料}$、进口流量 $Q_{进}$ 存在如下关系式

$$Q_{出}=Q_{肥料}+Q_{进} \tag{4-1}$$

对于主管道在运行过程中，水源流量 $Q_{水源}$、出口流量 $Q_{出}$、进口流量 $Q_{进}$、水肥混合液出口流量 $Q_{水肥混合液}$ 存在如下关系式

$$Q_{水源}+Q_{出}=Q_{进}+Q_{水肥混合液} \tag{4-2}$$

将式（4-1）代入式（4-2）得

$$Q_{水源}+Q_{肥料}=Q_{水肥混合液} \tag{4-3}$$

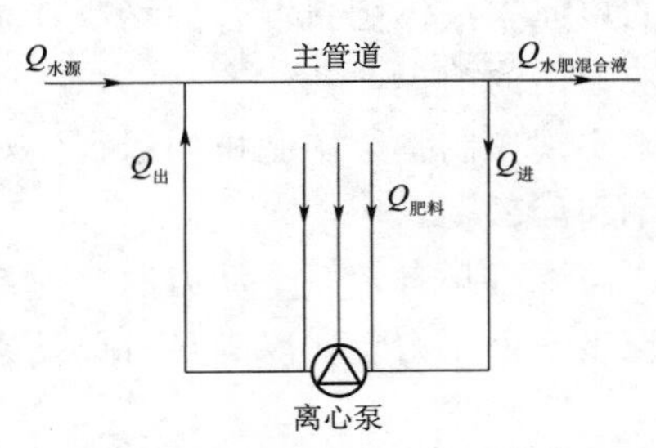

图4-10　施肥机“后进前出”安装模式简图

综上所述，本研究所设计的施肥机“后进前出”安装模式。在流量上，达到了对水源及单元素液体肥料的有效混合及输出效果。在运行效果上，通过控制施肥机的启闭达到水肥一体化灌溉或纯水源灌溉的功能，弥补了目前市场上施肥机“前进后出”安装模式下单一水肥一体化灌溉的不足，充分利用了设施资源。

基于贵州省山地特点、农业生产过程中施肥及纯水灌溉现状、水源和作物灌区不在同一个片区等现状，完成了一款适应于贵州省现代山地农业智能灌溉的三通道旁路吸肥式自动施肥机结构设计及“后进前出”安装模式设计。在此基础上，对整机水肥一体化灌溉系统展开设计，水肥一体化山地农业智能灌溉系统主要由水源、三通道旁路吸肥式自动施肥机、压力管道、作物灌区灌溉管网和控制系统等部分组成，整机“后进前出”安装模式及灌溉系统工作原理设计如图4-11所示。

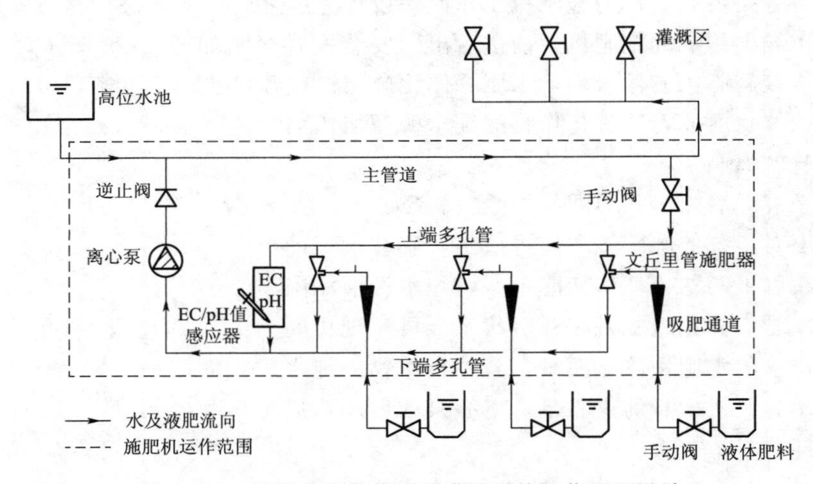

图4-11　施肥机安装模式及灌溉系统工作原理设计

三通道旁路吸肥式自动施肥机可实现对田间农作物水肥一体化灌溉和无需施肥机启动情况下的纯水源灌溉。在水肥一体化灌溉过程中，三通道旁路吸肥式自动施肥机作为该系统的核心装置，在灌溉系统中起到承上启下的作用；在纯水源的灌溉过程中，高位水池的水源在压力作用下可直接通过主管道到达作物灌区，无需施肥机离心泵的启动，充分利用了设施资源。

4.2.4　施肥机技术参数

经过在贵州省思南县、修文县耕地作物调研及搜索该项技术的标准，本研究设计的三通道旁路吸肥式自动施肥机要满足的主要技术参数见表 4-1。

表 4-1 整机技术参数

项　　目	技术指标、参数
外形尺寸（长×宽×高）/（mm × mm × mm）	1030 ×840×1345
整机质量/ kg	≤100
功耗/kW	2.2
混肥方式	旁路吸混肥
混肥种类数	3
吸肥量范围/（L/h）	0～600

4.3 吸混肥系统设计与分析优化

4.3.1 三通道定量吸肥系统设计

4.3.1.1 文丘里管施肥器工作机理

目前，施肥灌溉装置在国内外范围内使用较多，包括吸入式、压差式、自压式、水力驱动注入式和机械驱动注入式。其中，吸入式是借助于引射原理产生的高速水流吸取液肥。文丘里管施肥器具有结构简单、造价低、经济实用等特点，因此使用最为广泛。

综合对比分析不同类型施肥器在功能类型、应用条件和经济角度等各种因素，文丘里管施肥器具有结构简单、体积小、成本低、无运动部件、无需压力容器储存药液、安装操作方便、施肥浓度稳定等特点，被广泛应用于农业小型灌区灌溉中。文丘里管施肥器作为吸肥系统实现水源及单元素液体肥料混合的核心部件，其内部结构主要由喷嘴、吸入室、喉管及扩散管等组成，内部结构如图 4-12 所示。基于文丘里管施肥器的工作特性，通过对文丘里管施肥器的并联实现对不同类型单元素液体肥料的吸取，在施肥机整机运行中具有承前启后的作用。

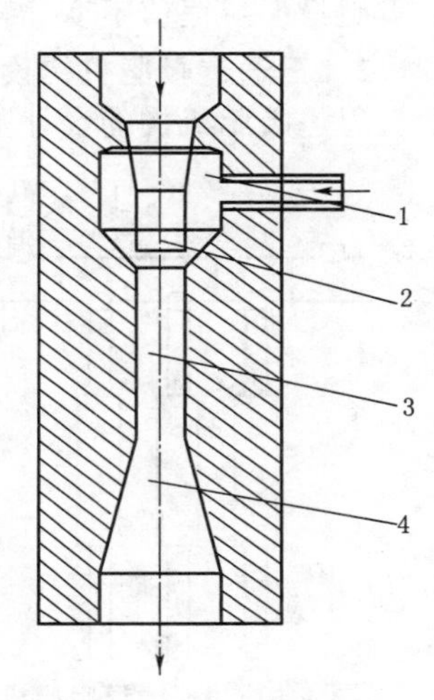

图 4-12　文丘里管施肥器内部结构图

1—吸入室；2—喷嘴；3—喉管；4—扩散管

文丘里管施肥器的工作性能基于文丘里管工作原理，充分利用喷嘴处直径的缩小，当一定压力的水源流经文丘里管施肥器时，流经喷嘴位置管径缩小，水流流速显著加大，压力能转为动能。高速水流束在吸入室产生低于吸肥液面的环形负压区域，将单元素液体肥料吸入系统。水流和单元素液体肥料在喉管处充分混合，并进行分子扩散和能量交换，速度达到均衡状态。水肥混合液流经扩散管处水流流速降低压力增大，最终以一定压力输出至外部。至此，文丘里管施肥器喷嘴处产生的负压系统完成了对液体肥料的吸取。

文丘里管施肥器的工作特性，亦可用伯努利方程和连续性方程来描述：

伯努利方程

$$\frac{V^2}{2g}+\frac{p}{\gamma}+z=常数 \tag{4-4}$$

连续性方程

$$V\cdot A=常数 \tag{4-5}$$

式中 V——流速，m/s；

g——重力加速度，m/s^2；

p——压力，Pa；

γ——流体比重，N/s^3；

z——势能，m；

A——截面积，m^2。

若忽略吸肥管路中的各种损失，由式（4-4）和式（4-5）推导出文丘里管施肥器吸肥量的公式，即

$$q=A\sqrt{-2g\ (h+p_2/\gamma)} \tag{4-6}$$

式中 A——文丘里管施肥器吸肥口处截面面积，m^2；

h——单元素液肥罐液面到文丘里管施肥器的垂直距离，m；

p_2——文丘里管施肥器喷嘴处的压强，Pa；

γ——液体肥料的比重。

根据式（4-6）可知，文丘里管施肥器的肥液吸取量与吸肥口处截面面积、吸肥高度及文丘里管施肥器喷嘴处压强等因素有关。当吸肥口处截面面积与吸肥高度不变时，吸肥量仅与文丘里管施肥器喷嘴处压强有关。当 $h+p_2/\gamma<0$ 时，文丘里管施肥器才能实现对液体肥料的吸取；且当 $h+p_2/\gamma=c$（常数）时，此时文丘里管施肥器喷嘴处压强保持不变，吸肥量保持恒值不变。

4.3.1.2 三通道吸肥机构设计

三通道吸肥机构的设计基于对文丘里管施肥器的并联，充分利用了文丘里管施肥器的工作原理，达到对三种不同类型单元素液肥的吸取效果。本研究设计的三通道吸肥机构结构如图4-13所示。

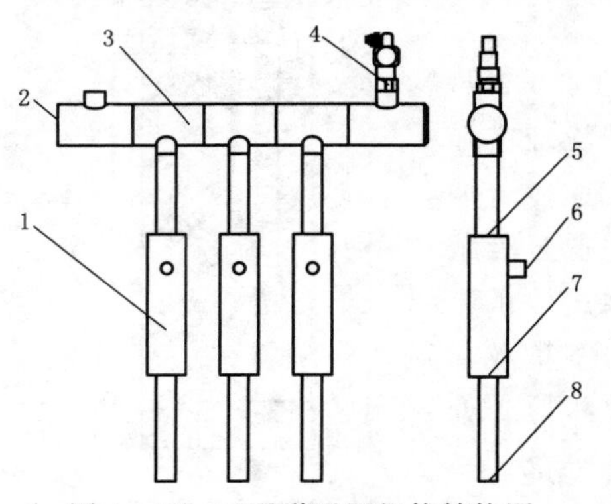

图4-13 三通道吸肥机构结构图

1—文丘里管施肥器；2—主管道进水端；3—异径三通管；4—进水端压力传感器；5—施肥器进水端；6—施肥器吸肥端；7—施肥器输出端；8—吸肥系统液肥输出端

三通道吸肥机构工作原理：在施肥机工作运行中，水源经三通道吸肥机构主管道进水口恒压流入，灌溉水进入文丘里管施肥器喷嘴渐缩段处，随横截面面积的减小，水流速度也伴随着增大。由文丘里管施肥器的工作原理，吸入室出现的真空负压与外界气压对比为压差，利用压强差将液肥从与文丘里管施肥器吸肥口连接的肥液筒吸入其内部，与水进行充分的混合，完成对三种不同类型

单元素液体肥料的吸肥过程。

根据主管道规格尺寸，设计选定异径三通管规格尺寸为DN40－20；选取6分文丘里管施肥器型号SSQ－200，其中进出口为内螺纹连接方式DN20（3/4）、吸肥口为内螺纹连接方式DN15（1/2）；异径三通管与文丘里管施肥器中间连接管件尺寸均为DN20。

4.3.1.3 定量吸肥通道与吸肥方案设计

1. 定量吸肥通道

施肥用量作为农业生产技术中严格要求的指标之一，施肥用量过多过少都将会影响作物生长。依据植物在种植浇灌过程中对不同类型肥料需求量的差异特点，定量吸肥通道主要由宝塔接头、浮子流量计、流量调节阀、电磁阀及止回阀和相应的管路等部件组成，结构如图4－14所示。

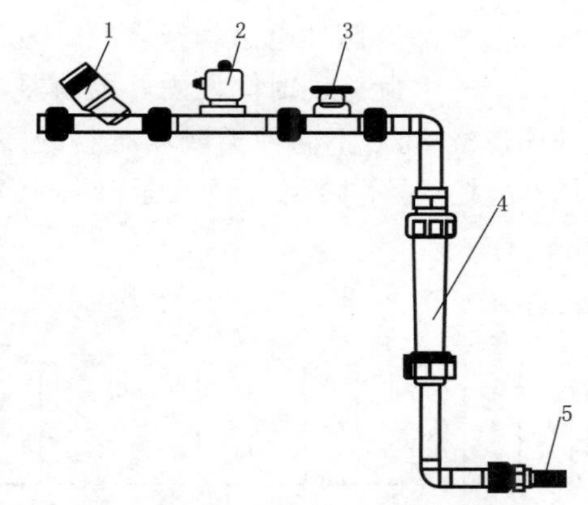

图4－14 定量吸肥通道结构图

1—止回阀；2—电磁阀；3—流量调节阀；4—浮子流量计；5—宝塔接头（液肥吸入端）

定量吸肥通道的设计中各阀门部件布局集中紧凑，水平布局与竖直布局的部件中心线均取齐。基于三通道吸肥机构的结构设计中文丘里管施肥器的吸肥口尺寸规格，止回阀、电磁阀、流量调节阀及浮子流量计尺寸规格均为DN15。

止回阀又称为单向阀，能够实现对液流流向的限定，吸肥通道中止回阀的设计在文丘里管施肥器的吸肥口处实现对单元素液体肥料流向的限定，防止施肥机关闭后水肥混合液的倒流进入吸肥通道；电磁阀受控于控制系统，利用定时的启闭达到对吸肥量的控制；流量调节阀是通过改变通断面面积的形式来调节流量的阀门，此处设计依据流量调节阀来实现吸肥通道吸肥流量的手动调节；浮子流量计设计安装在流量调节阀的前端，实现对吸肥通道吸肥流量的显示及标定；宝塔接头为吸肥通道单元素液体肥料的输入端，用于与液肥储存罐软管的连接。此定量吸肥通道的结构设计配合三通道吸肥结构，可达到农作物灌溉施肥中同等时间段内对三种不同类型单元素液体肥料定量定比水肥混合的效果。

2. 定量吸肥方案

脉宽调制（Pulse Width Modulation，PWM）是一种模拟控制脉冲宽度调制，依据微处理器的数字输出来对模拟电路进行控制的一种高效技术。脉宽调制（PWM）可以输出连续的、占空比可调的脉冲串，大范围使用在测量、通信到功率控制与变换的范围中。图4－15为脉宽调制（PWM）示例图。

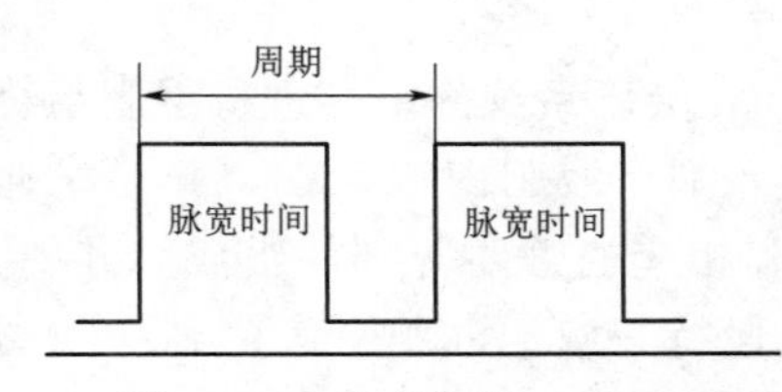

图4－15 脉宽调制（PWM）

根据常闭型电磁阀在断电时处于闭合状态这一特性，充分利用脉冲宽度调制方式控制电磁阀的启闭时间，完成各通道在同等时间段内对不同类型单元素液肥的定量定比吸取。控制程序将整个施肥时间段依据实际需求等分成多个脉冲时间段，设实际水肥一体化灌溉时间段长为T_s，一个脉冲时间段内电磁阀处于开

启状态时间为 t_s，一个脉冲时间段内电磁阀关闭时间为 t'_s，则 $t_s+t'_s$ 组成电磁阀一个脉冲时间段的启闭周期，得整个水肥一体化灌溉时间段 T_s 内电磁阀启动总次数为 $T/t+t'$。

实际吸肥时间段内，各通道吸肥体积 V 的计算公式为

$$V=qtn \tag{4-7}$$

式中 V——各通道吸肥体积，m^3；

q——试验中浮子流量计显示各通道吸肥量，m^3/s；

t——一个脉冲电磁阀开启的时间，s；

n——实际施肥时间段内，控制器对各通道电磁阀的启动次数。

根据农作物对不同种类液体肥料的需求量，通过三吸肥通道上所安装的电磁阀的启闭，实现对三种不同类型单元素液体肥料的定量吸取。不同脉冲宽度调制如图 4-16 所示。

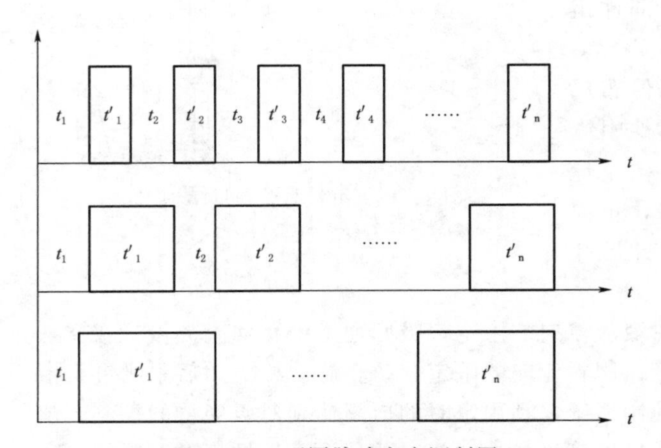

图 4-16 不同脉冲宽度调制图

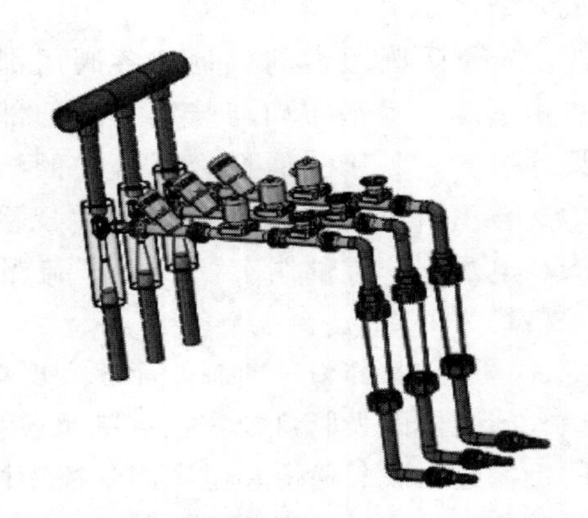

图 4-17 三通道定量吸肥系统三维结构图

4.3.1.4 吸肥系统结构确定

三通道定量吸肥系统三维、二维结构图如图 4-17、图 4-18 所示。吸肥系统主要由主管道进水端、进水端压力传感器、异径三通管、文丘里管施肥器、止回阀、电磁阀、流量调节阀、浮子流量计、宝塔接头（液肥吸入端）、吸肥系统液肥输出端和相应的管路组成。其中文丘里管施肥器是吸肥系统的关键部件，充分利用水流的压差特性，将单元素液体肥料吸入系统内部。对不同类型单元素液体肥料吸取工作，是整机实现系统混肥及水肥混合液稳定输出工作的前提。

4.3.2 三通道混肥系统设计研究

混肥系统的设计基于以上对三通道吸肥系统的设计，在吸肥系统的末端进行混肥系统结构的设计。混肥系统主要由液肥甲输入端、液肥乙输入端、液肥丙输入端、异径三通管、水肥混合液输出端压力传感器、水肥混合液输出端和相应的管路等部件组成。其中，三通道混肥系统的各部件设计及结构尺寸均与吸肥系统保持一致。混肥系统的结构如图 4-19 所示。

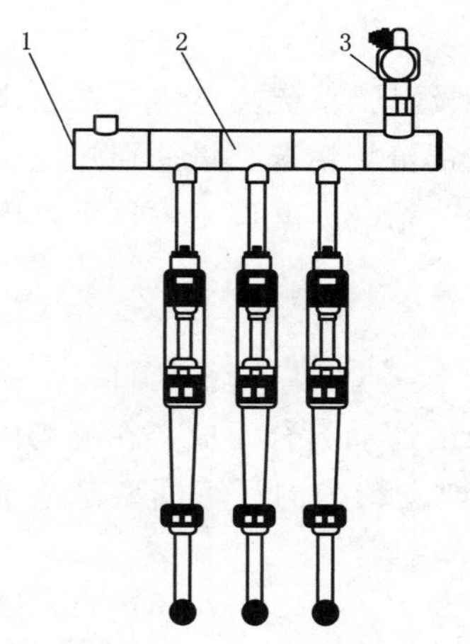

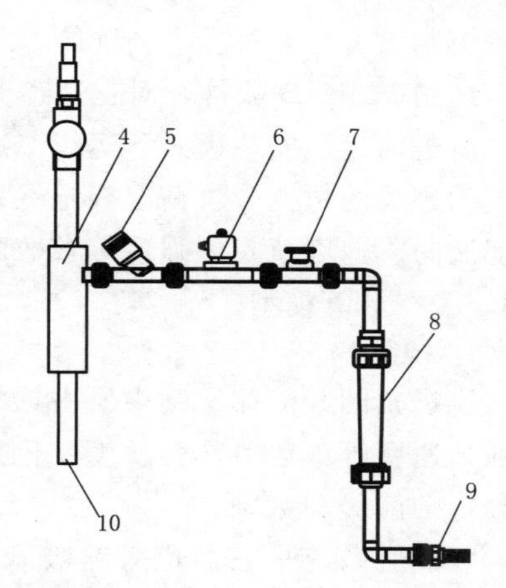

图 4-18　三通道定量吸肥系统二维结构图

1—主管道进水端；2—异径三通管；3—进水端压力传感器；4—文丘里管施肥器；5—止回阀；6—电磁阀；7—流量调节阀；8—浮子流量计；9—宝塔接头（液肥吸入端）；10—吸肥系统液肥输出端

混肥系统工作原理：吸肥系统吸入三种不同类型的单元素液体肥料，分别经由液肥甲输入端、液肥乙输入端、液肥丙输入端在离心泵离心力作用下进入混肥系统。在水压差作用下，三种液体肥料在异径三通管内进行了能量交换和肥液混合，并以一定的压力输出。

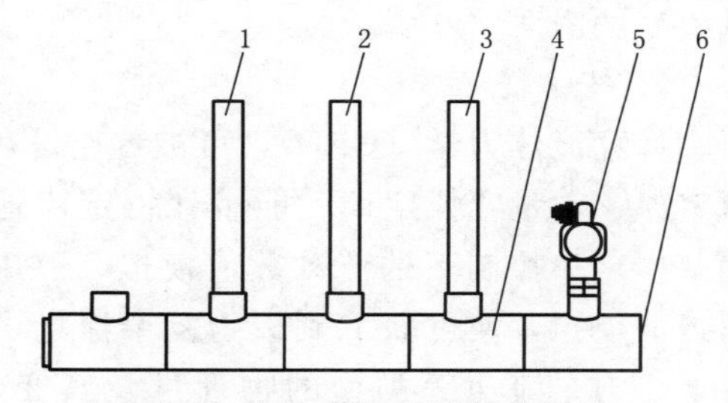

图 4-19　混肥系统结构图

1—液肥甲输入端；2—液肥乙输入端；3—液肥丙输入端；4—异径三通管；5—水肥混合液输出端压力传感器；6—水肥混合液输出端

混肥系统的结构设计具有以下优点：

(1) 与目前市场上多见的机型相比，混肥系统的结构设计省去了混肥筒的安装，降低了成本、减小了施肥机整机的体积。

(2) 不同类型的单元素液体肥料经吸肥系统输出，在混肥系统进行混合并以一定压力输入到作物灌区的灌溉管网进行实时灌溉，抑制了微生物的滋生，保证了液体肥料自身的肥性。

4.3.3　基于 FloEFD 吸混肥系统特性分析

4.3.3.1　FloEFD 软件简介

计算流体力学（Computational Fluid Dynamics，CFD）作为 21 世纪流体力学领域中极为重要的技术之一，是流体力学中的一个重要分支。充分运用计算机这一工具，结合采用多种离散化的方法，将流体力学中不同类型问题展开计算机模拟、数值实验及分析研究，进而解决实际中的各种问题。

FloEFD 是 Mentor Graphics 公司中 Mechanical Analysis 部门通用的计算流体力学软件，其无缝集成于主流三维 MCAD 软件中。该软件在开发上基于主流 CFD 软件所广泛采用的有限体积法，并被完全嵌入到 Solidworks、CATIA、Creo 和 NX 等主流的三维 MCAD 软件中去，被广泛应用在机械、军工、航空航天、医疗器械、车辆、阀门管道等流体控制设备行业等。

运用 FloEFD 软件，对三通道旁路吸肥式自动施肥机中吸混肥系统及整机，在所设计的“后进前出”安装模式下运行工况仿真分析，充分掌握内部流场情况，进而通过流场内部流动迹线的仿真分析情况确定三种单元素液体肥料水肥混合情况，并确定管道系统内部速度流向、速度值及压强值等参数的变化情况。

4.3.3.2 计算模型

1. 物理模型

流场指的是流体运动中所占据的空间，由无数多个质点的运动组合而成，在流场内部压强、速度等参数值都会发生变化。在 CFD 仿真分析中，建立精确的计算模型是整个流场分析的前提和基础。

吸混肥系统是三通道旁路吸肥式自动施肥机的核心工作部分，需要对吸混肥系统的工作特性进行分析研究。通过三通道定量吸肥系统和混肥系统的设计，将三维模型导入到 FloEFD 中，计算模型如图 4-20 所示。

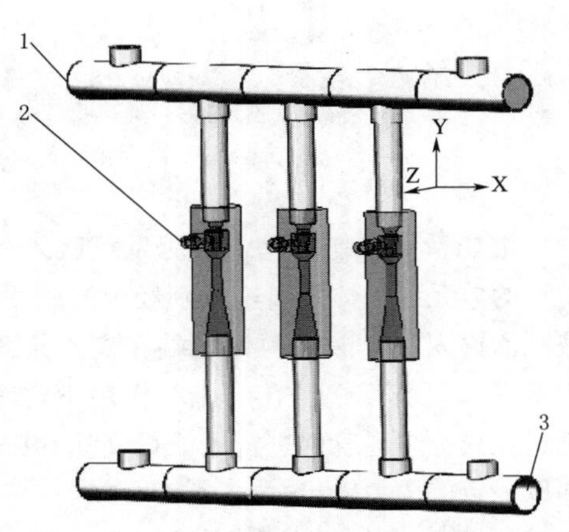

图 4-20 吸混肥系统计算三维模型

1—主管道进水端；2—文丘里管施肥器吸肥口；3—吸混肥系统液肥输出端

2. 数学模型

计算流体力学（CFD），可被看作是在质量守恒定律、动量守恒定律、能量守恒定律这三个流动基本定律控制下的流动数值模拟。运用此种流动数值模拟，便可获取到极为复杂流场中不同位置上压力、流速等类型的物理量及其变化情况，可达到对现实物理问题进行有效研究分析的目的。在对液流内部应力的特征展开研究时，可以建立相对应的应力形式运动微分方程。

（1）质量守恒方程。对于与外界隔开的任一结构中，不论出现什么样的变化，它的质量总和始终是保持恒定不变的，也就是常说的符合质量守恒定律。在管道系统内部的液体流动过程中，其内部流体质量没有出现增减，因此必然满足质量守恒定律。依据质量守恒定律，在单位时间内流体的质量不随边界条件或密度的变化而变化，为此可以获得流体在流动过程中的质量守恒方程的微分形式

$$\frac{\partial \rho}{\partial t}+\frac{\partial (\rho u_x)}{\partial x}+\frac{\partial (\rho u_y)}{\partial y}+\frac{\partial (\rho u_z)}{\partial z}=0 \tag{4-8}$$

式中 u_x、u_y、u_z——在 x、y、z 不同方向上的速度分量；

t——时间，s；

ρ——密度，kg/m^3。

引入哈密顿微分算子

$$\nabla=i\frac{\partial}{\partial x}+j\frac{\partial}{\partial y}+k\frac{\partial}{\partial z} \tag{4-9}$$

则式（4-8）可表示为

$$\frac{\partial \rho}{\partial t}+\nabla(\rho u)=0 \tag{4-10}$$

或可表示成散度的形式

$$\frac{\partial \rho}{\partial t}+div(\rho u)=0 \tag{4-11}$$

对于圆柱坐标系，则连续性方程的形式为

$$\frac{\partial \rho}{\partial t}+\frac{\partial \rho u_r}{r}+\frac{\partial(\rho u_\theta)}{r\partial \theta}+\frac{\partial(\rho u_z)}{\partial z}=0 \tag{4-12}$$

若对于恒定流，$\frac{\partial \rho}{\partial t}=0$，其形式可变为

$$\frac{\partial(\rho u_x)}{\partial x}+\frac{\partial(\rho u_y)}{\partial y}+\frac{\partial(\rho u_z)}{\partial z}=0 \tag{4-13}$$

若为不可压缩流动，ρ 为常数，则有

$$\frac{\partial u_x}{\partial x}+\frac{\partial u_y}{\partial y}+\frac{\partial u_z}{\partial z}=0 \tag{4-14}$$

在某些特定系统环境中，会存在同时包含多种物质成分的情况，且存在有不同组分间的物质交换，在这个过程中各组分均要遵循质量守恒定律。

(2) 动量守恒方程。动量守恒定律是一个比牛顿定律更基础的规律，在适应范围上要远远大于牛顿定律。动量守恒定律可理解为：对于某一给定的流体微元，它在单位时间段内动量的变化率就是外界作用于该流体微元的所有外力的和。依据此条定律，进而可以推导出在 x、y、z 三个方向上的动量方程

$$\frac{\partial(\rho u_x)}{\partial t}+\nabla\cdot(\rho u_x u)=-\frac{\partial \rho}{\partial x}+\frac{\partial \tau_{xx}}{\partial y}+\frac{\partial \tau_{yx}}{\partial y}+\frac{\partial \tau_{zx}}{\partial z}+\rho f_x \tag{4-15}$$

$$\frac{\partial(\rho u_y)}{\partial t}+\nabla\cdot(\rho u_y u)=-\frac{\partial \rho}{\partial y}+\frac{\partial \tau_{xy}}{\partial x}+\frac{\partial \tau_{yy}}{\partial y}+\frac{\partial \tau_{zy}}{\partial z}+\rho f_y \tag{4-16}$$

$$\frac{\partial(\rho u_z)}{\partial t}+\nabla\cdot(\rho u_z u)=-\frac{\partial \rho}{\partial z}+\frac{\partial \tau_{xz}}{\partial x}+\frac{\partial \tau_{yz}}{\partial y}+\frac{\partial \tau_{zz}}{\partial z}+\rho f_z \tag{4-17}$$

式中 ρ——流体微元体上的压强，Pa；

τ_{xx}、τ_{xy}、τ_{xz}——在分子间黏性作用下，出现的作用于微元体表面上的黏性应力 τ 的分量，Pa；

f_x、f_y、f_z——三个方向的单位质量力，m/s^2。

若质量力只受重力，且 z 轴垂直向上，则 $f_x=f_y=0$，$f_z=-g$。

有广义内摩擦定律

$$\tau_{xx}=2\mu\frac{\partial u_x}{\partial x}+\lambda\nabla\cdot u \tag{4-18}$$

$$\tau_{yy}=2\mu\frac{\partial u_y}{\partial y}+\lambda\nabla\cdot u \tag{4-19}$$

$$\tau_{zz}=2\mu\frac{\partial u_z}{\partial z}+\lambda\nabla\cdot u \tag{4-20}$$

$$\tau_{xy}=\tau_{yx}=\mu\left(\frac{\partial u_x}{\partial y}+\frac{\partial \mu_y}{\partial x}\right) \tag{4-21}$$

$$\tau_{xz}=\tau_{zx}=\mu\left(\frac{\partial u_x}{\partial z}+\frac{\partial \mu_z}{\partial x}\right) \tag{4-22}$$

$$\tau_{yz}=\tau_{zy}=\mu\left(\frac{\partial u_y}{\partial z}+\frac{\partial \mu_z}{\partial y}\right) \tag{4-23}$$

式中 μ——动力黏度，Pa·s；

λ——第二黏度，Pa·s。

（3）能量守恒方程。能量守恒定律作为热力学的第一定律，表示为对于某一密封结构，其内部的能量总和是始终维持不变的。依据此条定律的定义，表示为能量是不会凭空产生或消失的，也就是只可能从一种形式转变为另一种形式，其总量保持不变。在微元体中，能量的增加率就是指进入微元体的净热流通量与质量力和表面力对微元体所做的功之和，其表达式为

$$\frac{\partial(\rho E)}{\partial t}+\nabla[u(\rho E+p)]=\nabla\left[k_{eff}\nabla T-\sum_j h_j J_f+(\tau_{eff}\cdot u)\right]+s_h \tag{4-24}$$

其中
$$E=h-\frac{p}{\rho}+\frac{u^2}{2}$$

式中 E——流体微团总能，为动能、势能及内能之和；

h——焓，J/kg；

h_j——组分 j 的焓，J/kg；

k_{efj}——有效传导系数，W/（m·K）；

J_f——组分 j 的扩散通量；

s_h——化学反应热及体积热源项。

4.3.3.3 参数设定

导入计算模型后进行仿真分析前的参数设定工作，包括创建计算域、流体子域、边界条件、网格划分设置。计算域的选择应严格准确到三维模型的边界区域，在各项参数确定后计算域即为一个矩形体；边界条件分别设定注水口、吸肥口及水肥混合液出口的边界条件；流体子域为吸混肥系统三维模型的结构内部，流体子域如图4-21所示。

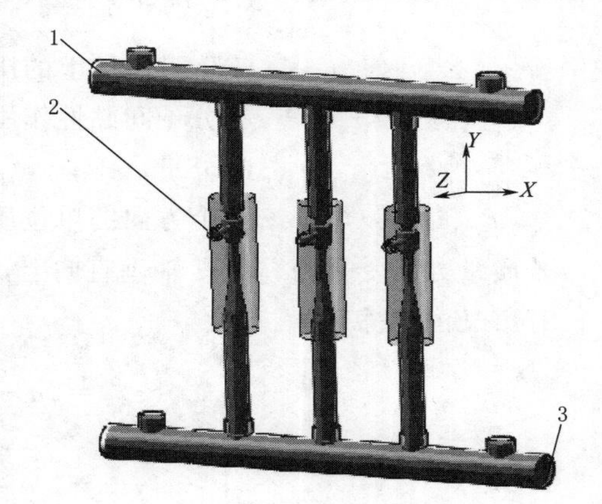

图4-21 流体子域

1—主管道进水端；2—文丘里管施肥器吸肥口；3—吸混肥系统液肥输出端

4.3.3.4 特性分析与结果

基于文丘里管施肥器利用水流压力完成吸肥的工作原理，下面展开对三通道混肥系统不同压差条件下的吸肥特性进行仿真分析。设定三通道吸肥口边界条件设定为大气压力，水肥混合液出口设定为0.1MPa，水源入口压力分别设定为0.20MPa、0.30MPa、0.40MPa、0.50MPa。通过运行分析结果获取的切面图，分别获取了4种入口压力条件下的压强和速度

云图，如图 4-22 所示。

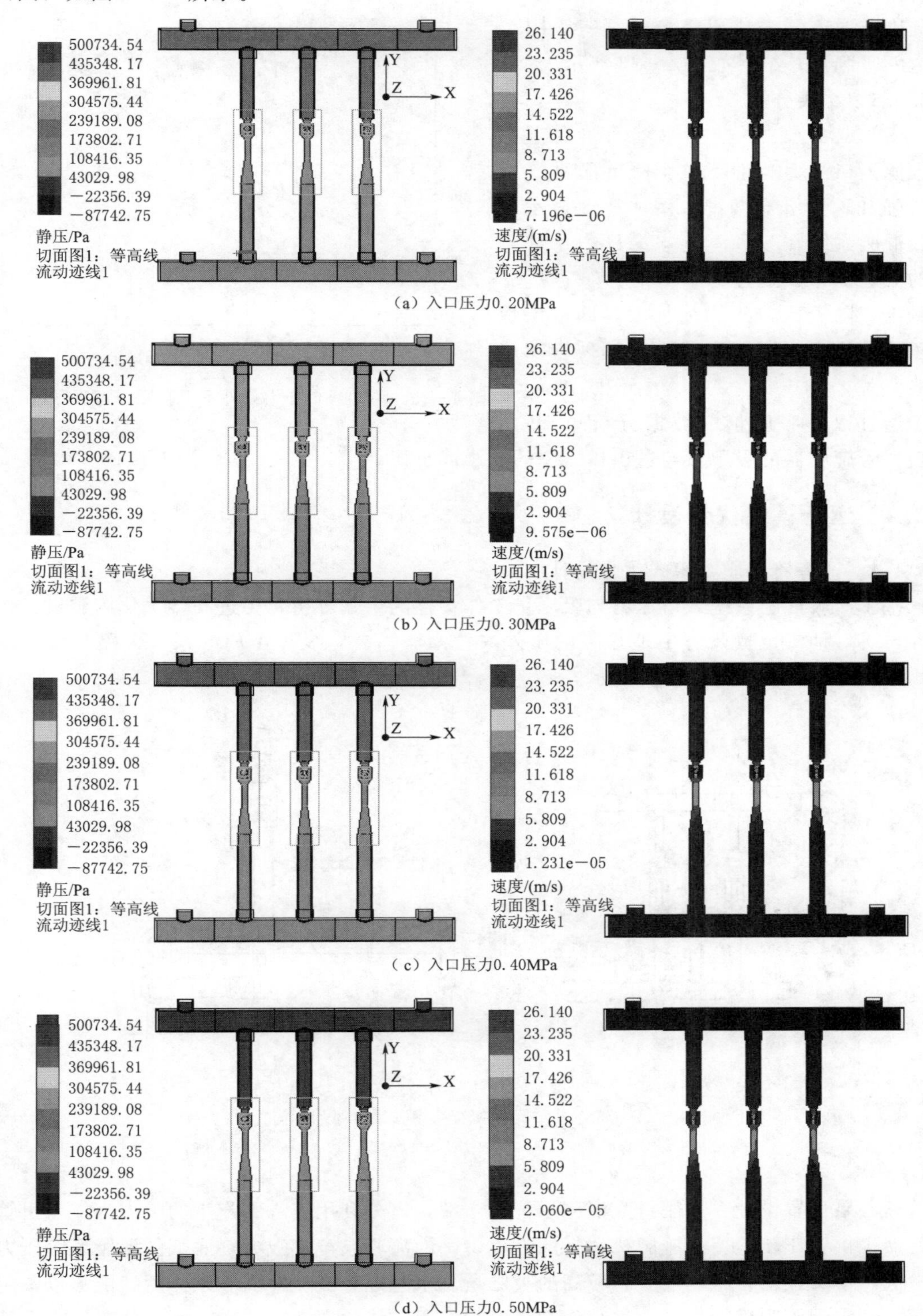

（a）入口压力0.20MPa

（b）入口压力0.30MPa

（c）入口压力0.40MPa

（d）入口压力0.50MPa

图 4-22　吸混肥系统压强、速度云图

仿真分析后，通过结果中的表面参数分别获取不同入口压力条件下三吸肥通道的吸肥量，结果如图 4－23 所示。

4.3.3.5 结果分析

图 4－22（a）～（d）显示了 4 种不同水源入口压力条件下整个吸混肥系统的压强和速度分布情况。图 4－23 显示了吸混肥系统在 4 种不同水源压力条件下的吸肥流量，通过分析吸肥量数据可以看出，随着入口压力的加大，即进出口压差值增大时三通道吸肥量呈现增加趋势。

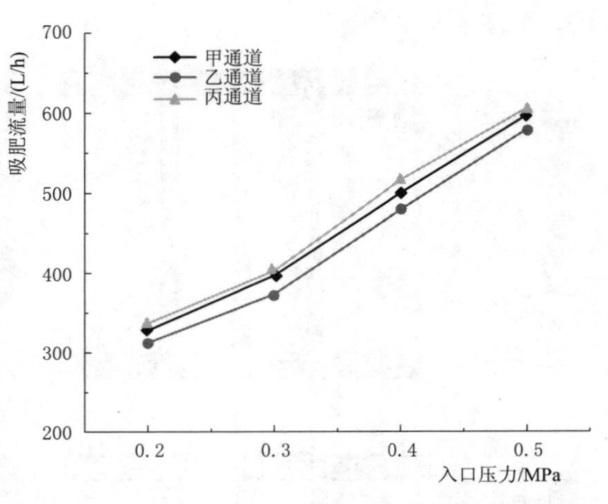

图 4－23 不同入口压力条件下三吸肥通道吸肥量

通过以上吸肥量的数据分析可知，文丘里管施肥器的吸肥量与进出口压差的大小成正比。

4.3.4 运行模式优化设计

4.3.4.1 “旁路吸肥”模式优化设计

基于对吸混肥系统入口压力与吸肥量工作特性的仿真分析，为进一步优化施肥机工作特性，更好地满足贵州省山地丘陵的压差农业灌溉需要，设计了离心泵“旁路吸肥”模式，位置结构设计如图 4－24 所示。

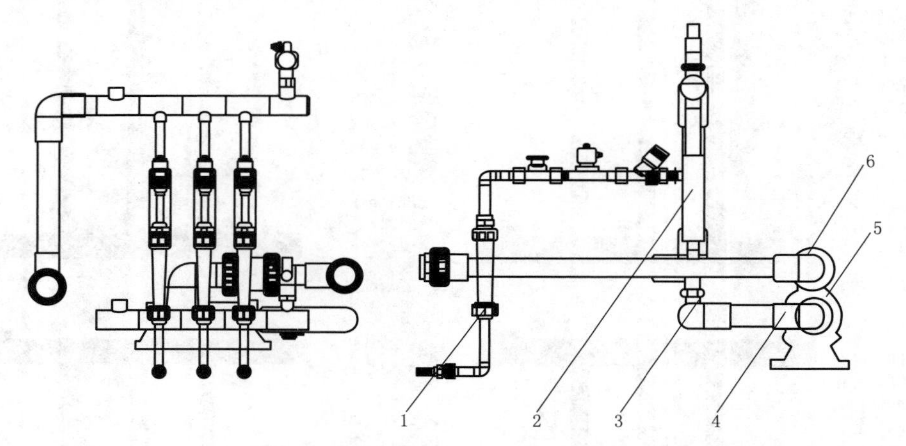

图 4－24 离心泵“旁路吸肥”模式结构设计位置图

1—吸肥通道；2—吸肥系统；3—混肥系统；4—90°弯管；5—离心泵；6—逆止阀

离心泵位置设计在施肥机吸混肥系统的末端，充分利用离心泵产生的吸力为文丘里管施肥器提供工作压差。在施肥机运行的过程中，因离心泵产生吸力，底部的混肥系统压力非常低，使文丘里管施肥器获得较高的吸肥量。水肥混合液流经离心泵体后，能够以一定的压力输出到施肥机的机身，进行作物灌区的水肥一体化灌溉。在离心泵的位置结构设计中，离心泵的出口设计安装有一个逆止阀，防止施肥机在启闭过程中压力管路液体发生倒流。

4.3.4.2 离心泵参数选配

离心泵的各项功能均能满足施肥机的运行需求，经过对实际灌溉需求进行调查分析，选用离心泵的参数计算及装配设计如下：

所谓泵的流量是指在单位时间内泵输送出去的液体的量，有体积流量和质量流量两种表现形式。体积流量用 Q 表示，单位是：m^3/s、m^3/h、L/s 等。质量流量用 Q 表示，单位是：L/h、kg/s 等。

质量流量与体积流量的关系为

$$Q_m = \rho Q \tag{4-25}$$

式中 Q_m——液体的质量流量，m^3/s；

ρ——液体的密度，kg/m^3，常温清水 $\rho=1000kg/m^3$；

Q——液体的质量流量，kg/s。

由于每个文丘里管施肥器的进出水量为 $2.5m^3/h$，本研究主要是针对三通道旁路吸肥式自动施肥机展开，故选择离心泵的流量在 $7.5m^3/h$ 左右。考察市场上离心泵流量没有 $7.5m^3/h$ 规格，选用流量为 $8m^3/h=0.0022m^3/s$ 的离心泵，既满足工作要求又基本不存在浪费的情况。

在流量一定的情况下，泵进口速度决定了泵进口直径的大小，一般按经济流速确定水泵管径，如水管的速度取值 1.0～1.2m/s，输出管道设定速度取值 1.5～2.0m/s。因此，进水管一般比出水管大一号，流速限定不一样，流量是一样的。为避免空蚀状况的出现，泵的进口直径一般情况下要大于出口。泵进口直径 D_s 的计算公式为

$$D_s=\sqrt{\frac{4\times Q}{V_s\times\pi}}=\sqrt{\frac{4\times 0.0022}{1.2\times 3.14}}=48\ (\text{mm}) \tag{4-26}$$

式中 V_s——水源等吸取口处速度均值，m/s；

Q——流量，m^3/s。

对于低扬程泵的出口直径可以等于进口的直径，根据实际灌溉田面积，此处选用离心泵的扬程为 45m，在低扬程泵范围内，其计算公式为

$$D_d=(0.7\sim1)\ D_s \tag{4-27}$$

式中 D_d——泵排出口的直径，mm；

D_s——泵吸入口的直径，mm。

综合考虑实际需求及市场设备规格，在既满足需求又不浪费资源的前提下，确定离心泵进口直径 $D_s=50mm$。基于离心泵的进口直径尺寸规格，综合考虑施肥机机身压力管道的布局及管径型号的匹配，确定离心泵出口直径为 $D_d=50mm$。基于以上所得的离心泵进出口直径，综合考虑施肥机整机运行工作原理和市场上管路的规格尺寸，施肥机的主管道规格尺寸定为 50mm。

泵的功率指的是输入功率，即原动机传送到泵轴上的功率，因此又被称为轴功率，用 P 表示。泵的有效功率又被称为输出功率，用 P_e 表示。

泵的有效功率为单位时间内从泵中输出的液体所获得的有效能量值，即扬程和质量流

量及重力加速度的乘积。初步设计选定离心泵的扬程为 45m，则

$$P_e = HQ_m g = \rho gQH = 1.0\times10^3\times9.8\times0.0022\times45 = 0.972\ (\text{kW}) \tag{4-28}$$

或
$$P_e = \frac{\rho gQH}{1000} = \frac{\gamma QH}{1000}\ (\text{kW})$$

式中 ρ——泵输送液体的密度，kg/m^3；

γ——泵输送液体的重度，N/m^3；

Q——泵的流量，m^3/s；

H——泵的扬程，m；

g——重力加速度，m/s^2。

式（4-28）中若液体重度的单位为 kgf/m^3，则

$$P_e = \frac{\gamma QH}{102}\ (\text{kW}) \tag{4-29}$$

泵的效率表示为有效功率和泵的轴功率之比，用 η 表示，即

$$\eta = \frac{P_e}{P} \tag{4-30}$$

取泵的效率为 0.7，则 $P = P_e/\eta = 0.9702/0.7 = 1.386$（kW）

泵轴功率是设计点上电机传递给泵的功率，但是其工况点在实际工作时会发生变化。因此，设计时电机传给泵的功率应留有一定范围的余量值，依据轴功率余量表，经计算获得电机的功率为 $P_1 = 1.386kW\times1.3 = 1.8018kW$。在选取电机时除了根据国家标准，还应根据 ISO5199 标准加上一定的安全余量值，综合考虑分析市场上电机的型号，选择电机的功率为 $P_2 = 2.2kW$。

综合考虑以上理论计算及市场上的型号，泵的各项性能参数如下：扬程 45m、流量 $0.0022m^3/s = 8m^3/h$、电机功率 2.2kW、转速 2900r/min。

4.3.5 机架结构设计

考虑到整机结构的稳定性及整机运行过程中各管路的可靠性，基于三通道旁路吸肥式自动施肥机整机结构中各管路的布局，现对施肥机的机架展开设计。鉴于圆形断面的抗弯强度低于方形断面，而方形断面受力接触面大，相对压强小的特点，本研究所设计的机架结构尺寸如图 4-25 所示。

机架设计尺寸为 680mm×800mm×780mm，可实现对吸混肥系统及吸肥通道的良好固定，底部横梁的设计可实现对离心泵底座的固定安装。同时，考虑到机架的承载性能和减震性能，在机架中间位置设计了横梁。机架上端所设计的斜 45°方形管材，用于控制柜的安装固定，为用户提供了一个合适的施肥机控制系统调试视角。机架的设计安装起到了良好的承受管道载荷、限制管道位移和控制施肥机运行中管道振动的作用，为施肥机的稳定良好运行提供了有力保障。

4.3.6 施肥机整机结构

基于以上三通道旁路吸肥式自动施肥机三通道定量吸肥系统、三通道混肥系统及动力

源位置设计与参数选配等关键部件设计，现对整机的机构进行设计。三通道旁路吸肥式自动施肥机三维结构如图 4-26 所示，二维结构如图 4-27 所示。

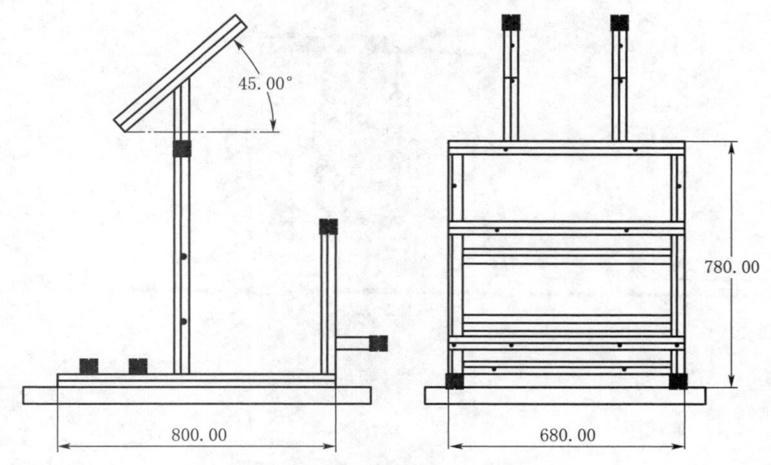

图 4-25　机身配套机架结构设计规格图（单位：mm）

图 4-26　三通道旁路吸肥式自动施肥机三维结构图

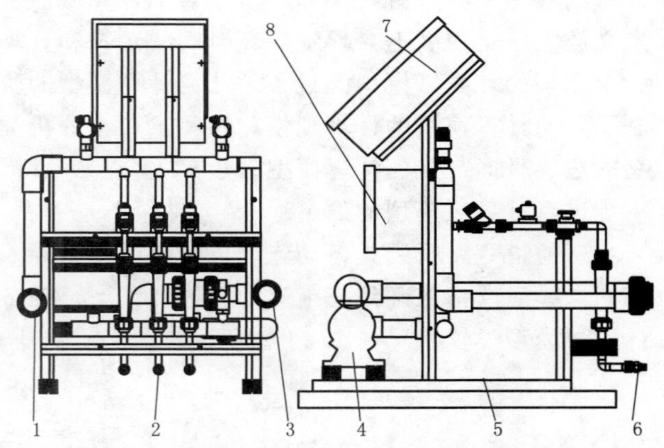

图 4-27　三通道旁路吸肥式自动施肥机二维结构图

1—进水端；2—进肥端；3—水肥混合液输出端；4—离心泵；5—支架；6—液肥吸入端；7—控制柜；8—启动柜

三通道旁路吸肥式自动施肥机由进水端、进肥端、水肥混合液输出端、离心泵、支架、液肥吸入端、控制柜、启动柜和相应的管路等组成。机架的设计可满足施肥机管道的稳固装配要求，整机部件布局紧凑稳定、管路分布合理、稳定性较好。考虑到三条吸肥通道吸肥量的同步性、均匀性和稳定性，吸肥通道采用了并联分布结构；考虑到整机安装和维护的方便性，机身进水端、水肥混合液输出端及各组成部件均采用活接头的连接方式。

4.4　基于 FloEFD 施肥机运行工况的仿真分析

1. 模型设定

基于运用 SolidWorks 软件建立的三通道旁路吸肥式自动施肥机三维模型，考虑到整机仿真分析的高效准确性，首先对模型进行部件简化，后将其导入到 FloEFD 软件中。物理模型如图 4-28 所示。

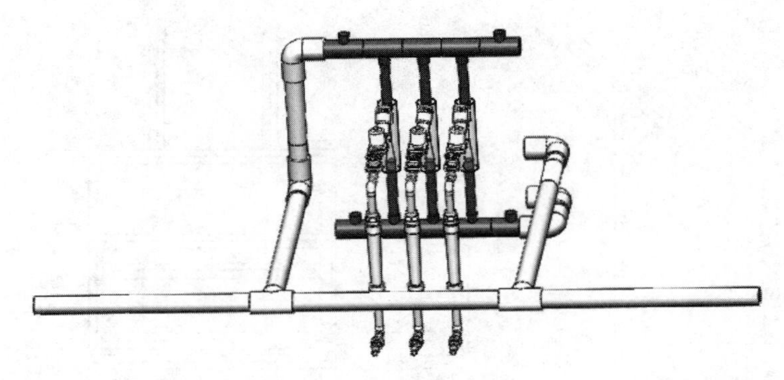

图 4-28 物理模型

2. 参数设定

（1）计算域。计算域是进行流场流动分析计算的区域，应该包括分析过程中与关注的计算结果相关的所有物体和环境。对于计算域而言，不是其尺寸越大就越好，计算域的无意义放大一定程度上会导致计算时间的延长和计算资源的浪费。在流体仿真分析中，设定一个合理的计算域模型既包含了几何计算模型的所有部件和流动情况的环境，又合理地控制了几何计算模型的计算规模和时间。对于分析类型为内部的项目，通常情况下计算域模型的边界平面与几何计算模型的边界重合。三维模型导入后首先进行封盖的创建工作，下一步进行计算域模型的设定。

三通道旁路吸肥式自动施肥机的整机模型导入后，考虑到仿真计算最优化效果，计算域的选择应严格准确到三维模型的边界区域，在各项参数确定后计算域即为一个矩形体。计算域模型设置情况如图 4-29 所示。

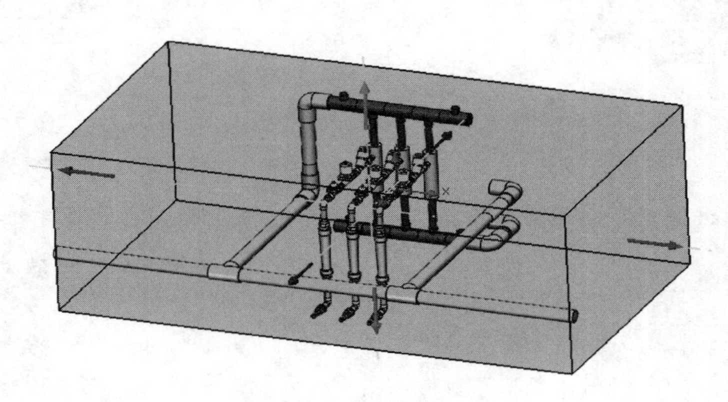

图 4-29 计算域模型

（2）流体子域。在流场流动的分析过程中，经常会碰见多种流体同时出现的情况。在仿真分析中，必须对流场内部的液体进行封闭，形成一个流体的子区域。由于 FloEFD 进行流场分析时，使用的是计算流体模型，因此必须计算出管道中流体的实体模型。

在三通道旁路吸肥式自动施肥机运行过程中，水肥混合液的混合及稳定输出发生在管道系统内部，故仿真分析中流体子域为管道系统内表面区域的流动分析。在流体子域设置窗口选择封闭流体子域的固体内表面，即与流体区域相接触的固体面，流体子域仿真范围如图 4-30 所示。

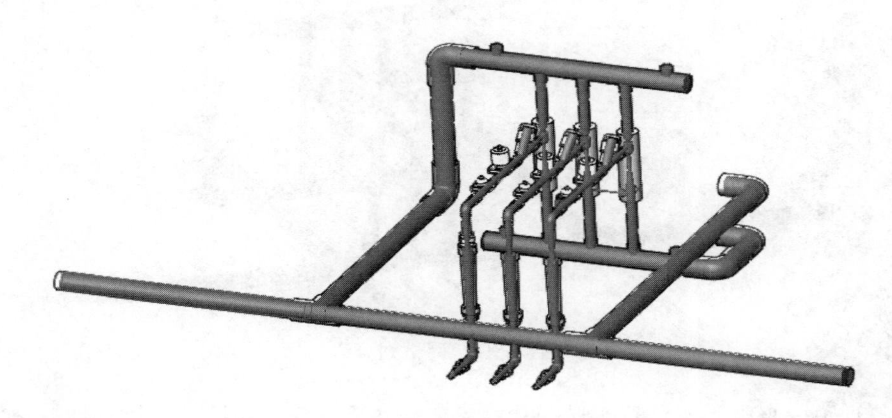

图 4-30 流体子域

（3）边界条件。边界条件的设定作为流体仿真分析中极为重要的一部分，其处理效果对计算结果的精度有着直接影响。边界条件可以被认为是系统去除周边环境之后，为保持该系统不变所应附加的条件。在流动分析中，边界条件是指计算域边界上设定的要求解的变量的变化规律。因而，边界条件的设定是使计算流体力学问题有确切解必不可少的一步。边界条件设定参考表 4-2。

表 4-2　　边界条件设定表

水源入口压力/MPa	水肥混合液出口压力/MPa	吸肥通道入口压力/MPa	离心泵进出口体积流量/（m^3/s）
单因素分析	0.3	大气压力	0.0022

施肥机动力源部分边界条件的设定，依据施肥机中离心泵的功能参数，设定体积流量 0.0022m^3/s；定量吸肥通道液肥入口处的边界条件设定为一个标准的大气压力（故此处的压力值为 0），考虑到肥液储存罐液面与文丘里管施肥器中心线基本保持在一个水平面上，故压差相对较小；水源入口处的边界条件采用单因素分析；施肥机末端水肥混合液出口边界条件设定为 0.3MPa。

（4）网格划分。网格作为仿真分析的载体，是 CFD 仿真模型中的几何表达形式。网格划分是进行流体分析和计算的前提，其质量的优劣对于 CFD 求解计算效率和精度有着重要影响，而且对求解速度、收敛性也有一定的影响。对于一些复杂的 CFD 仿真分析而言，创建网格的过程是极其耗费时间的，并且存在着一些不确定性。因此，CFD 仿真分析的成功与否，往往取决于网格的创建。通常情况下，依据网格类型可划分为结构化网格和非结构化网格两种，依据三维网格单元的分类，常用的有四面体网格、五面体网格和六面体网格。

FloEFD 使用基于有限体积法的离散数值技术，来求解流动相关问题的控制方程，采用六面体网格单元来离散仿真项目，网格单元的边界面与全局坐标系中坐标轴垂直，整机网格划分效果如图 4－31 所示。

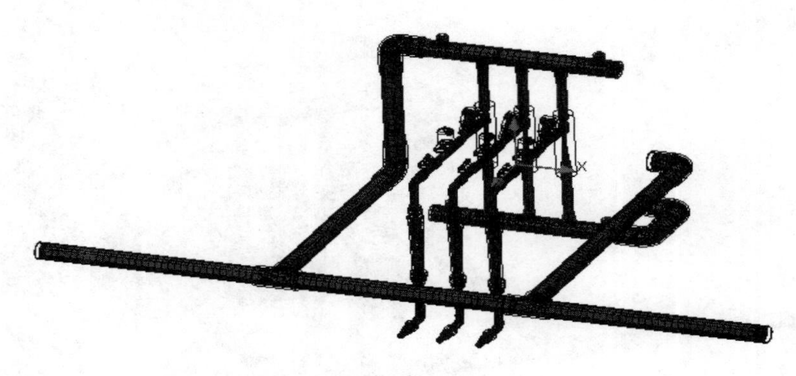

图 4－31　网格划分

由于三通道旁路吸肥式自动施肥机模型结构较复杂，需对其进行细致合理的网格划分。在进行网格划分的过程中需对网格质量进行检查，因施肥机各组成部件尺寸不一样致使网格划分所采用的网格尺寸大小也不同，经过后续的检查所画网格的质量都满足了划分要求。

3. 系统水压单因素优化分析

为进一步研究施肥机的工作特性，考虑到机身配置的离心泵各项参数已确定，现就水源系统对整机工作性能的影响展开仿真分析研究。选取系统水压分别为 0.35MPa、0.4MPa、0.45MPa、0.5MPa，对整机在不同系统压力下的工作状态进行对比仿真分析。通过对各项求解参数的设定进行仿真分析，通过对不同系统水压边界条件下的仿真结果统计汇总，仿真分析结果如图 4－32 所示。

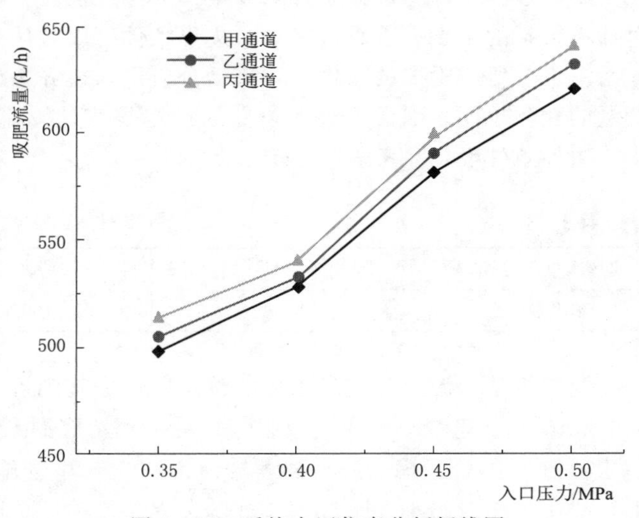

图 4－32　系统水压仿真分析折线图

由图 4－32 可知，随系统水源压力的增大，三通道的吸肥量呈现增大的趋势。综合考虑样机的研制与试验配套条件，接下来选择水源系统压力 0.45MPa 进行三通道旁路吸肥式自动施肥机的整机流场运动分析，以检验施肥机研究设计的可行性并获取仿真分析结果的各项参数。

4. 整机流场初始运动分析

流场初始运动状态中各项参数的稳定是得到理想流场分析结果的前提，下面对施肥机内部流场的初始运动状态展开研究分析。通过对计算域、流体子域及边界条件的设定，仿真完成后可对施肥机内部流场运动的流动迹线进行效果显示，模拟施肥机内部流场中的压强、速度的变化情况。流动迹线是一条曲线，上面的任一点处的速度矢量均与其相切。流场初始运动分析的不同阶段的流场状态如图 4－33 所示。

图 4－33（a）～图 4－33（c）是通过截取初试运动状态的流动迹线动画所得，图 4－33（a）显示了在仿真分析初始注水阶段，灌溉水在系统压力及离心泵作用下进入施肥机流场内部，此时三种不同类型的单元素液体肥料还未被吸入到吸肥通道内；图 4－33（b）显示了在文丘里管施肥器负压作用下，此时三种不同类型的液体肥料由吸肥通道被吸入到吸肥通道内；图 4－33（c）显示了内部流场水肥混合运动达到稳定状态，实现了对灌溉水和三种不同类型单元素液体肥料的吸取混合及稳定输出的效果。

对比分析图 4－33（a）～图 4－33（c），通过图中带箭头的速度流动迹线可以清晰地观察到内部的流场运动情况。逐步实现了灌溉水输入、三种液肥独立吸取及水肥混合液稳定输出的效果。

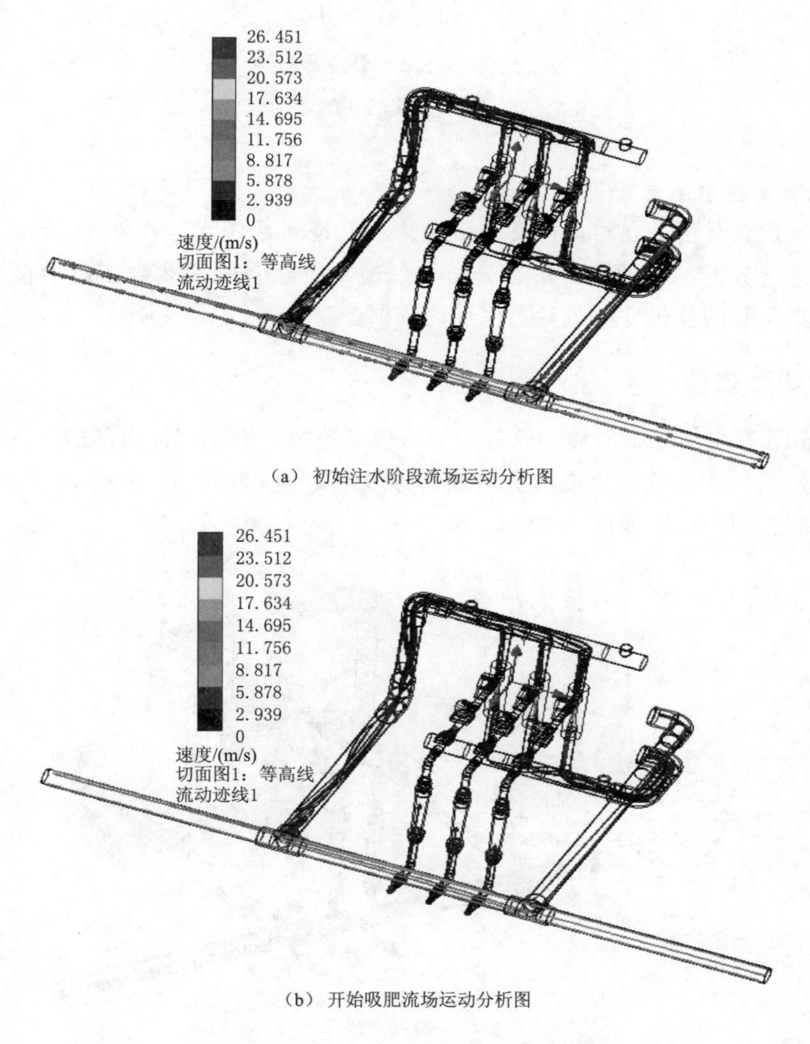

（a）初始注水阶段流场运动分析图

（b）开始吸肥流场运动分析图

图 4－33（一） 流场初始运动分析

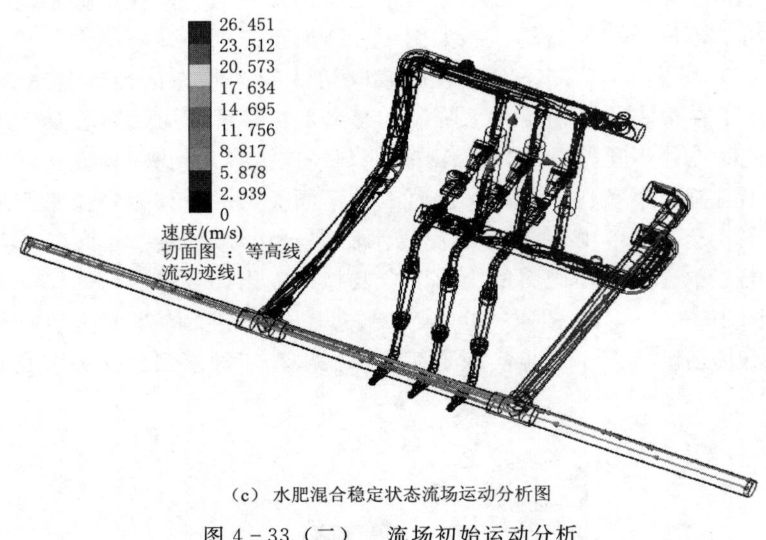

(c) 水肥混合稳定状态流场运动分析图

图 4-33（二） 流场初始运动分析

5. 整机流场稳态运动分析

基于以上仿真分析，在对比仿真分析结果后，现对系统水压在 0.45MPa 下的整机流场仿真结果进行分析。通过整机仿真分析中的流动迹线及表面参数了解内部流场运动情况，为进一步展开的整机性能试验提供理论依据。

4.4.1 流动迹线图

运用 FloEFD 中结果下的流动轨迹中插入流动迹线，设定流体内部的输入端端盖为流动迹线的起始点、迹线类型为带箭头的线、迹线间距为 0.012m、箭头大小为 0.015m 等参数。调取的流动迹线图如图 4-34 所示。

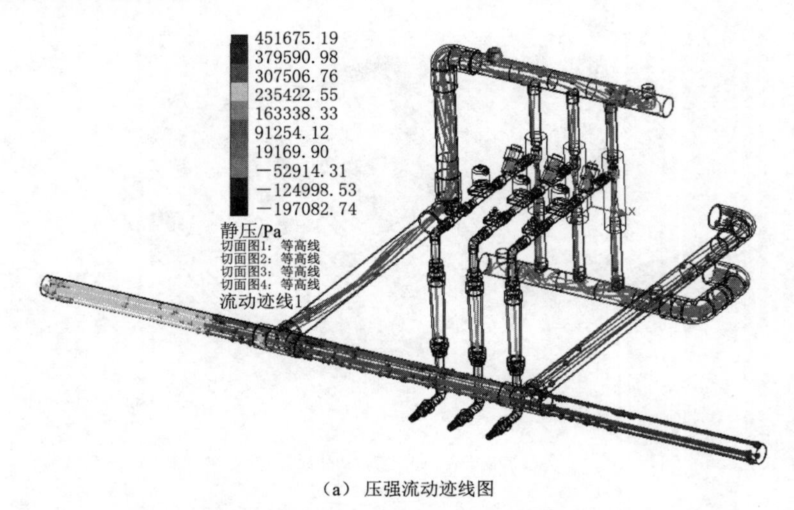

(a) 压强流动迹线图

图 4-34（一） 施肥机内部流场流动迹线图

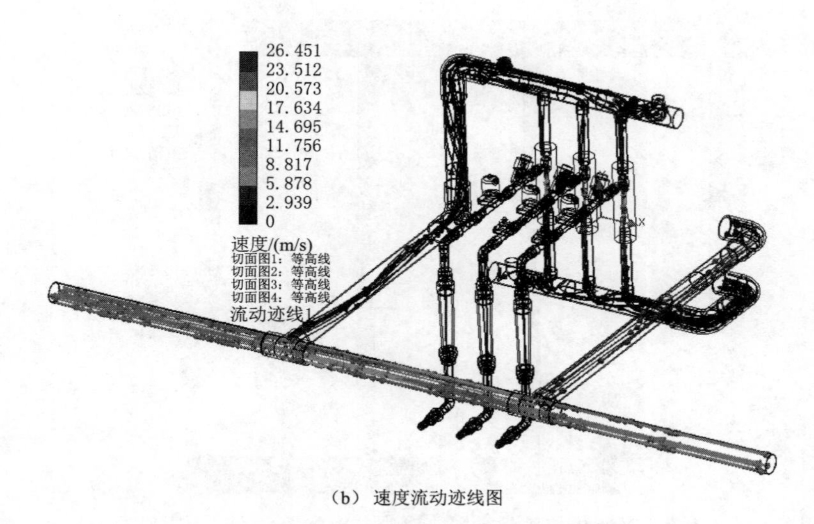

(b) 速度流动迹线图

图 4-34（二） 施肥机内部流场流动迹线图

通过分析施肥机内部流动迹线变化情况，借助带箭头的流动迹线可以清晰地看到试验中无法得到的整机内部流场变化情况；对比分析三吸肥通道的迹线变化情况，可以明显地对比三通道吸肥状况的差异情况。通过对比分析可以得出如下结论：

(1) 通过对流动迹线设定为带箭头的线，施肥机在“后进前出”安装模式下，达到了对三种不同类型单元素液体肥料独立吸取及水肥混合液稳定输出的效果。

(2) 在流动迹线的数量上，吸肥通道甲略低于其余两通道；通过压强、速度流动迹线图的对比分析，直观地得到了施肥机内部流场的变化情况。

4.4.2 吸肥机构压强云图

在吸肥机构文丘里施肥器的中心平面处进行切面，绘制吸肥机构的压强云图。运用 FloEFD 中结果下的切面图设定吸肥机构通道的中心位置，选定在文丘里管施肥器的中心处。吸肥机构压强云图如图 4-35 所示，三文丘里管施肥器内部压强云图如图 4-36 所示。

通过吸肥机构与三文丘里管施肥器切面的压强云图，可以很容易看出吸肥机构管道内部的压力分布情况。流体在文丘里管施肥器喷嘴处压力出现最小值，符合文丘里管施肥器吸肥的工作原理。图 4-35、图 4-36 中位于右上方的色带表示压强值从下到上依次增大，根据压强云图可以直观得出：

(1) 对比分析吸肥机构的压强切面云图，从整体上看流体运动过程中三个文丘里管施肥器内部压强变化相似，但在文丘里管施肥器喷嘴与喉管处压强云图变化程度较大，体现在压强云图上就是颜色变化较为密集。

(2) 在相同的边界条件下，吸肥通道甲、吸肥通道乙和吸肥通道丙压强云图分布来看总体相似。通过分析每个文丘里管施肥器压强云图，可以清晰地看到其每部个部分处的压强变化情况。

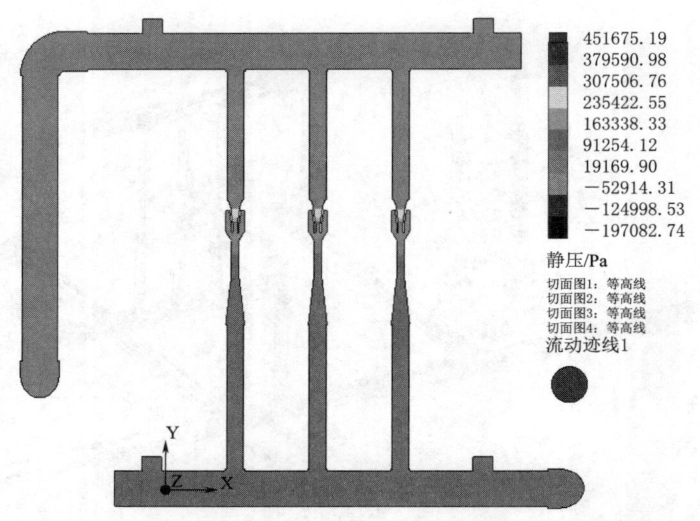

图4－35 吸肥机构压强云图（对应装配体甲、乙、丙吸肥通道）

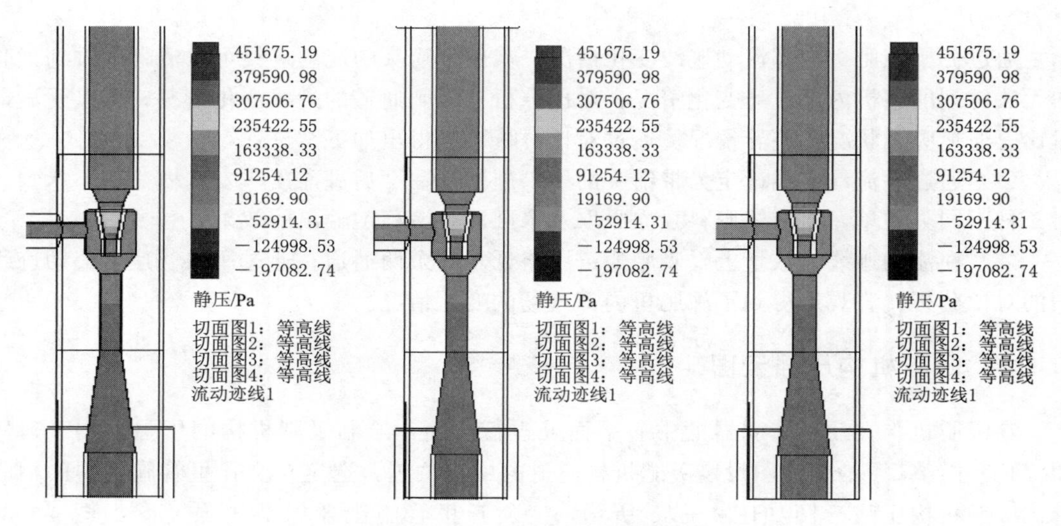

图4－36 三文丘里管施肥器内部压强云图

4.4.3 吸肥机构速度云图

除吸肥机构的压强云图外，通过获得吸肥机构的速度云图来分析流场运动中的速度变化情况。从速度云图中，可以清楚地观察到管道内部流体的流速变化情况，尤其是在文丘里管施肥器喷嘴处的速度云图。吸肥机构速度云图如图4－37所示，三文丘里管施肥器内部速度云图如图4－38所示。

通过吸肥机构与三文丘里管施肥器切面的速度云图，可以很容易看出吸肥机构管道内部的速度分布情况。流体在文丘里管施肥器喷嘴处速度出现最大值，符合文丘里管施肥器吸肥工作原理。图4－38中位于右上方的色带表示速度值从下到上依次增大，根据速度云图可以直观得出：

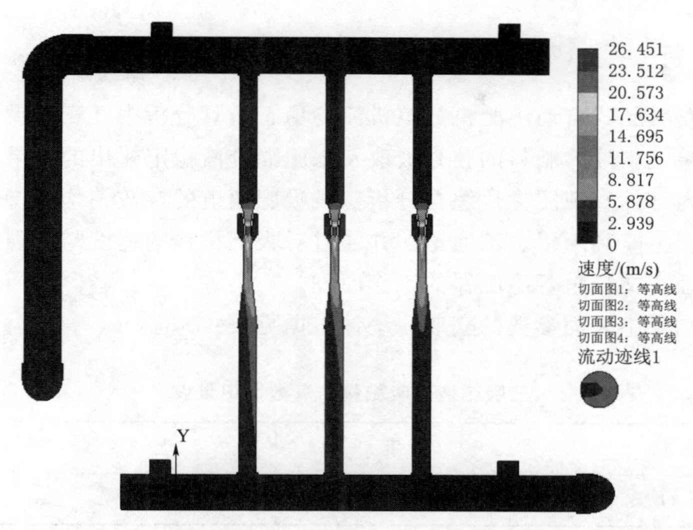

图 4-37　吸肥机构速度云图（对应装配体甲、乙、丙吸肥通道）

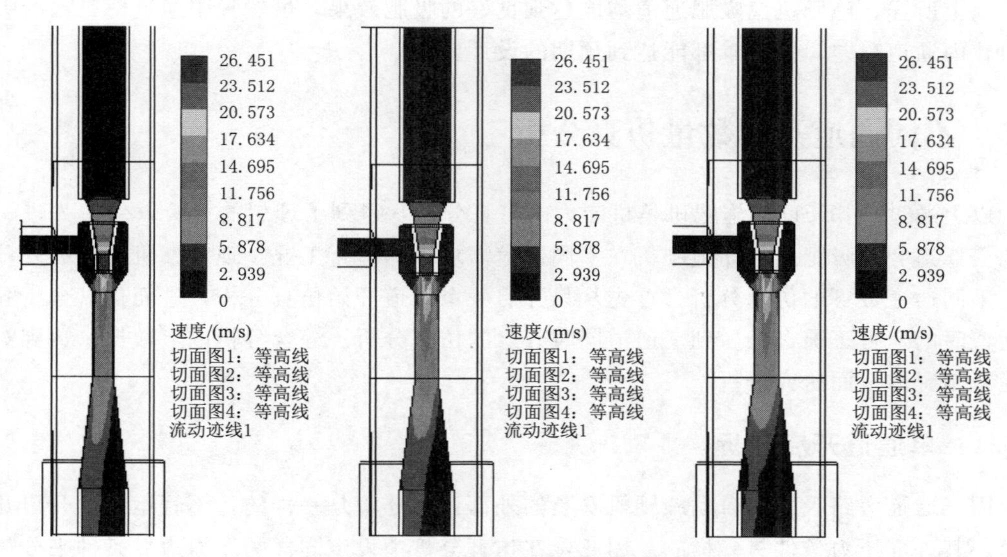

图 4-38　三文丘里管施肥器内部速度云图

（1）对比分析吸肥机构三个速度切面云图，从整体上看流体运动过程中三个文丘里施肥器内部速度变化相似，在文丘里管施肥器处速度云图变化程度较大，体现在速度云图上就是颜色变化较为密集。

（2）在相同的边界条件下，三个文丘里管施肥器喷嘴处出现深色速度云图，说明此处速度出现最大值。流体在流过喷嘴处，流速逐渐变小并趋于稳定值。

（3）通过对比分析每个文丘里管施器的速度云图，可以清晰地看到内部结构中各部分的速度变化情况，使连续性方程在文丘里管施肥器运行过程中得到充分体现。

（4）仔细对比三文丘管施肥器的速度云图，可以看到丙文丘里管喷嘴处的高速范围面较大。

4.4.4 结果分析

在三通道旁路吸肥式自动施肥机的整机流场稳态仿真分析中，三条吸肥通道均能达到对三种不同类型单元素液体肥料的独立吸取及水肥混合液稳定输出的效果，并通过流动迹线图获得了流场内部的直观图像。综合分析三条吸肥通道的参数，均保持于一个均衡的水平上，丙通道吸肥量略高于甲、乙通道。并通过对吸肥机构的速度与压强切面图的综合对比分析，充分验证了文丘里管施肥器的工作原理。

通过对仿真结果中表面参数的获取，统计数据见表 4-3。

表 4-3　三吸肥通道吸肥量仿真数据记录表

吸肥通道	甲	乙	丙
吸肥流量/（L/h）	581	590	597

综上所述，施肥机三吸肥通道均能达到良好的吸肥效果，虽然吸肥通道甲、乙的吸肥能力较丙通道略差，但基本都能达到预期的设计要求。

4.5 不同通道开启数量仿真分析

以上通过 FloEFD 对施肥机整机能力的仿真分析，得到了理想的分析效果。为进一步研究三通道旁路吸肥式自动施肥机在不同通道需求下的运行工况，现对整机模型展开基于开启不同通道数下的仿真分析。首先从只开启一个通道开始仿真分析，进而仿真分析开启两通道时的运行工况，最后到三通道同时开启的仿真分析。综合分析以上数据，达到对整机运行工况的全面研究分析。

4.5.1 单通道开启分析

因三通道旁路吸肥式自动施肥机安装的外部系统环境是一样的，不管运行中开启几条通道，其外部压力条件是一样的。因此，在仿真分析中设定同样的压力边界条件来分析求解。仿真分析前，设定开启甲吸肥通道，关闭乙和丙吸肥通道。运用 FloEFD 仿真完成后，通过在结果下的流动轨迹中插入流动迹线，设定流体内部的输入端端盖为流动迹线的起始点、迹线类型为带箭头的线、迹线间距为 0.012m、箭头大小为 0.015m 等参数。速度流动迹线如图 4-39 所示。

借助单通道甲开启时的速度流动迹线图，可较直观地观察到内部流场的运动情况。通过对仿真结果中表面参数的获取，单通道开启时加通道吸肥量为 637L/h。

4.5.2 两通道开启分析

仿真分析前，设定开启甲、乙吸肥通道，关闭丙吸肥通道，两通道运行速度流动迹线如图 4-40 所示。

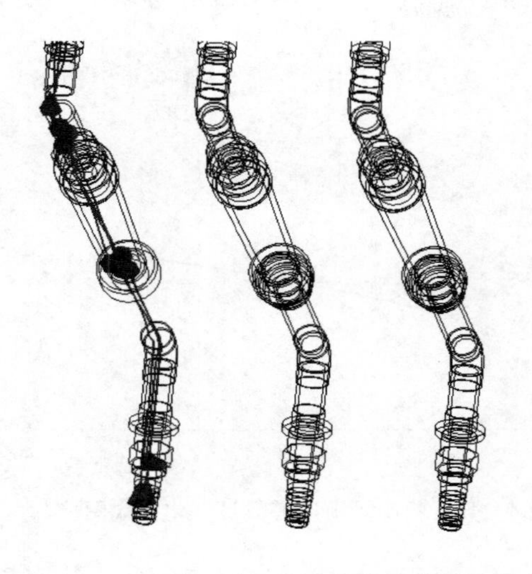

图 4-39 单通道运行速度流动迹线图

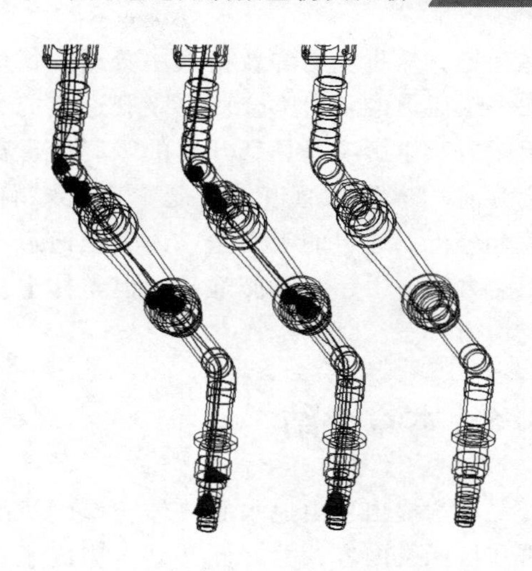

图 4-40 两通道运行速度流动迹线图

通过甲、乙两通道同时开启的速度流动迹线图，可以清晰地看到内部流场的运动情况。通过对仿真结果中表面参数的获取，单、乙通道开启时加通道的吸肥量分别为 611L/h 和 614L/h。通过速度流动迹线和仿真分析结果的表面参数可以看出，在两通道同时开启的运行状态下，新增加开启的乙通道吸肥量要比甲通道的吸肥量高。

4.5.3 三通道开启分析

仿真分析前，设定开启甲、乙、丙吸肥通道，三通道运行速度流动迹线如图 4-41 所示。

通过甲、乙、丙三通道同时开启的速度流动迹线图，我们可以清晰地看到内部流场的运动情况。通过对仿真结果中表面参数的获取，单通道开启时加通道的吸肥量为 581L/h、590L/h 和 597L/h。通过速度流动迹线和仿真分析结果的表面参数可以看出，在三通道同时开启的运行状态下，新增加开启的丙通道吸肥量要比甲、乙通道的吸肥量高。

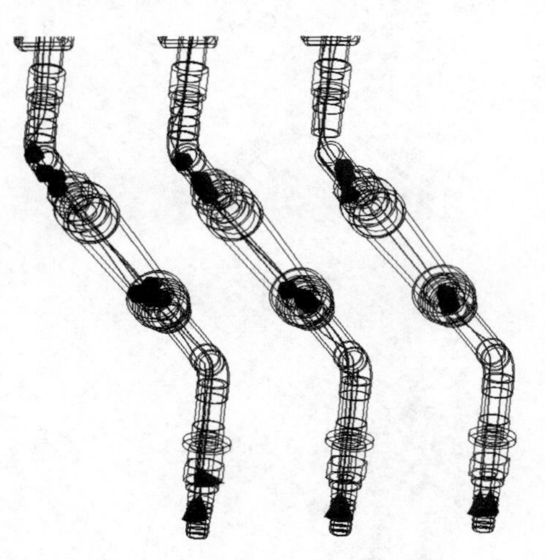

图 4-41 三通道运行速度流动迹线图

4.5.4 结果分析

吸入肥量的多少是水肥一体化施肥机吸肥能力的重要表现，将不同吸肥通道开启数量的吸肥量仿真数据进行统计，如图 4-42 所示。

通过将仿真分析获取到的三种开启状态下的吸肥量绘制成曲线图，可以更好地对比分析吸肥通道在不同开启数量下的吸肥量变化规律。

通过吸肥量的折线图可以得到，在吸肥通道不同开启数量的分析中，随着开启通道数量的增加，甲吸肥通道吸肥能力出现了较小的下降趋势。从折线图的数值大小分析，每增加一个通道的开启都会对甲吸肥通道的吸肥能力产生影响，且新开启的吸肥通道都会对前一个吸肥通道的吸肥量产生影响。综合分析三通道的吸肥量，丙吸肥通道吸肥能力高于甲、乙吸肥通道，但整体上呈现均衡状态。

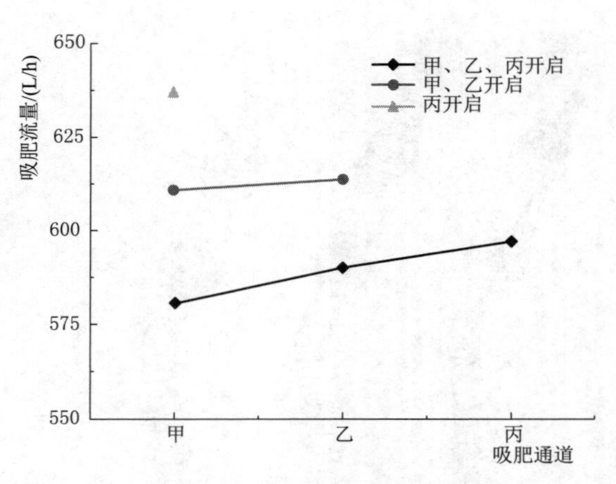

图 4-42 吸肥量随通道数目变化折线图

4.6 本章小结

本章提出了山地水肥一体化施肥机的研制目标及内容，并在此基础上完成了三通道旁路吸肥式自动施肥机方案设计、吸混肥系统设计与分析优化、基于 FloEFD 施肥机运行工况仿真分析、不同通道开启数量仿真分析等内容。

第 5 章

水肥一体化控制系统设计

本章主要进行水肥一体化控制系统设计，即对控制系统进行硬件以及线路设计。本系统以西门子 PLC 作为控制元件，通过逻辑程序控制各个执行机构实现水肥一体化施肥功能。要让西门子 PLC 控制各个机构合理运行，需要有硬件电路的设计作为基础，只有硬件电路没有问题才有可能实现其他控制。硬件电路的设计对系统的安全程度有至关重要的影响，所设计的电路不仅要实现需要的功能，还应该具有一定的扩展性、安全性等。硬件电路设计包括 PLC 弱电所控制的控制系统线路，控制泵所需要的外围控制线路。本章重点对下位机 PLC、A/D 转换模块、传感器选择和控制线路等进行描述。

5.1　逻辑控制器的选择

PLC 全称为可编程控制器（programmable logic controller），是工业上常用的一种控制器，在现今工业领域被广泛地使用。传统继电器及接触器，已经逐渐被可编程控制器取代。可编程控制器拥有很强的数字处理能力，在自动化控制领域应用非常广泛。可编程控制器不仅快、可靠，而且比较经济。

由于水肥一体化系统控制的输入输出信号主要是模拟量和开关量，因此选用可编程控制器作为下位机控制器最为合适。PLC 对开关量的处理是其最基本的功能，而对模拟量的处理又有专门的模块进行处理。因此选择 PLC 作为控制器，完全可以实现对控制功能的要求。另外 PLC 在湿度、温度较高等恶劣环境下的稳定性以及寿命都有保证，在恶劣的环境下可以正常工作。因此，水肥一体化系统选择可编程控制器非常合适 。

5.1.1　选择 PLC 的理由

PLC 是专门为工业环境下稳定工作而设计的。PLC 在工业中被广泛使用是因为它具有可靠性高、抗干扰能力强的特点。PLC 可以通过逻辑控制功能、定时控制功能、计数控制功能、步进控制功能、数据处理功能、A/D 和 D/A 转换功能、通信联网功能、监控功能来实现对水肥一体化系统的控制。PLC 周围设备相关协议应该相同，这样方便与其他相关设备形成一个整体，方便用户对其进行功能的扩展。逐渐取代了传统的继电器和接触器的控制，不仅降低了成本，而且最主要的是系统功能的相关设计、安装调试工作量小，容易维护，方便增加其他功能。

本系统的控制器选用 PLC，是因为 PLC 完全满足本系统的控制要求。水肥一体化设备控制系统的输出、输入信号有开关量和模拟量，而PLC主要是用来对开关量和模拟量进行处理，同时外围设备比较丰富，容易对系统进行扩展，编程也比较容易掌握，采用梯形图作为主要的编程方式。而且PLC抗干扰能力强、灵活性好，因此把PLC作为水肥一体化系统的控制器。

5.1.2 PLC的选型

目前，市场上常见的PLC品牌有日本三菱（Mitsubishi）、德国西门子（Siemens）、法国施耐德（Schneider）等。德国西门子公司是欧洲最大的电子和电气设备制造商之一，生产的PLC在工业控制上处于领先地位。西门子PLC在我国的应用很广，在我国很多行业都有应用，比如自动化领域、工业控制领域等。西门子公司的PLC产品包括S7-200，S7-1200，S7-300，S7-400等型号。本系统采用S7-200系列。S7-200是西门子微型PLC，具有体积小、成本低等优点，并且能够满足本系统对控制器的要求。

5.1.3 A/D模块的选择

A/D模块主要将模拟信号转换成数字信号，是因为PLC不能直接识别模拟信号，只有将模拟信号转换成数字信号才能被识别。A/D模块转换过程主要有4个阶段，即采样、保持、量化和编码。各种传感器采集的数据，通过A/D模块转换成PLC的数字信号。西门子PLC控制器有专门的A/D功能模块，与西门子PLC无缝通信，将传感器模拟量转换成数字量，传递给西门子PLC，PLC将根据这些数据进行运算和处理。本系统有4个模拟量输入，需要一个4输入A/D转换模块，故选择西门子EM231，EM231有4个信号接线端。

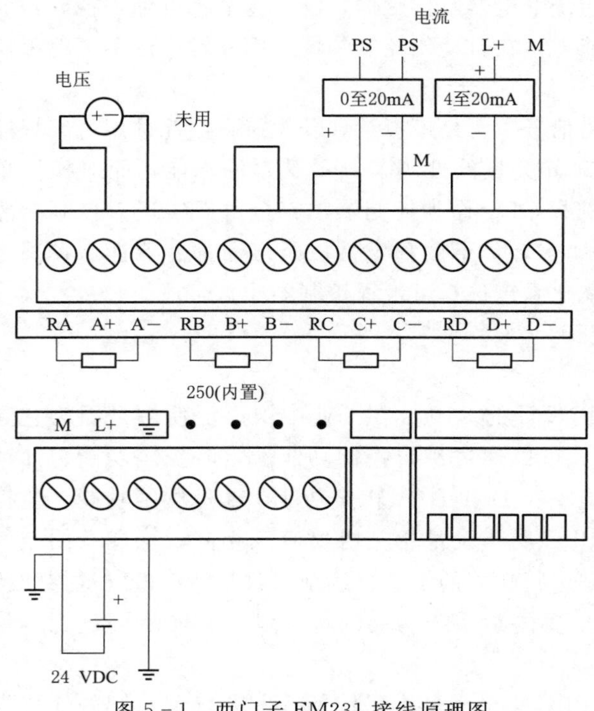

图5-1 西门子EM231接线原理图

传感器将采集到的所在环境的模拟量，经过传感器内部电路换算处理，输出电压信号或者电流信号，常见的电压有0～5V或−10～10V，电流有0～20mA或4～20mA。由于电压信号或者电流信号是模拟量，PLC不能识别。因此传感器输出的电压信号或者电流信号需要经过A/D模块转换成数字信号，才能被PLC识别处理。西门子EM231接线原理如图5-1所示。

EM231转换模块可输入5种类型的信号，这是通过设定开关来实现的。可输入电压0～5V、电压0～10V、电压−10～10V、电压−5～5V、电流0～20mA。

使用方法：

(1) 按照西门子EM231接线原

理图所示，在 L＋接 DC24V 电源的正极、M 接入 DC24V 电源的负极。

（2）可以通过扩展 I/O 总线与 CPU 模块相连接。

（3）连接 CPU 电源和通信端口。

（4）按照西门子 EM231 接线原理图连接输入信号，接地端子应该接地线。

（5）按照 EM231 接线设置要求连接各种传感器等。

（6）开启 CPU 和模块的供电电源。

EM231 模拟量输入模块 A/D 转换关系如图 5-2 所示。

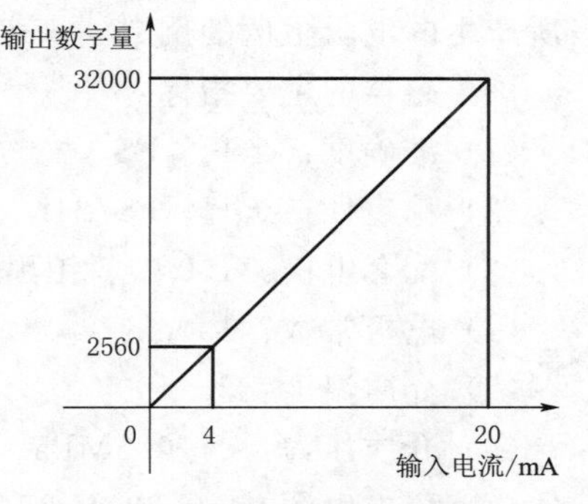

图 5-2　EM231 模拟量输入模块 A/D 转换关系

5.2　传感器的选择

5.2.1　pH 传感器的选择

本文控制系统采用的 pH 传感器是 pH-1800 智能酸碱控制器。该工业 pH 传感器是工业酸度计的智能化升级产品，可对 pH 值进行连续测量和控制，该控制器主要是由电极部分、转换部分和指示部分等组成。电极是用来测量测量液体 pH 的最前端，是通过玻璃电极测量溶液的不同 pH 值，这样产生的直流电势就会发生变化，传感器中的直流放大器将电势进行放大，再经电路转换后就可以得到测量的 pH 值。

该传感器的主要指标：

（1）测量范围：0～14。

（2）准确度：±0.02，±1mV。

（3）分辨率：0.01，1 mV。

（4）稳定性：≤0.02 pH/24h，≤3 mV/24h。

（5）pH 标准溶液：4.01/6.86/9.18。

（6）显示方式：128×64 点阵 LCD。

（7）温度补偿：0～100℃手动/自动（NTC10K）。

（8）信号输出：4～20mA 隔离保护输出，最大环路电阻 300Ω。

（9）供电电源：AC 220V±10％，50Hz。

（10）电源消耗：≤3W。

（11）环境条件：温度 0～60℃，湿度≤85％RH。

5.2.2　EC 传感器的选择

控制系统采用的 EC 传感器是 EC-1800 智能型导电率控制器。其可以对工业或化学的混合溶液的电导率值进行测量。EC 传感器在农业、化工以及检测水等行业得到了广泛使用。液体肥料的电导率取决于肥液中所溶解的矿物质的类型及浓度。肥液 EC 值的测量数据是由溶液中电解质的浓度决定的，溶液电解质浓度越高其导电性越好，电流通过两电极所产生的电阻阻值的倒数，来表示溶液的 EC 强度。

该传感器的主要指标：

(1) 准确度：±1% FS。

(2) 稳定性：±1% FS/24h。

(3) 配套电极：1.0 塑料铂黑电极。

(4) 电极常数：$1.0cm^{-1}$。

(5) 介质温度：5～100℃。

(6) 介质压力：0～0.5MPa。

(7) 供电电源：AC 220V±10%　50Hz。

(8) 电源消耗：≤3W。

(9) 环境条件：温度 0～60 ℃，湿度≤85%RH。

5.2.3 土壤湿度传感器的选择

土壤湿度即土壤的实际含水量，指土壤的干湿程度。土壤湿度在农作物培育上用来反应土壤含水状况，土壤含水量的多少对植物生长影响很大。含水量过低，作物的光合作用就不能正常进行，作物生长受到影响；含水量过高，土壤的通气性就会变差，影响根部的正常呼吸及生长，也会影响作物的正常生长。

本系统采用 4～20mA 土壤水分传感器。本产品具有较低的功耗，一般情况下电流<10mA，具有较高的测量精度，对测量土壤湿度速度快，传感器输出模拟信号稳定，一体成型设计，具有很好的密封性，可以防止水从设备的任何方向浸入，可长期在水中浸泡。本设备直接采集部分是采用优质不锈钢制成的钢针，可耐长期的电解，也可以防止土壤中酸碱盐的腐蚀，具有测量精度高以及性能可靠等特点，受土壤中的含盐多少影响比较小，可以在各种土质中使用。本设备有电源线、地线、信号线，同时具有防误接保护。

该传感器的主要指标：

(1) 带负载能力：负载电阻<500Ω，负载影响率<5×10^{-6}/Ω。

(2) 额定电源电压：最低供电=0.02×负载电阻 Ω+5.7V，最高 24V。

(3) 空载电流：峰值<30mA，平均<10mA，超低功耗。

(4) 响应时间：上电<0.1s，刷新周期 0.5s。

(5) 测量稳定时间：0.5s。

(6) 水分测量区域：以中间的钢针为中心，测量直径为 8cm、高为 11cm 左右的圆柱体内。

(7) 水分测量量程：体积含水量 0～100%。

(8) 水分测量误差：<3% (0～53%)。

(9) 工作温度范围：-40～80℃。

5.2.4 压力传感器的选择

由于水肥一体化设备的 PVC 管道所承受的压力有限，如果水的压力超过 PVC 管所能承受的压力就有可能爆管造成严重的事故。因此实时监测管道内的压力是必要的。本设备采用 PVC 国标为 1.6Mpa 的管道，理论上只要不超过 1.6Mpa 即可。但随着使用时间的积累，管道存在老化的可能，故本系统把压力控制在 1.2Mpa 内，以保证使用安全。本系统采用的压力传感器采用数显型压力传感器，即可以现场观看数据，也可把数据参数输入 PLC 内部。工作原理：压力传感器把惠斯通电桥扩散在单晶硅片上，被测气体或液体产生的压力作用在桥臂上，桥臂电阻值就会发生变化，产生一个差动电压信号。信号经过专用放大器的放大，将本设备的量程相对应的信号转化成行业通用的数字信号或模拟信号。本设备结构小巧，安装方便。具有截频干扰设计、抗干扰能力强、防雷击、接线反向和过压保护、精度高、稳定性好、耐冲击等优点。

该传感器的主要指标：

(1) 测量介质：液体或气体。

(2) 压力量程：0～1.6MPa。

(3) 输出信号：4～20mA。

(4) 供电电压：15～36V（直流）。

(5) 精度等级：0.25%FS。

(6) 介质温度：－40～85℃。

(7) 稳定性能：±0.1%FS/年。

(8) 温度漂移：±0.1%FS/℃。

(9) 防护等级：IP65。

5.3 控制电路设计

5.3.1 控制系统线路图

本系统有 EC 传感器、pH 传感器、湿度传感器、压力传感器 4 个模拟量输入。EC/pH 检测的是主管道回路中的电导率和 pH 值，作为对管道中液体肥料浓度和 pH 值的检测；湿度传感器是检测土壤中所含水分；压力传感器检测主干道及支管压力。输入的数字量有施肥罐高液位、施肥罐低液位、施肥水泵状态等。数字量输出后，通过中间继电器控制管道主阀、吸肥电动阀、接触器。PLC 硬件控制原理如图 5－3 所示。

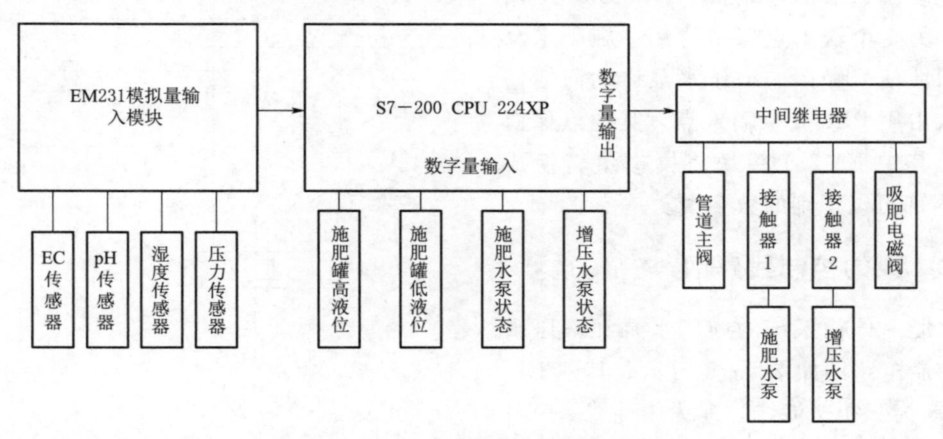

图 5－3 PLC 硬件控制原理

根据 PLC 硬件控制图，设计出 PLC 的数字量输入和数字量输出接线电路，如图 5-4 所示。模块 EM231 模拟量接线如图 5-5 所示。

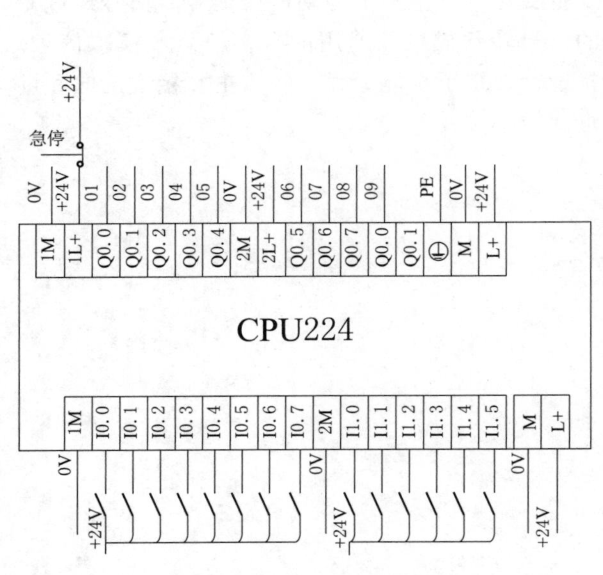

图 5-4 PLC 数字量接线图

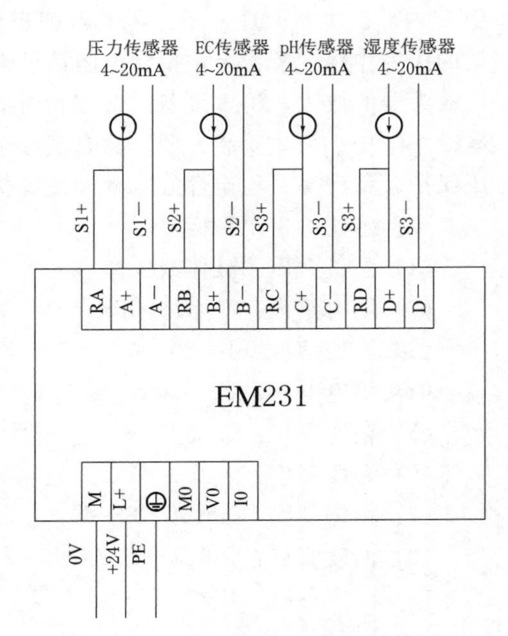

图 5-5 EM231 模拟量接线图

其中连线方式为：

Q0.0—施肥水泵；Q0.2—1 号吸肥电动阀；Q0.3—2 号吸肥电动阀；Q0.4—3 号吸肥电动阀；Q0.5—1 号灌溉电动阀；Q0.6—2 号灌溉电动阀；Q0.7—3 号灌溉电动阀；Q1.0—4 号灌溉电动阀；I0.0—施肥水泵启动回馈信号输入。

从图 5-5 以及所需设备可知，PLC、A/D 转换模块 EM231 和中间继电器的工作电压都是 24V（直流）。施肥水泵、增压水泵、吸肥电动阀、灌溉电动阀占用 PLC9 个输出点，另 1 个输出点保留待用。施肥水泵启动回馈信号输入、增压水泵启动回馈信号输入占用 PLC 2 个输入点，其他点保留待用。其中 EM231 模块将模拟量转换成 PLC 内部可以识别的数字量。

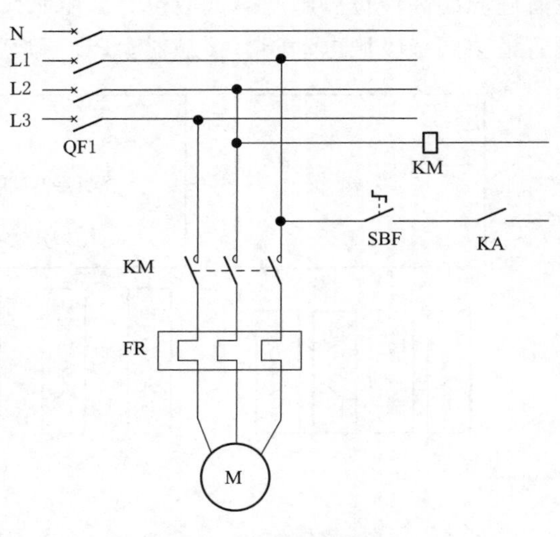

图 5-6 控制电路图

5.3.2 泵的控制线路图

水肥一体化系统的施肥水泵和增压水泵的控制电路图如图 5-6 所示。其中 L1、L2、L3 为三相交流线，N 为中性线。QF1 为总电路的控制开关。KM 为控制施肥水泵和增压水泵的交流接触器，SBF 为旋钮开关，KA 为中间继电器。FR 是热继电器，防止泵过载损坏，为泵过载起到保护作用。当泵启动后，接触器常开触点闭合，即可通过常开触点来反馈泵是否正常通电，来判断泵的运行状态。

5.4 模糊控制在 PLC 中的应用

5.4.1 查询表的建立

查询表是预先把需要的数值存在 PLC 中。在实际应用中，将得到的输入量量化到语言变量模糊论域中，根据量化的结果，查表求出控制量的一个清晰值。浓度差 e 与 pH 变化量 h，用 5 个模糊子集进行涵盖，即 NB（过小）、NS（稍小）、Z（适宜）、PS（稍大）、PB（过大），对应的量化论域为 {−2，−1，0，1，2}。浓度偏差变化率 Δe 与 pH 值偏差变化率 Δh 同样用 5 个模糊子集进行涵盖，即 NB（减少严重）、NS（减少稍重）、Z（没有变化）、PS（增加较多）、PB（增加过多），对应的量化论域为 {−4，−2，−0，2，4}。利用电动阀控制规则及模糊控制规则，通过拉森推理法，可得到模糊控制查询表。见表 5－1。表 5－1 中为模糊变量的输出量。

表 5－1　模糊控制的查询表

浓度偏差变化率 Δe	浓度差 e				
	PB	PS	Z	NS	NB
PB	0	0	0	0	1
PS	0	0	0	0	1
Z	0	0	0	1	2
NS	0	0	1	2	3
NB	0	1	2	3	3

5.4.2 模糊控制程序流程图

水肥一体化控制系统采用的 S7－200 型 PLC。要实现 PLC 通过模糊策略控制施肥过程，首先应将量化因子导入 PLC 中，通过 A/D 转换模块将采集到的模拟数据对比分析。来实现对施肥过程的控制过程。模糊控制设计流程图如图 5－7 所示。

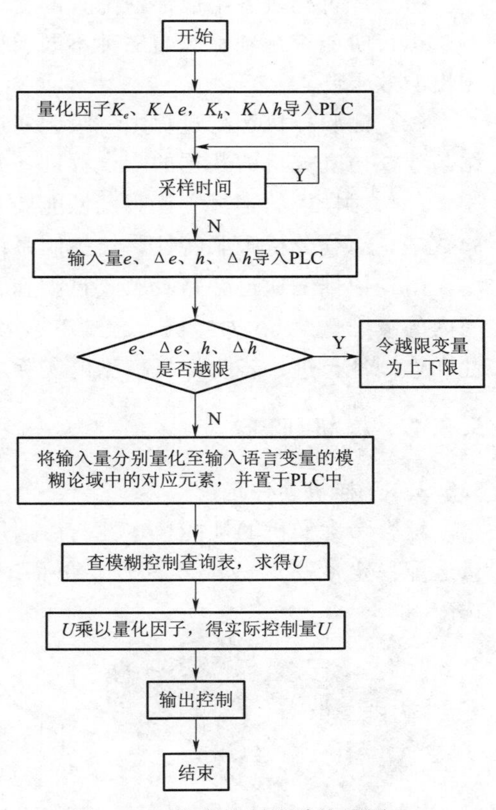

图 5－7　模糊控制设计流程图

5.4.3 模糊控制设计

在图 5－7 的程序流程图中，最主要的步骤为模糊控制查询表的查询程序。为了方便程序设计，浓度论域的元素转化为 {1，2，3，4，5}。

将表5-1中的元素由左到右、由上到下的顺序依次导入VW950-VW990中，控制量的基址就是VW950，其偏移量地址为$\Delta e/\Delta h\times 5+e/h$，因此根据$\Delta e/\Delta h$与$e/h$最终得到的控制地址为$150+\Delta e/\Delta h\times 5+e/h$。

5.5 样机研制与性能试验研究

性能试验主要考察样机是否能够达到设计要求的各项指标，是农业机械批量生产、推广应用的必要一步。通过施肥机样机的试制与性能试验，发现在设计过程中存在的不足，并获得样机在实际工作过程中的各项性能运行参数，为后续结构上的改进优化奠定基础。依据前面对三通道旁路吸肥式自动施肥机的结构设计与流体仿真分析，下面通过施肥机整机部件选型与样机的试制来进行样机的性能试验。

5.5.1 试验目的

三通道旁路吸肥式自动施肥机样机的搭建与性能试验不仅仅是制作一台施肥机，更重要的是对试制的样机展开性能试验，检验样机的各项工作性能指标是否符合预期的设计要求及相关的技术指标规定，以方便对样机做出下一步的技术改进。此次样机的研制与整机性能试验的目的主要有以下几个方面：

(1) 评价样机各组成部件配置的合理性，评价样机在所设计的“后进前出”安装模式下，运行时能否达到水源与三种不同类型的单元素液体肥料的有效混合及水肥混合液稳定输出的效果要求。

(2) 测验样机运行过程中三吸肥通道能达到的最大吸肥流量，分析样机试验测得的数据与建模仿真分析的数据的吻合程度，并对样机的定量吸肥功能的进行测试试验。

(3) 对样机的定量定比吸肥性能展开实验研究，测定不同脉冲宽度条件下的吸肥量试验数据，综合分析吸肥特性，给控制系统肥液吸取量的设定提供参数设定基础。

(4) 依据三通道旁路吸肥式自动施肥机的样机性能试验数据，测定样机在相同间隔时间内的吸肥量及6h内样机运行状态。综合分析样机在水肥一体化灌溉过程中运行的稳定性和连续性，进一步为样机模型的实际应用价值做出评定。

5.5.2 样机研制

5.5.2.1 样机硬件选配

综合考虑样机的性能稳定性与后期用户对设备维护的方便性，故在样机研制过程中尽量选配稳定性高的标准零部件。下面对三通道旁路吸肥式自动施肥机的样机硬件进行选配。

图5-8 轻型卧式多级离心泵实物图

1. 离心泵

依据整机所设计的动力源性能技术参数，并通过对市场上现有离心泵性能与型号调查，综合考虑后选用南方轻型卧式多级离心泵，其实物图如图5-8所示。该款离心泵具备体积小、结构布局合理、耐腐蚀、噪声小等优点。离心泵参数：扬程45m、流量$8m^3/h$、电机功率2.2kW、转速2900r/min，且泵体各项参数均能够满足三通道旁路吸肥式自动施肥机所设计的动力源技术参数要求。

2. 电磁阀

电磁阀作为自动阀门的一种，工作中主要是通过电动性部件来控制阀门，进而实现阀门启与闭的控制。根据三通道旁路吸肥式自动施肥机的结构设计，为实现吸肥通管道的定量吸肥性能要求，选用了AC24V型号的电磁阀，其参数见表5-2。此款电磁阀可实现对流量的精确调节，结构上可分为上部的执行部分和下部的阀门两部分。在本文的研究中，电磁阀的启闭主要作用于吸肥通道吸肥量的控制，从而实现三通道的开关和同等时间段内的定量定比肥液的吸取。

表5-2 电磁阀参数

参数	技术指标	参数	技术指标
最高工作压力/MPa	1.38	输入电压/V	交流24
最大介质温度/℃	80	启动电流/A	小于0.5
流量范围/(m^3/h)	3.41～45.4	吸持电流/A	0.23

选用的此款电磁阀结构采用全铜材料制造，结构轻巧、耐化学腐蚀，运行中可满足长时间的通电运行状态、运行状态稳定、节能不发热及电耗率低等优点，且在低电压状态下可正常运行，影响较小。

3. 文丘里管施肥器

文丘里管施肥器作为三通道旁路吸肥式自动施肥机整机结构设计中吸肥系统的核心部件，依据其独特的内部结构在喷嘴处产生的负压原理，达到对单元素液体肥料吸取的效果。本课题试验中所选用的文丘里管施肥器实物如图5-9所示，进出口均采用易于检查维修和安装的螺纹连接的方式，具有检查维修和安装方便的特点。且该设备材料为有机玻璃，设备本身透明，且具有较好的化学稳定性、力学性能和耐腐蚀性，外观优美等优点。

依据整机结构设计构架及结构设计中每个文丘里管施肥器的工作参数，通过市场上设备型号及厂家的对比分析，在综合考虑功能及性价比的前提下选用SSQ-200有机玻璃文丘里管施肥器，进出口内螺纹连接DN20（3/4）、吸肥口外螺纹DN15（1/2）、过水量$2.5m^3/h$，各项规格参数均能与整机结构设计实现吻合。施肥机样机搭建过程中，通过对三个文丘里管施肥器的并联设计安装，运行过程中可实现对三种不同类型单元素液体肥料吸取的效果。

4. 吸肥通道逆止阀

逆止阀又被称之为止回阀，是一种用于防止液体在流动中发生倒流的阀门器件。此阀可有效防止运行过程中系统意外停止运行时水肥混合液倒流到吸肥通道中，保证了单元素液体肥料的浓度。止回阀如图5-10所示。逆止阀阀体采用独特的弧面导流设计，减小了阻力，阀体材质为UPVC，尺寸规格为DN15，且采用易于安装拆卸的活接头连接方式。

样机试验安装过程中，应该注意将止回阀阀体上的箭头方向与吸肥通道中单元素液体肥料的流动方向保持一致，保证止回阀的正常工作性能，确保在整机运行中的止流工作特效。

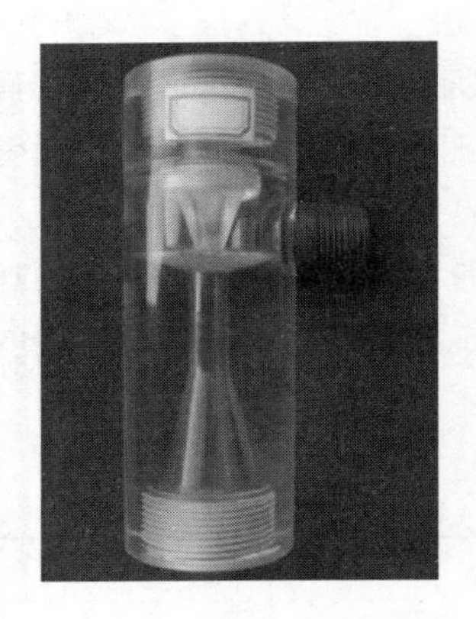

图5-9 文丘里管施肥器实物图

图5-10 止回阀

5. 流量调节阀

手动流量调节阀是一种可以直接调节流量的控制装置，运行过程中可根据实际需求来设定流量。在吸肥通道的设计中，手动流量调节阀可实现对各通道吸肥流量调节，并通过浮子流量计来实现所调节流量数值的显示。

样机试验设计中流量调节阀选用UPVC隔膜阀，安装中采用活接头的连接方式与其他设备进行连接，此隔膜阀阀体具有良好的密封性和耐腐蚀性，且不会发生流体介质外漏的现象。阀体整体重量较轻、有较强的腐蚀性。手动旋转圆形手柄可实现对吸肥流量的调节，尺寸规格为DN15，流量调节阀的实物图如图5-11所示。

6. 浮子流量计

基于流量调节阀对吸肥通道吸肥流量的调节，流量计达到一种对调节流量直观显示的效果，用来显示吸肥通道所调节的施肥量。通过浮子流量计对各吸肥通道吸肥量进行显示，以便于控制系统对三通道定量定比吸肥的有效设定。浮子流量计实物图如图5-12所示。

图5-11 UPVC流量调节阀

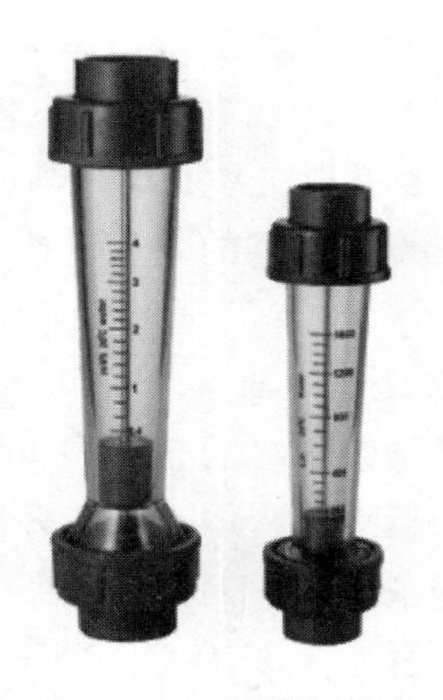

图5-12 浮子流量计

浮子流量计的使用，是通过液体流动时管内浮子所处的上下位置来显示流量大小的测量仪表。工作过程中，液体肥料从浮子流量计的底部输入，浮子在液体流动冲击力的作用下上浮，在浮子处于稳定位置时利用其外壳上的刻度读取流量的数值。综合考虑整机仿真分析中三通道的最大吸肥量与市场上浮子流量计的规格，试验中浮子流量计的量程选定为600L。

7. 支架结构搭建

对机架的选配在能够满足设备对支架稳定性要求的前提下，机架整体还应尽量减轻机身的重量。机身机架选用的是4040工业铝材，其具有重量轻、强度高、抗腐蚀等方面的优点。该铝材坚固又可靠，是工业铝型材应用最广泛的型材之一，可应用于应力和要求强度较大的场合。其四角采用圆角过度，表面经过阳极氧化处理，强度高并且外观美观。4040工业型铝材搭建的施肥机支架结构如图5-13所示。

8. 辅助部件的选择

异径三通管的使用实现了对注水端水源的分流及水肥混合液的汇流，是综合考虑施肥机主管道、吸肥系统规格尺寸后选用的。

施肥机配套管件是实现各部件有效连接，保证整机连续稳定运行的有力保障，在选配中应满足以下要求：

(1) 具有足够的强度要求，可以承受运行中各种内外载荷。

(2) 具有良好的水密性以保证管道有效地工作，避免泄露现象的发生。

(3) 具有良好的耐酸碱性材质以及安装、维护的方便性。

(4) 管道内壁应光滑以减小水头损失等性能要求。

综合考虑市面上现有的管材以及市场上推广应用的施肥机管材，选用UPVC管（硬聚氯乙烯塑料管）作为施肥机的配套管材。其具有良好的耐腐蚀性、水密性良好、易于安装粘接、价格成本低及自重轻等优点，同时也存在脆性大等不足之处。由于施肥机在运行过程中部件之间不存在强冲击作用，故UPVC管可满足设计要求。管材执行标准GB/T 10002.2-2006，UPVC管实物如图5-14所示。基于整机结构设计要求选用的UPVC规格为：DN15、DN20、DN40。

图5-13　4040工业型铝材支架结构搭建

图5-14　UPVC管

5.5.2.2 控制系统

PLC作为三通道旁路吸肥式自动施肥机的控制核心，主要实现对输入信号的处理、逻辑运算及对应运算结果的输出。人机界面的触摸屏与上机位主要负责显示、参数设定及控制操作等方面的任务。

三通道旁路吸肥式自动施肥机结构中有EC、PH传感器两个模拟量输入，用于检测施肥机运行中主管道回路中动态的电导率和pH值。数字量输入有三个单元素液肥罐的液位、施肥机配套离心泵的状态等，控制系统数字量输出通过中间继电器控制三条吸肥通道装配电磁阀的通断、施肥机配套离心泵的开启。施肥机控制如图5-15所示。

控制系统硬件采用西门子PLC，通过逻辑程序控制各个执行机构，实现水肥一体化施肥功能。控制系统选用西门子微型S7-200系列，具有体积小、成本低等优点，且能够满足本系统设计要求。EC/PH传感器采集到的数据，需借助A/D模块转变成PLC数字信号，此处选择西门子EM231。执行元件为DN15 24V电磁阀，接收经单片机D/A转换后的电压信号。

为了实现施肥机同等时间段内三通道的定量定比吸肥功能，运用西门子PLC S7-200的STEP7-Micro/WIN软件进行编程；对施肥灌溉时间段采用脉冲的方式进行分配；运用组态网对通信参数进行相匹配的设定。施肥机在工作过程中，通过上位控制计算机对施肥执行机构电磁阀进行间接控制，运用浮子流量计对各通道对单元素液肥的吸肥流量进行显示，通过电磁阀开启时间确定各通道的吸肥量，进而实现各通道自动定量施肥。

5.5.2.3 样机试制

基于整机结构设计及整机部件的选型，组装一台三通道旁路吸肥式自动施肥机，各通道管径规格建模时保持一致。于2018年10月1日在贵州大学机械工程学院217实验室完成了样机的试制工作，并于2018年10月28日开展样机安装与试验条件的准备工作。综合考虑仿真分析各吸肥通道吸肥量，选择浮子流量计量程600L/h，并安装到与其相匹配的灌溉系统中，三通道旁路吸肥式自动施肥机样机如图5-16所示。

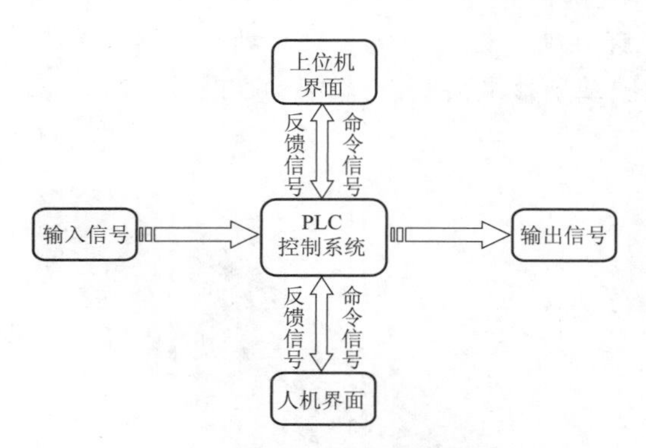

图5-15 施肥机控制图

图5-16 三通道旁路吸肥式自动施肥机样机

5.5.3 样机试验条件

各项试验准备工作的充分布置是进行样机性能试验的基础，试验准备主要包括进行试验的场地、样机制作、调试设备及试验时所必需工具等准备工作。在各项准备工作做完后方可进行样机的性能试验。试验中，灌溉系统的水源压力保持为0.45MPa。此次试验主要围绕用于水肥一体化灌溉的三通道旁路吸肥式自动施肥机的工作性能展开，实验前需要做实验场地有压水源及灌溉管网铺设的准备工作，田间灌溉管网如图 5 - 17 所示。

由于液体肥料在剩余存储状态或静止一段时间段后会出现沉淀问题，试验中将三种液肥的施肥罐分别安装了配套的搅拌装置，三种液肥存储罐及配套的搅拌装置如图 5 - 18 所示。

图 5 - 17　田间灌溉管网

图 5 - 18　三种液肥存储罐及配套的搅拌装置

样机试验时，需要做一些必要的准备工作。首先要检查样机的各部件是否完整，有无漏装的管道部件；其次还需在样机启动初始阶段进行关键检查——是否存在泄露现象，及时做好完善工作。试验时需携带好管夹、生料带、UPVC 管黏胶及纸笔等辅助工具，并在性能试验过程中做好对各吸肥通道吸肥量测量数据的记录。

5.6　样机性能试验及结果分析

经过一系列前期的准备工作，于 2019 年 3 月 24 日在贵州大学机械工程学院水肥一体化试验基地进行工作性能试验，样机性能试验的项目主要包括：整机运行稳定性和连续性、吸肥通道最大吸肥量、三通道吸肥量均匀性、控制系统对电磁阀的控制、试验数据与仿真数据吻合程度等。

三通道旁路吸肥式自动施肥机样机试制完毕，检验部件安装合格后即可展开样机的试验。试验时，按照设计的“后进前出”安装模式将样机连接到预先安装好的灌溉系统主管道上，并将三吸肥通道入口分别连通三个单元素液肥储存筒。三通道旁路吸肥式自动施肥机试验样机如图 5 - 19 所示。样机“后进前出”安装模式如图 5 - 20 所示。

试验中，三通道旁路吸肥式自动施肥机在“后进前出”安装模式下，通过控制施肥机的启闭实现作物的纯水源灌溉与水肥一体化灌溉。在施肥机启动模式下，三条吸肥通道均能实现对单元素液肥料连续稳定的吸取工作，并具有一定的压力将水肥混合液借助预先铺设的作物灌溉管网送达作物灌区；在施肥机关闭模式下，无需启动离心泵便可对作物进行纯水源灌溉，达到了节省资源的效果。

图 5-19 三通道旁路吸肥式自动施肥机样机

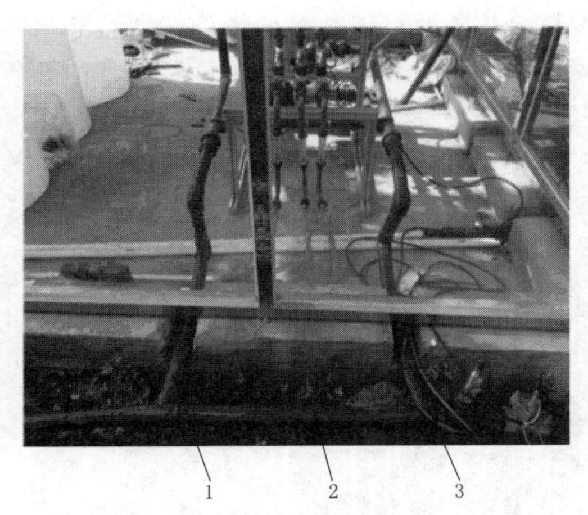

图 5-20 样机“后进前出”安装模式

1—施肥机进口；2—主管道；3—施肥机出口

在对所设计的“后进前出”安装模式安装完毕后，下面对施肥机运行中各通道的最大吸肥量、定量吸肥性能及样机运行稳定连续性进行试验测试。图 5-21 为施肥机管理系统的初始人机界面显示。

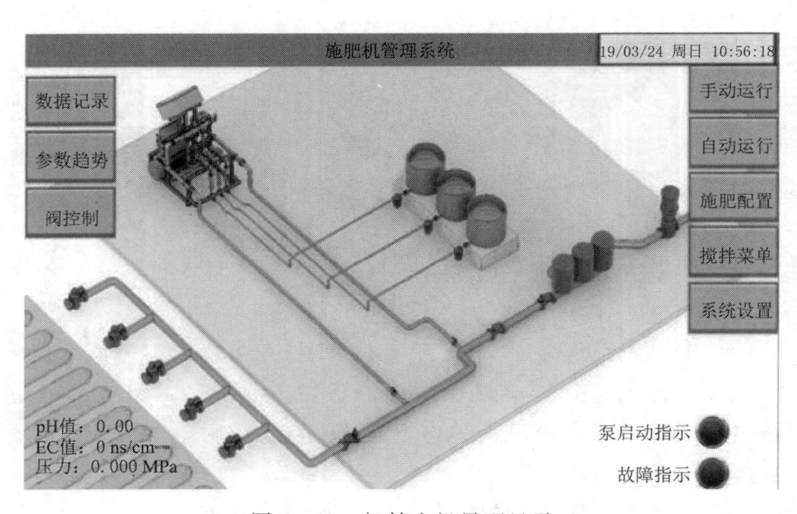

图 5-21 初始人机界面显示

5.6.1 最大吸肥量试验

三通道最大吸肥量是验证试制样机性能的重要参数，通过试验中得到的最大吸肥量数据，可对整机进行性能参数的标定界限及控制系统的定量吸肥参数设定。

在对样机的三吸肥通道的最大吸肥量试验中，首先开启总电源和离心泵按钮启动施肥机，并将三吸肥通道上安装的流量调节阀调至全开状态、将电磁阀设定为短期常开状态。采用流量计进行三通道吸肥流量的测定，并记录吸肥流量数据，重复测量 4 次，取其平均值作为最大吸肥量的最终结果。图 5-22 为作物灌区喷灌效果图，图 5-23 涡轮流量计。

图 5-22　作物灌区喷灌效果图

图 5-23　涡轮流量计

为了更好地分析所设计的三通道旁路吸肥式自动施肥机的工作特性，现对仿真分析所获数据与试验数据进行综合分析，现将各吸肥通道最大吸肥量仿真分析与试验测试数据进行统计。见表 5-3。

表 5-3　最大吸肥量数据统计表

通　道	仿真数据/（L/h）	试验数据/（L/h）	误　差
甲吸肥通道	581	573	1.37%
乙吸肥通道	590	583	1.18%
丙吸肥通道	597	591	1.01%

分析表 5-3 可知两组数据的吻合程度较高，验证了模型流体仿真分析的准确性。为进一步测验样机的工作特性，现对三条吸肥通道在不同开启状态下的吸肥量进行试验测量。吸肥通道三种开启状态：单独开启甲通道、同时开启甲和乙两通道、同时开启甲乙丙三通道，试验测得吸肥量统计数据，见表 5-4。

表 5-4　三种开启状态吸肥量数据统计表

通道开启类型	甲吸肥量/（L/h）	乙吸肥量/（L/h）	丙吸肥量/（L/h）
甲	626		
甲、乙	603	605	
甲、乙、丙	573	583	591

5.6.2　定量吸肥试验

定量吸肥功能的实现，是基于控制系统不同脉冲宽度对电磁阀的通段控制。现通过测试模式，分别设定 1S、1.5S、2S、2.5S、3S、3.5S、4S、4.5S、5S、5.5S、6S、6.5S、7S 的脉冲宽度，运用智能涡轮流量计对不同脉冲宽度下的吸肥量展开测量。试验测试中通过多次测量取平均值的方法来取不同脉冲宽度下的吸肥量。测试界面如图 5 - 24 所示，测试数据见表 5 - 5。

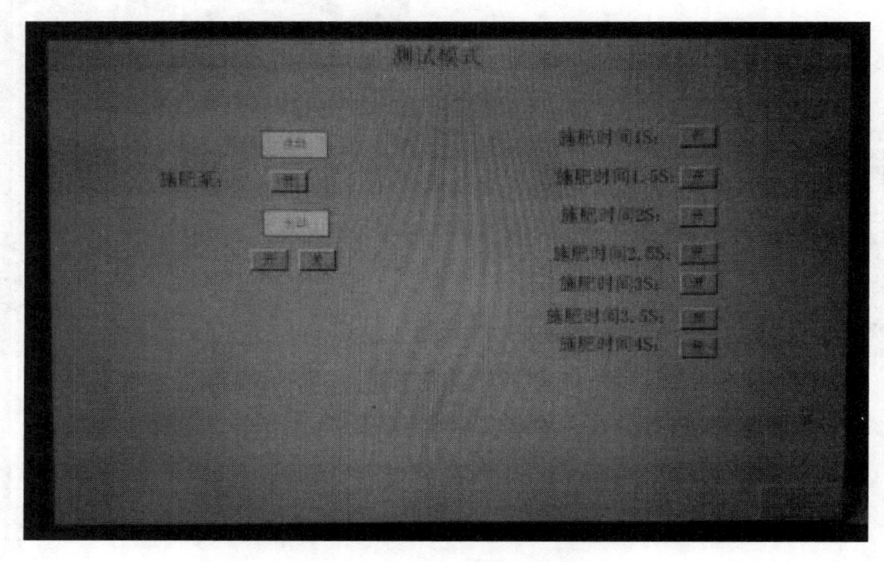

图 5 - 24　测试界面

表 5 - 5　　定量吸肥测试数据

脉冲宽度/s	第一次测试数据/L	第二次测试数据/L	第三次测试数据/L	第四次测试数据/L	数据均值/L
1	0.95	0.10	0.10	0.15	0.10
1.5	0.16	0.15	0.15	0.17	0.16
2	0.22	0.26	0.25	0.27	0.25
2.5	0.33	0.30	0.31	0.38	0.33
3	0.48	0.44	0.43	0.45	0.45
3.5	0.49	0.53	0.51	0.48	0.50
4	0.64	0.65	0.59	0.60	0.62
4.5	0.71	0.68	0.70	0.71	0.70
5	0.80	0.83	0.79	0.82	0.81
5.5	0.90	0.89	0.89	0.88	0.89
6	0.99	0.95	0.98	0.96	0.97
6.5	1.06	1.04	1.06	1.08	1.06
7	1.10	1.12	1.16	1.18	1.14

根据表 5 - 5 统计的定量吸肥测试数据，运用 MATLAB 进行脉冲宽度与吸肥量的数值拟合，拟合曲线如图 5 - 25 所示。由图 5 - 25 可得，当脉冲宽度变大时，吸肥量呈现逐渐增大并趋于稳态的态势。在脉冲宽度处于 5.5s 时，吸肥量达到最大值且开始趋于稳态。

设脉冲宽度为 t，相应的吸肥流量为 Q，通过数值拟合得

$$Q = -0.1195\,e^{-0.5073t} + 0.1683 \quad (5-1)$$

其中，关系式模型拟合系数 R 为 0.9717。通过式（5-1），可以较优地计算出不同脉冲宽度下的吸肥量，为控制系统中的定量吸肥设定提供了理论基础。

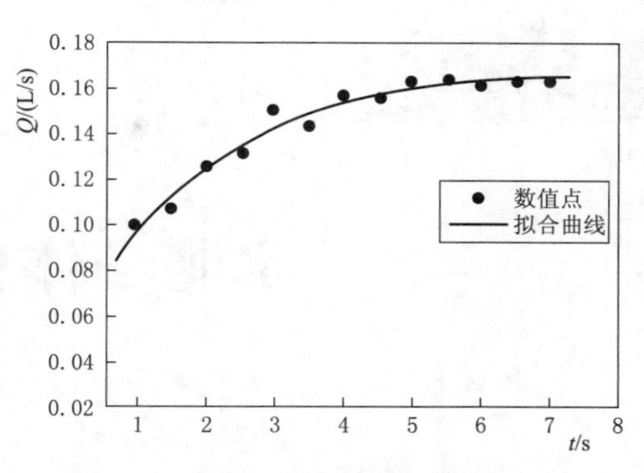

图 5-25 脉冲宽度与吸肥量拟合曲线

5.6.3 运行稳定性试验

检验样机运行的稳定性是样机投入生产运行的重要一步，在完成样机三通道最大吸肥量和定量吸肥测试试验后，进一步展开样机在长时间工作运行情况下的稳定性和连续性试验测试。在稳定性试验中，设定施肥机吸肥流量甲通道 100L、乙通道 300L、丙通道 500L，三通道装配的定量吸肥浮子流量计状态图如图 5-26 所示。

考虑到农作物进行水肥灌溉存在时间较长的情况，现对样机进行 6h 运行稳定连续性试验测试，观察整机部件运行中的稳定性和可靠性。试验中采用高精度椭圆齿轮液体流量计对三通道的实际吸肥量测量，三通道实际吸肥量数据统计图如图 5-27 所示。

图 5-26 定量吸肥浮子流量计状态图

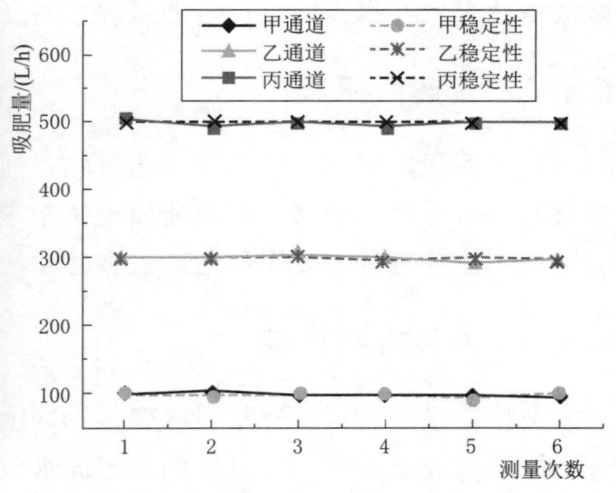

图 5-27 三通道吸肥量稳定性数据统计图

通过对施肥机运行 6h 中进行的 6 次吸肥通道吸肥量测量值统计，由图 5-27 的线性趋势图可以看出，三通道的吸肥量虽有波动但均保持在合理的范围内，充分说明施肥机的运行具有良好的稳定性。

5.7 本章小结

本章详细介绍了水肥一体化逻辑控制器的选择、传感器的选择、控制电路的设计、模糊控制在 PLC 中的应用、样机研制与性能试验研究等方面的内容。

第6章

水肥一体化计量装置

6.1　渠道流量监测方法

6.1.1　水位流量法

水位法是根据明渠的形状、水过流的大小，在明渠上建造一段测流堰槽，通过在线监测过堰水流的水位，然后再利用水力学公式计算出通过堰槽的流量。

水位法明渠流量计通常采用超声波或微波雷达水位计非接触式地测量水位；超声波或微波雷达采用的都是回波反射的原理来实现水位测量。

6.1.2　流速面积法

流速面积法则不需修建量水建筑物，通过测量过水断面面积（实际上过水断面面积是通过测量水位换算求得的）与断面流速来求得流量，精度高，且不受下游顶托水的影响。流速面积法流量计主要采用超声波多普勒法流量计。

6.1.3　两种方法比较

水位流量法是通过测量量水建筑物的上游（或上、下游）水位，并经过经验公式或实验曲线换算成流量来实现计量的。因此水位法流量计一方面需要修建量水建筑物且精度不高，当渠道沿程水头差较小时，量水建筑物会产生水头损失而影响渠道过水；另一方面当量水建筑物下游附近建有闸门等挡水建筑物时会在量水建筑物处形成淹没出流，此时测量精度会大幅下降。水位法一般应用于宽度比较小或流量比较小的渠道，渠道宽度超过1m时，量水建筑物造价会增加很多，而此时不做量水建筑物直接用渠道的水位流量经验关系曲线测流时精度会很低。

流速面积法则不需修建量水建筑物，精度高且不受下游顶托水的影响。流速面积法流量计主要有超声波时差法流量计与超声波多普勒法流量计。但由于超声波时差法流量计与超声波多普勒法流量计主要以国外产品为主，国内几乎没有同类产品，因此造价很高，一般在主要干渠及重要支渠上安装此类产品，斗口很难普及，一般均以水位法流量计（水位计＋量水建筑物）作为斗口计量的主要设备。

6.2 明渠流量监测应用

6.2.1 流速仪测流

6.2.1.1 渠道流速分布

明渠渠道由于是人为修建，其渠道大多是矩形或梯形等规则的几何形状，因此比较容易进行渠道内流速分布的分析。研究渠道中的流速分布主要是研究两个方面：一是流速沿水深的变化，即垂线上的流速分布；二是研究流速在横断面上的变化，即垂线流速的横向分布。研究渠道的流速分布对流速仪检测流量时渠道断面及垂线的选择有重要的意义。

1. 流速脉动

水体在明渠渠道中流动时，受到许多因素影响，如渠道断面形状、坡度、糙率、水深、弯道等，水流大多呈紊流状态。由水动力学知识可知，紊流中水质点的流速，其大小、方向都是随时间不断变化着的，这种现象称为流速脉动现象。研究流速脉动现象及流速分布的目的是为了掌握流速随时间和空间分布的规律，它对于进行流量测验具有重大的意义，因此必须合理布置测速点及控制测速历时等。水流中某一点的瞬时流速随时间不断变化着，但它的时段平均值是稳定的，这也是流速脉动的重要特性。流速脉动现象是由水流的紊动而引起的，紊动愈强烈，脉动也愈明显。通过水力学实验发现，流速水头有上下振动的现象，同时还发现河床粗糙则脉动增强，否则减小。

2. 渠道垂线的流速分布

对于各种类型的渠道垂线流速分布，许多学者经过实验研究导出一些经验、半经验性的流速分布模型，如抛物线模型、指数模型、双曲线模型、椭圆模型及对数模型等。这些模型在使用时都有一定的局限性，其结果多为近似值。对于矩形或梯形等规则的渠道，垂线的流速分布曲线与卡拉乌舍夫研究的椭圆流速分布曲线非常接近口，其公式为

$$V = V_0\sqrt{1 - PH^2} = \sqrt{P}V_0 \cdot \sqrt{\frac{1}{P} - h^2} \tag{6-1}$$

式中 V——渠道内某点流速，m/s；

h——由自水面向下起算的相对水深；

V_0——水面流速（即 $h=0$ 时），m/s；

P——流速分布参数，一般取 0.6。

3. 渠道断面的流速分布

断面的流速分布也受到断面形状、糙率、弯曲形式等因素的影响。可通过绘制等流速曲线的方法来研究横断面流速分布的规律，图 6-1 所示为一规则的矩形明渠渠道断面流速分布图。

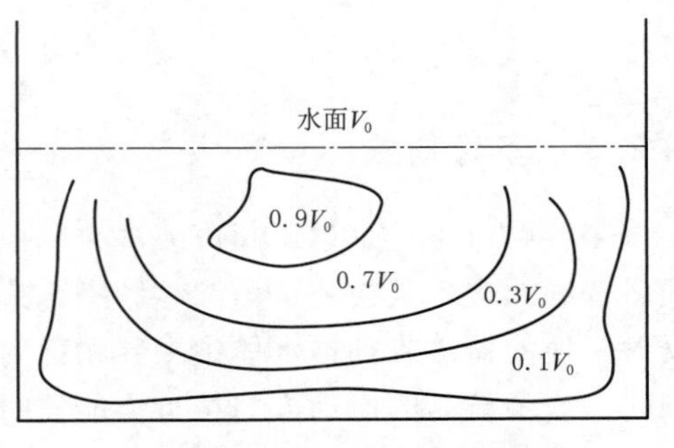

图 6-1 渠道断面流速分布图

在用流速仪进行测流时，假设将断面流量垂直切割成许多平行的小块，每一块称为一个

部分流量，将部分流量累加获得整个断面的流量大小。研究断面流速的分布形式有利于在断面上进行垂线的选择。

6.2.1.2 流速仪测流方案

1. 测速垂线选择方案

在断面上布设测速垂线的多少，取决于所测流量的准确度，此外还应考虑节省人力和时间，合理的测速垂线数目应能充分反映横断面流速分布。考虑到明渠流量中渠道一般具有规则性（矩形或梯形），除去侧边的两条垂线应尽量靠边以减少波度系数带来的测量误差外，其他垂线之间的距离应均匀分布。断面上垂线选择方案见表6-1。

表6-1 断面上垂线选择方案

水面宽度/m	<1.5	1.5～3.0	3.0～5.0
垂线数目	3	5	8

2. 垂线上测点选择方案

垂线上测速点的数目多少，也应综合考虑准确度要求、节省人力与时间等因素。测速垂线上测速点数目的选择应根据水深而定。通过前述的流速分布理论以及相关的试验研究，确定垂线上点数选择见表6-2。

表6-2 垂线上点数选择

水深/m	0.4～0.6	0.6～1.0	1.0～3.0
测点数目	1	2，3	5
测点位置（相对水深）	0.6	2点：0.8、0.2； 3点：0.8、0.6、0.2	1.0、0.8、0.6、0.2、0.0

对应的测点方案，其垂线平均流速 V_m 的计算公式如下

5点法：
$$V_m=\frac{1}{10}(V_{0.0}+3V_{0.2}+3V_{0.6}+2V_{0.8}+V_{1.0}) \tag{6-2}$$

3点法：
$$V_m=\frac{1}{10}(V_{0.2}+V_{0.6}+V_{0.8}) \tag{6-3}$$

2点法：
$$V_m=\frac{1}{2}(V_{0.2}+V_{0.8}) \tag{6-4}$$

1点法：
$$V_m=V_{0.6} \tag{6-5}$$

6.2.2 多普勒法

多普勒流量计是运用超声波多普勒原理来测量的。多普勒法测量原理，是依据声波中的多普勒效应，其检测量为漂移频率。换能器发射某一固定频率的声波，由于颗粒物的漫反射，换能器接收到被水体中颗粒物散射回来的声波，假定颗粒物的运动速度与水的流速相同，当颗粒物的运动方向接近换能器时，换能器接收到的回波频率比发射波频率高；当颗粒物的运动方向背离换能器时，换能器接收到的回波频率比发射波频率低。如果静止介

质中的声速取为 C，那么声学多普勒频移，即发射声波频率与回波频率之差 f_r 可表示为

$$f_r = f_r \frac{C + V\cos\theta_1}{C - V\cos\theta_2} \tag{6-6}$$

式中 θ_1、θ_2——超声波发射方向、反射方向与水流流动方向的夹角；

V——流速。

当 $C \geqslant V$ 时，有

$$f_r = f_r\left[1 + \frac{V(\cos\theta_1 + \cos\theta_2)}{C}\right] \tag{6-7}$$

在 $\theta_1 = \theta_1 = \theta$ 时，则

$$f_r = f_t\left[1 + \frac{V(\cos\theta_1 + \cos\theta_2)}{C}\right] \tag{6-8}$$

即可得超声波收发频率之差 $\Delta f = \frac{2V\cos\theta}{C} f_t$，由此可知，多普勒频移与流速成正比。

多普勒流量计原理如图 6-2 所示。超声波多普勒法特性见表 6-3。

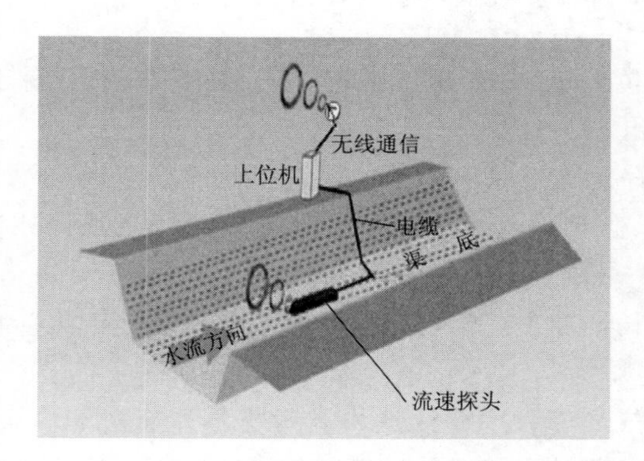

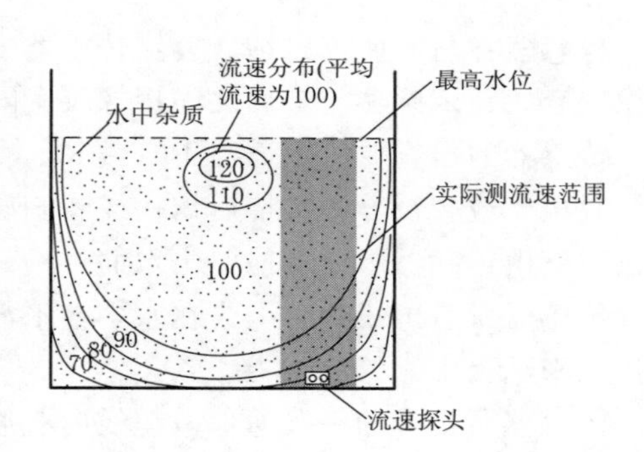

图 6-2 多普勒流量计原理

表 6-3 超声波多普勒法特性表

名称	水质要求	安装维护	价格	可靠性	测量精度		
					宽浅渠道（渠宽>5倍水深）	中等渠道（5倍水深≫渠宽≫水深）	窄渠道（渠宽<水深）
超声波多普勒法	浑水，水中需有杂质或气泡	易	中	中	一般	高	很高

1. 工作原理

超声波多普勒法流速仪有两个换能器：一个发射，一个接收。当换能器正对着水流方向，也就是在逆流测量的前提下，有

（1）水流静止情况下，接收到的频率跟发射频率一样。

（2）流速越快，接收装置接收到的频率越快，会高于发射的频率。

（3）流速越慢，接收装置接收到的频率越慢，但是会高于发射的频率。

当换能器在顺着水流方向测量的前提下，有：

（1）水流静止情况下，接收到的频率跟发射频率一样。

（2）流速越快，接收装置接收到的频率越快，但是会低于发射的频率。

（3）流速越慢，接收装置接收到的频率越慢，但是会低于发射的频率。

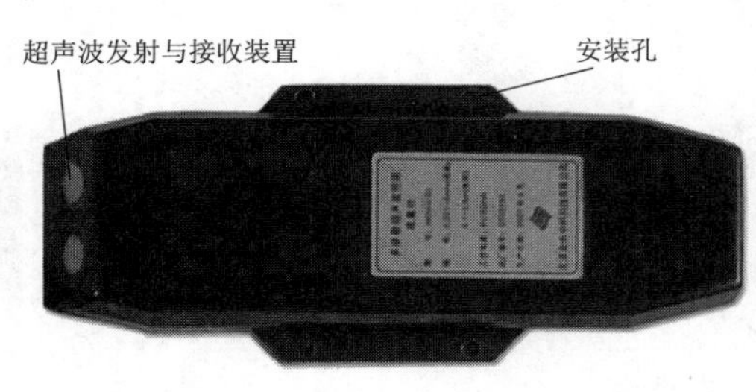

图 6－3　超声波多普勒法流速仪

根据上面的工作原理就可以通过硬件和软件计算出水流流速和水流方向。安装使用时必须要将超声波多普勒法流速仪正对着水流方向。超声波多普勒法流速仪如图 6－3 所示。

超声波多普勒法流速仪前端的两个圆形装置为超声波发射与接收装置，不得用硬物划伤或冲撞，在安装使用时才将其保护罩去掉；底部网状圆孔内置压力传感器，不得用细长硬物去接触，在安装使用时才将其保护贴膜揭掉；两翼的四个孔为安装孔，用 M6 不锈钢螺丝与底座固定。

2. 安装注意事项

传感器在与底座固定前，要在传感器上包上 2mm 厚的橡胶套，可以用汽车内胎来代替橡胶套，让传感器与金属之间用橡胶套隔开。

传感器的出线要用 PVC、PE、PR、镀锌管等来保护，避免水流长期冲击造成电缆开裂、脱出，或者被异物碰撞后划伤或者割破。在保护管的保护下，线缆沿着渠道底部或者渠道内壁由传感器下游方向引出水面。

传感器背后出线处，因为在水中被水流长期冲击，需要做保护管，然后固定起来。由保护管来承受水流的冲击力。

传感器所自带的一段通信电缆线内有通气导管，因此注意将其弯折不能超过 80°。当通信电缆线引出水面后，可接普通的电缆线，此时应使通气导管开口方向朝下，防止水及异物进入通气管，或者堵塞通气管。

连接传感器上的 485 或者 12V 直流电源的电缆，485 和 12V 直流的线缆必须分开用两根 2 芯屏蔽电缆连接。

供电只能用电池供电，或者太阳能供电。如果使用 220V 交流等市电供电，要用线性电源来转化为 12V 直流电，不能使用开关电源。

对于流速＞1.0m/s 的现场，安装支架强度要加强到现有支架强度的 3 倍以上，保证不会被激流冲走或者被激流冲坏支架。并且要在水平方向上做斜撑，以支撑传感器不会被水流冲击造成移动、抖动、飘移。

在需要延长电缆的情况下，导气电缆要保证不会进水，不会折弯，不会被堵塞，同时要考虑天气湿度大、气温低凝露等情况。12V 直流供电电缆可以延长到 200m，要使用 0.75mm^2 的两芯电缆。485 输出的电缆可以延长到 200m，要使用 0.75mm^2 的两芯屏蔽电缆。

3. 安装精度

（1）调整安装位置。尽量选择具有标准断面的顺直渠道，满足前 10 后 5 的要求（既仪器上游顺直段有10倍渠宽，下游顺直段有5倍渠宽）。如果不满足这个要求，水的流态不会非常平稳，会产生测量结果偏大或偏小的情况，这时就需要进行修正，一般是乘以一个修正系数（该系数是通过现场率定产生的）或调整安装位置。

（2）提高安装精度。主要是检查流速探头的安装角度、位置等是否准确。如果安装角度发生偏差，则结果会有一个固定的误差系数，这时候为了提高测量精度就需要调整安装角度或乘以一个修正系数。

（3）数据处理方法。主要是指在实际测量过程中会有各种干扰（如正在测量时有鱼在流速探头附近游过），使个别数据不准或完全失真，如果测量的时间间隔较大，则这些失真数据会对测量结果产生较大影响，因此需要增加测量时间间隔密度或对失真数据进行删除或平滑处理。超声波多普勒法流速仪安装图如图6-4所示。

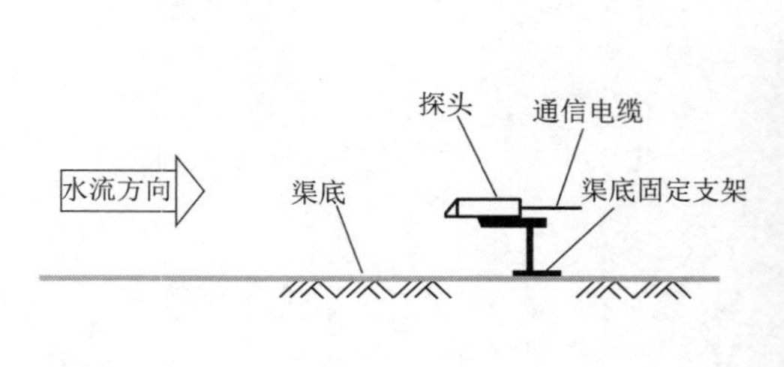

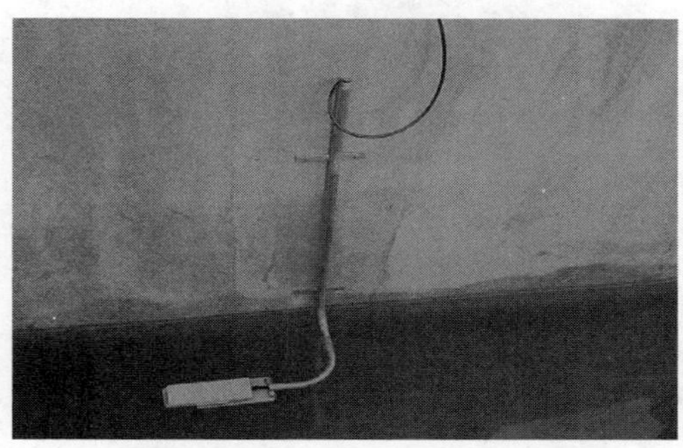

图6-4 超声波多普勒法流速仪安装图

6.2.3 超声波时差法

超声换能器发射出的超声脉冲，通过传播媒质传播到被测液面，经反射后再通过传声媒质返回到接收换能器，测出超声脉冲从发射到接收在传声媒质中传播的时间。再根据传声媒质中的声速，就可以算得从换能器到液面的距离，从而确定液位。可计算出探头到反射面的距离，其公式为

$$D=C\cdot\frac{t}{2} \tag{6-9}$$

式中 D——距离；

C——声速；

t——时间。

除以 2 是因为声波从发射到接收实际是一个来回，再通过减法运算就可得出液位值。

实物原理图如图 6-5 所示。

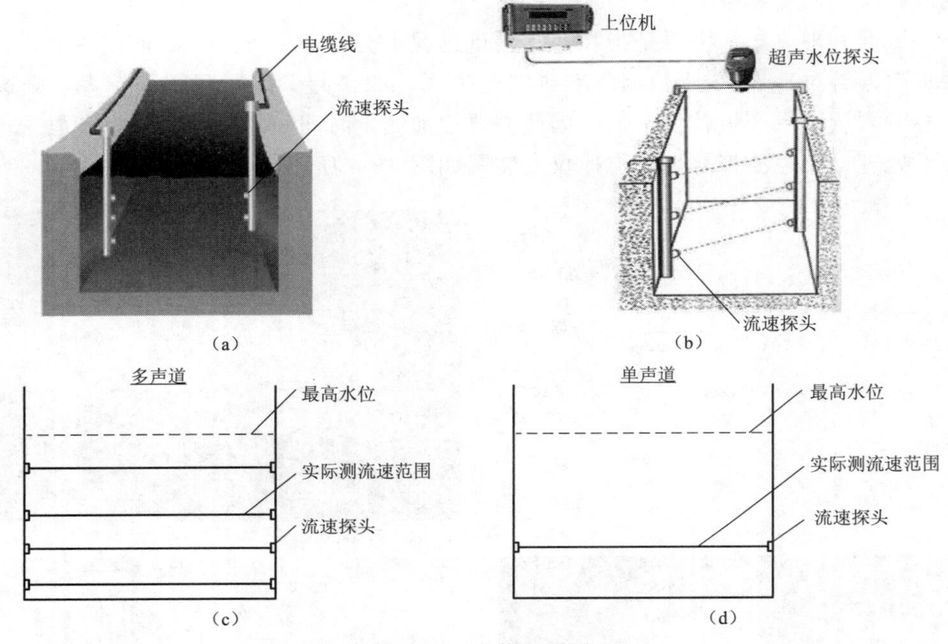

(a) (b) (c) (d)

图 6-5 实物原理图

断面的平均流速为

$$\overline{v}=\frac{v_1\cdot A_1+v_2\cdot A_2+v_i\cdot A_i+\cdots+v_n\cdot A_n}{A} \tag{6-10}$$

式中 v_i——第 i 个流速探头测量的平均线流速；

A_i——第 i 个分割面积。

测流原理图如图 6-6 所示。

安装实物图如图 6-7 所示。

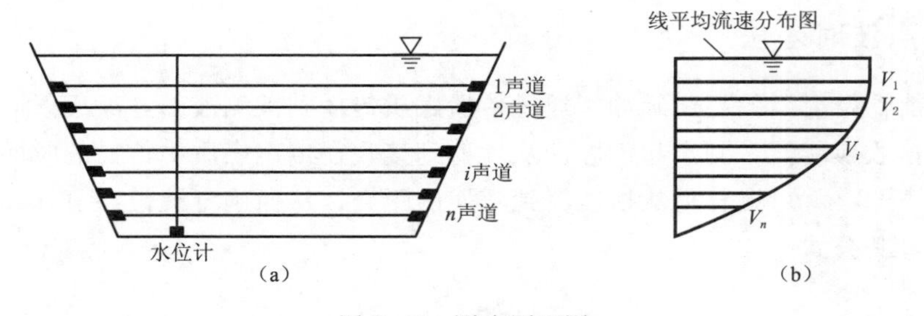

(a) (b)

图 6-6 测流原理图

图 6-7 安装实物图

6.2.4 雷达式

6.2.4.1 操作原理

雷达流速仪可以进行周期、触发、手动触发模式的流速检测。该仪器基于多普勒效应原理：当雷达波发射源与目标相对静止时，则接收频率和发射频率相等，即

$$f_{接收}=f_0=\frac{c_0}{\lambda} \tag{6-11}$$

当发射波源位置固定，移动目标相对发射波源以速度 v 向波源方向运动时，雷达波对于移动目标来说，速度增大为 c_0+v，单位时间内到达移动目标的雷达波的波长个数即接收频率为

$$f'_{接收}=\frac{c_0+v}{\lambda} \tag{6-12}$$

多普勒频移为

$$f_D=f'_{接收}-f_0 \tag{6-13}$$

移动目标的运动速度为

$$v=f_D\cdot\lambda=\frac{f_D}{f_0}\cdot c_0 \tag{6-14}$$

值为正值时表示速度与发射波同向，负号则反向；移动目标的速度与频移成正比，则有

$$v=\left(\frac{f'_{接收}}{f_0}-1\right)\cdot c \tag{6-15}$$

在对河流水面进行测速时，雷达向水面发射微波，遇到水面波浪、水泡、漂浮物（被测移动目标物）后，微波将被吸收、反射，反射波的一部分被探头接收，转换成电信号，由测量电路处理并测出多普勒频移，再根据上述原理即可计算出水体的流速。由于雷达波发射方向和水流的方向通常会有一定的角度，同时发射接收需要距离往返，故需要对上述结果进行修正，修正后的实际水流速度为

$$v=\frac{1}{2}\left(\frac{f'_{接收}}{f_0}-1\right)\cdot c_0/\cos\alpha \tag{6-16}$$

式中 α——雷达波垂直方向和水平方向的夹角。

6.2.4.2 产品安装

现场安装可借助于桥梁、支架等现有的建筑基础，但必须保证流速仪雷达波发射方向与水流方向平行，流速仪发射波与水面呈小于60°的夹角。可调节范围为30°～60°，如现场风速大、距离远，建议调整为30°，出厂默认调节为45°角，安装示意图如图6-8所示。

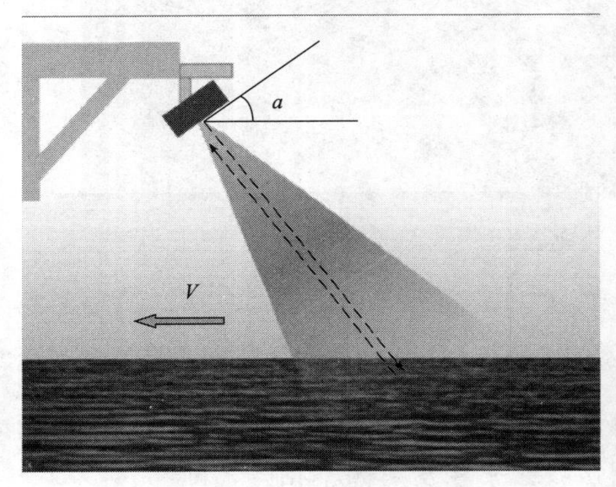

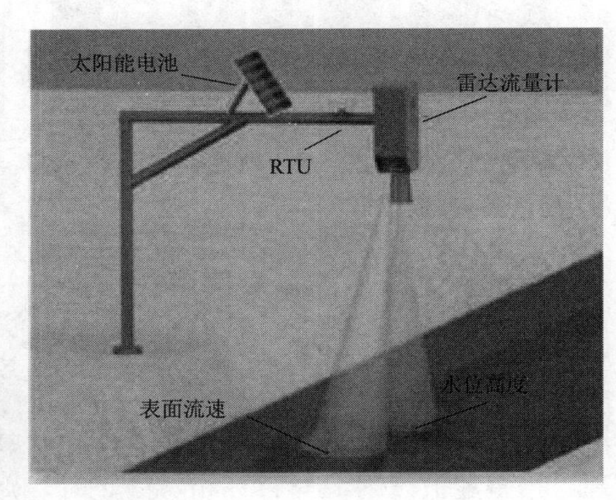

图6-8 安装示意图

红色线：电源正极输入；
黑色线：电源GND输入；
灰色线：RS485 _ A；
蓝色线：RS485 _ B；
通信接口：RS485；
波特率：可设置（默认9600）；
校验位：NONE；
数据位：8bit；
停止位：1；
通信协议：兼容标准的MODBUS-RTU通信协议。
5芯接口各引线功能说明见表6-4。

表6-4 5芯接口各引线功能说明

引　脚	说　明	引　脚	说　明
红色	DC12V 电源 输入	蓝色	485 B 输出
黑色	GND 电源地	屏蔽	接地线 屏蔽层
灰色	485 _ A 输出		

安装实物图如图6-9所示。

6.2.5 堰槽式

6.2.5.1 测流原理

流动顺畅的明渠内流量越大，液位越高；流量越小，液位越低（图6-10）。通过测量水位可以推算出流量。普通明渠内流量与水位之间的对应关系，受渠道的坡降比和表面的糙度影响。在渠道内安装量水堰槽，产生节流作用，使明渠内的流量与液位有固定的对应关系，这种对应关系主要取决于量水堰槽的构造尺寸，把渠道的影响尽可能减小。

常用的量水堰槽有直角三角堰、矩形堰和巴歇尔槽（图 6－11）。

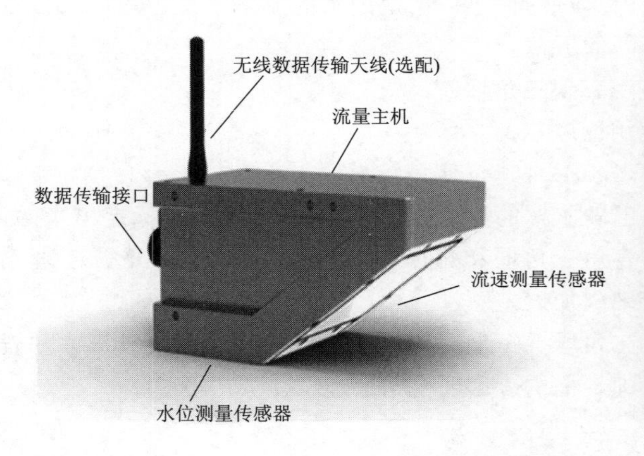

图 6－9　安装实物图

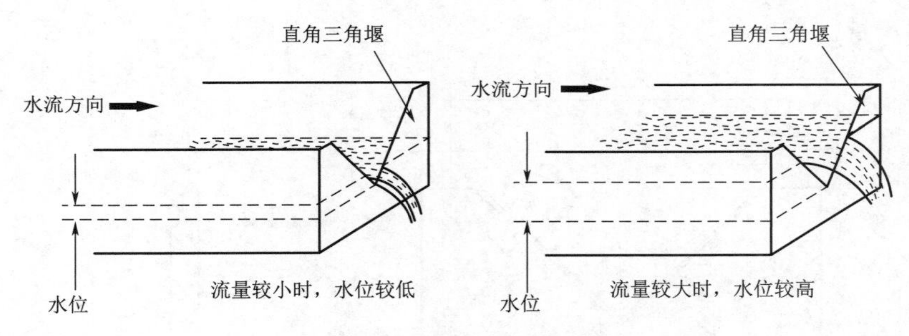

图 6－10　水位和流量关系

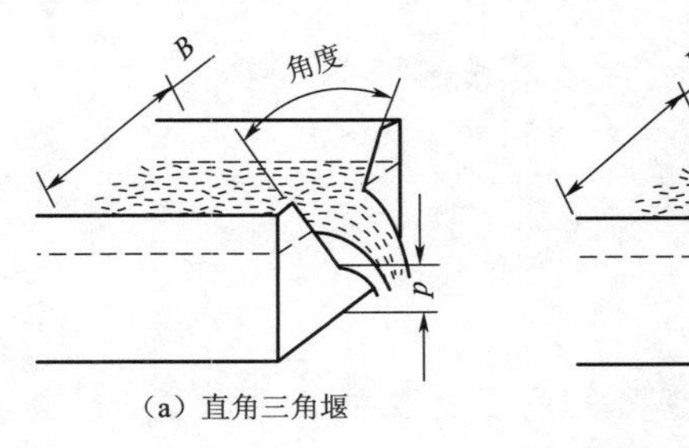

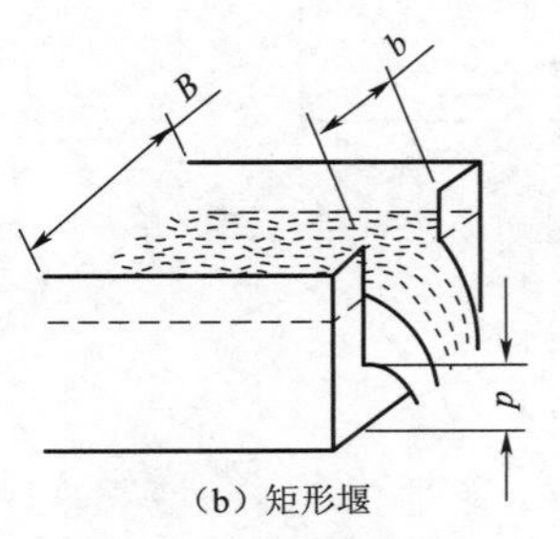

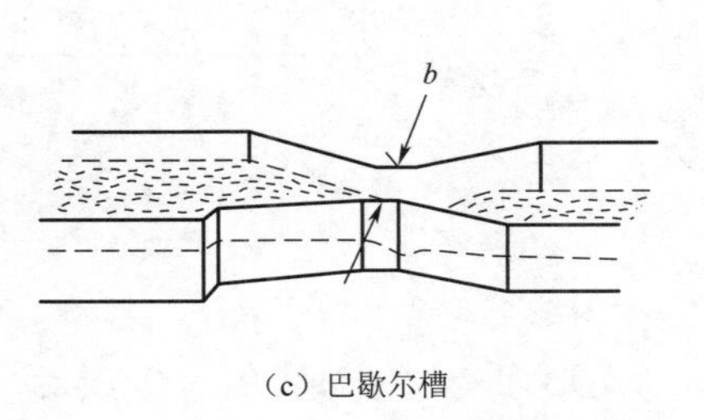

图 6－11　常用的量水堰槽

使用超声波明渠流量计，安装时必须知道配用量水堰槽的水位-流量对应关系。量水堰槽的水位-流量关系可以从国家计量检定规程《明渠堰槽流量计》（JJG 711—1990）中查到。对于巴歇尔槽，知道了喉道宽度 b，就可以用相应的公式算出水位-流量对应关系。

直角三角堰也是用相应的公式计算出水位-流量对应关系。

矩形堰也有相应的公式。但是还与安装的渠道尺寸有关，确定水位-流量关系时，矩形堰与渠道宽 B、开口宽 b、上游堰坎高度 p 有关。

6.2.5.2 量水堰槽选择

选择量水堰槽的种类，要考虑渠道内流量的大小、渠道内水的流态、是否能形成自由流。根据最大流量的不同，可以选择不同的堰槽。

(1) 最大流量小于 40L/s 的建议使用直角三角堰。

(2) 最大流量大于 40L/s 的建议使用巴歇尔槽。

(3) 上游渠道较短，最大流量又大于 40L/s 建议使用矩形堰。

条件允许时，最好选择巴歇尔槽。巴歇尔槽的水位-流量关系是由实验室标定出来的，而且对于上游行进渠槽条件要求较弱。直角三角堰和矩形堰的水位-流量关系来源于理论计算，容易由于忽略一些使用条件，带来附加误差。

可以使用玻璃钢制作量水堰或槽。三角堰、矩形堰堰口尺寸要准确，朝向进水一侧表面要光滑；巴歇尔槽喉道部分尺寸要准确，槽内表面要光滑。

1. 直角三角堰

图 6-12 是一种直角三角堰结构图。使用上述直角三角堰，可以在菜单“9 堰槽类型”→“1 直角三角堰”→“1 工作状态”项选择“开启”，仪表就可以根据水位自动算出水位对应的流量。

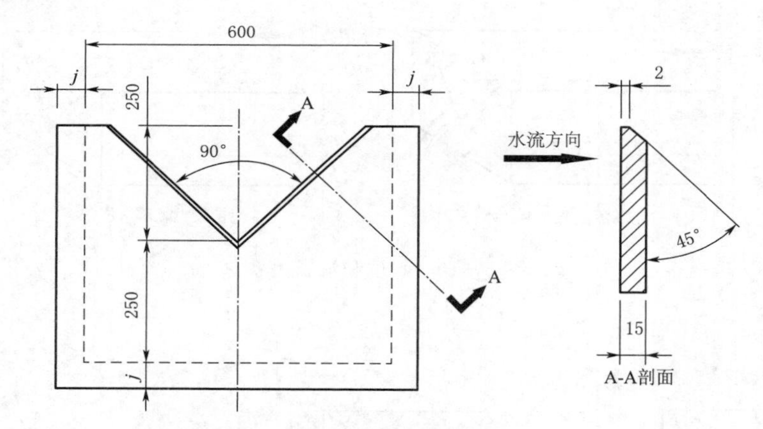

图 6-12 直角三角堰结构图（单位：mm）

j—侧部和底部嵌入渠道侧墙的部分，尺寸由安装现场情况决定

2. 矩形堰

矩形堰构造图如图 6-13 所示。矩形堰的水位-流量关系主要取决于堰口宽 b。也与上游渠道宽 B 和堰坎高 p 有关。可以在菜单“9 堰槽类型”→“2 矩形堰”→“1 工作状态”项选择“开启”，并且在“2 标准渠道”中选择“0.25m、0.50m、0.75m、1.00m、非标渠道”，仪表就可以根据水位自动算出水位对应的流量。

在实际现场，会有矩形堰堰口宽度超过 1.00m 的情况，这时就要使用非标的矩形堰来测量。本仪表已经具备这项功能，根据现场测量的非标准矩形堰 b、B、P 值输入，然后就可以测量了。三角堰、矩形堰示意图如图 6-14 所示。

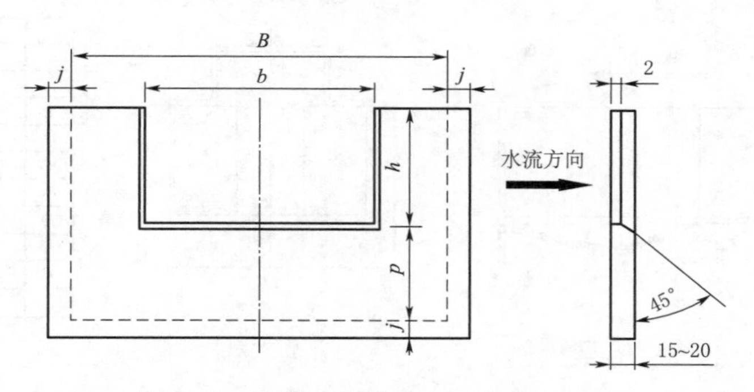

图 6-13 矩形堰的构造图（单位：mm）

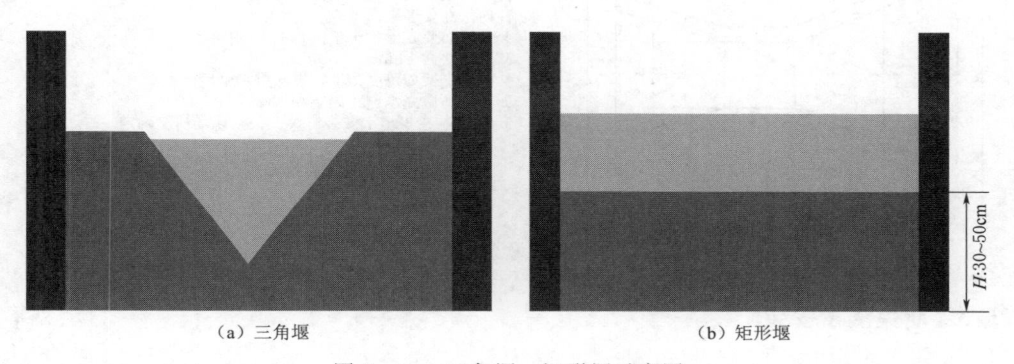

图 6-14 三角堰、矩形堰示意图

3. 梯形堰

使用梯形堰（图 6-15），可以在菜单“9 堰槽类型”→“3 梯形堰”→“1 工作状态”项选择“开启”，并且在“2 堰槛宽 B”中输入实际实际渠道的堰槛宽，仪表就可以根据水位自动算出水位对应的流量。梯形堰的安装跟矩形堰安装一样。

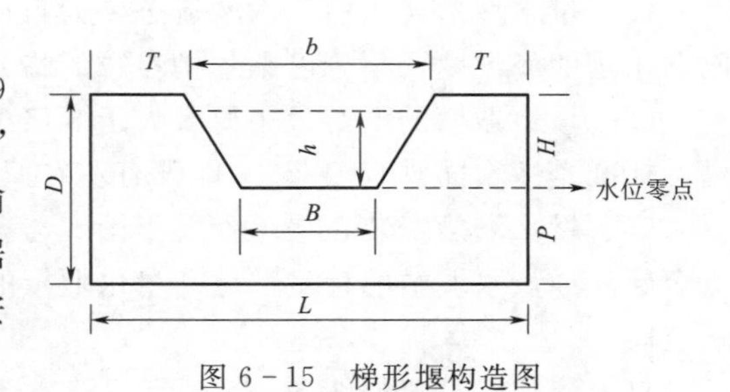

图 6-15 梯形堰构造图

4. 巴歇尔槽

巴歇尔槽构造如图 6-16 所示。巴歇尔槽的标示尺寸是喉道宽度 b。首先根据应用需要的最大流量，从附录中巴歇尔槽水位-流量公式表中查出合适的巴歇尔槽的喉道宽 b。再从巴歇尔槽构造尺寸表中查出对应喉道宽等于 b 的巴歇槽的其他尺寸。如 L_1、L_a、L、L_2 等。

巴歇尔槽水位-流量关系一般式形如 $Q=Cha^n$。

根据喉道宽 b，从附录中巴歇尔槽水位-流量公式表中查出修工系数 c 和指数 n，输入到菜单“9 堰槽类型”→“4 巴歇尔槽”→“2 修工系数 c”和“3 指数 n”，仪表就可以自动算出水位对应的流量值。

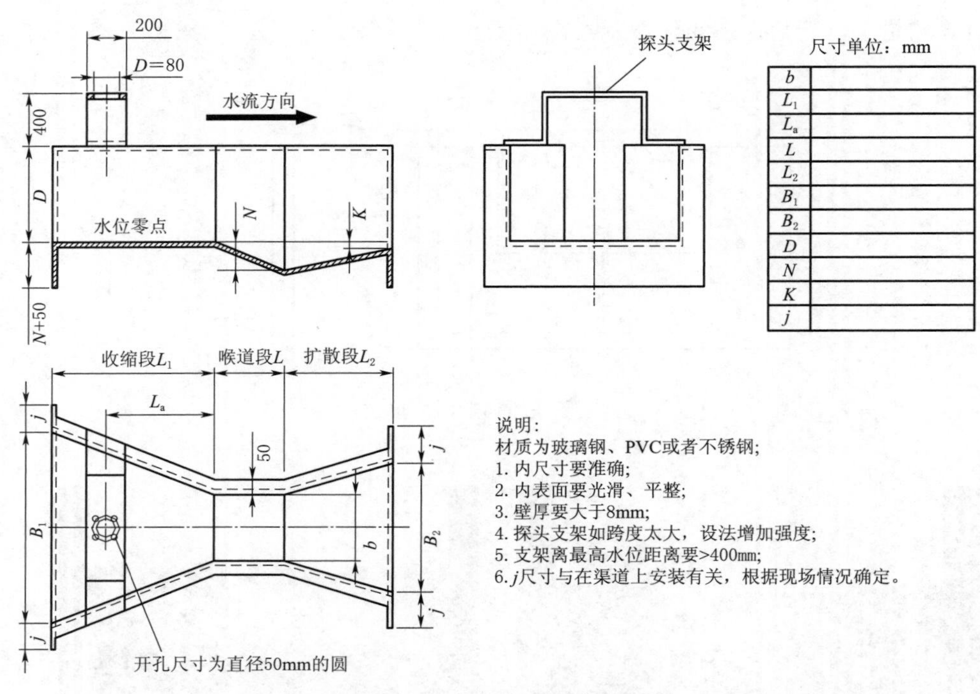

图 6-16 巴歇尔槽的构造图

6.2.5.3 明渠堰槽安装

1. 安装量水堰槽

(1) 量水堰槽的中心线要与渠道的中心线重合，使水流进入量水堰槽不出现偏流。

(2) 量水堰槽通水后，水的流态要为自由流。三角堰、矩形堰下游水位要低于堰坎，巴歇尔槽的淹没度要小于巴歇尔槽参数的临界淹没度。

(3) 量水堰槽的上游最小要有大于5倍渠道宽度的平直段，使水流能平稳进入量水堰槽，标准是“水面没有浪花”。即没有左右偏流，也没有渠道坡降形成的冲力。

(4) 量水堰槽安装在渠道上要牢固。与渠道侧壁、渠底连结要紧密，不能漏水。使水流全部流经量水堰槽的计量部位。量水堰板的计量部位是堰口；量水槽的计量部位是槽内喉道段。

自由流与淹没流如图6-17所示。

2. 超声波明渠流量计

超声波明渠流量计的探头可以直接安装在量水堰槽水位观测点的上方。探头发射面要对准水面，并且跟水面垂直。可以用水平尺放在探头上盖上，通过校正上盖水平使探头对准水面。巴歇尔槽水位观测点在距槽上游0.1～0.5m位置；三角堰、矩形堰在上游一侧，距堰板3～4倍最大过堰水深处。

(1) 三角堰安装。三角堰上探头安装位置如图6-18所示。直角三角堰水位零点如图6-19所示。三角堰安装在渠道上如图6-20所示。堰板要竖直，要安装在渠道的中轴线上。加工三角堰时，可以使顶角变成圆角，在确定水位等于零的位置时要注意，三角堰的水位零点应在三角堰侧边延长线的交点上。仪表的探头要安装在上游距离堰板0.5～1m

的位置。

（2）矩形堰安装。矩形堰测流如图 6-21 所示。矩形堰安装示意图如图 6-22 所示。堰板要竖直，要安装在渠道的中轴线上。仪表的探头安装在堰板上游 0.5～1m 的位置。

（3）巴歇尔槽安装。巴歇尔槽上探头安装位置如图 6-23 所示。巴歇尔槽模拟图如图 6-24 所示。巴歇尔槽安装图如图 6-25 所示。

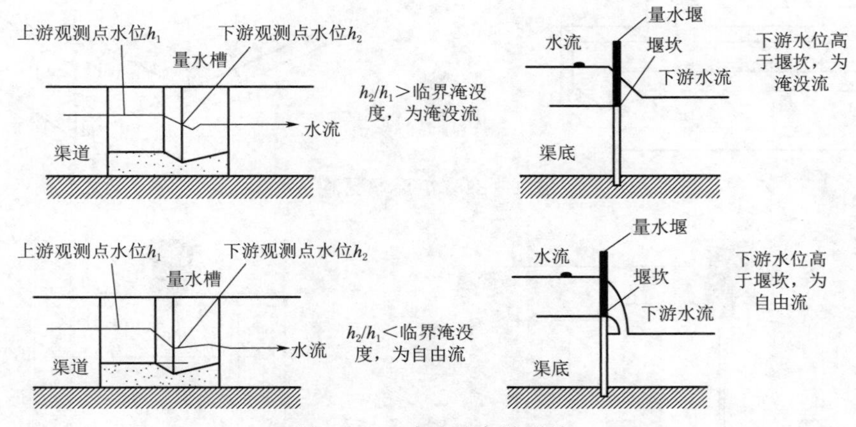

图 6-17　自由流与淹没流

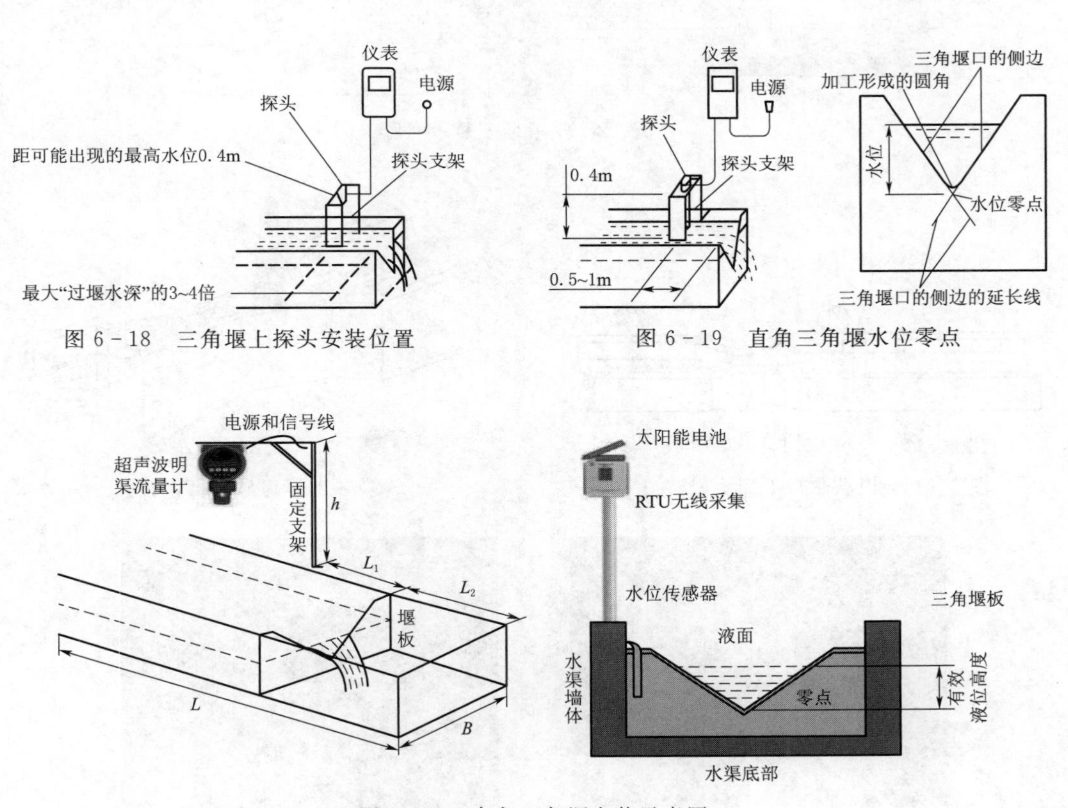

图 6-18　三角堰上探头安装位置

图 6-19　直角三角堰水位零点

图 6-20　直角三角堰安装示意图

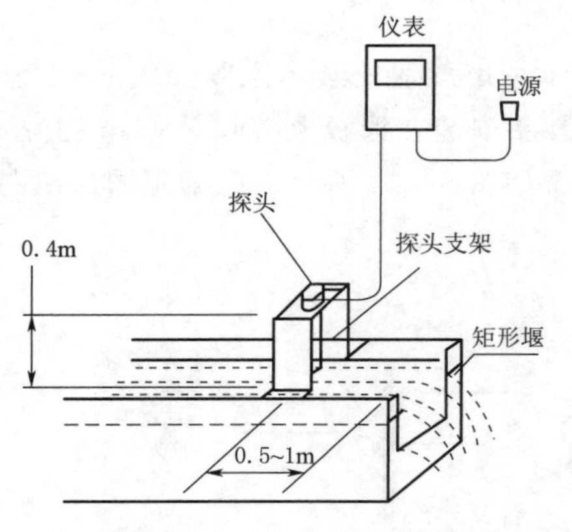

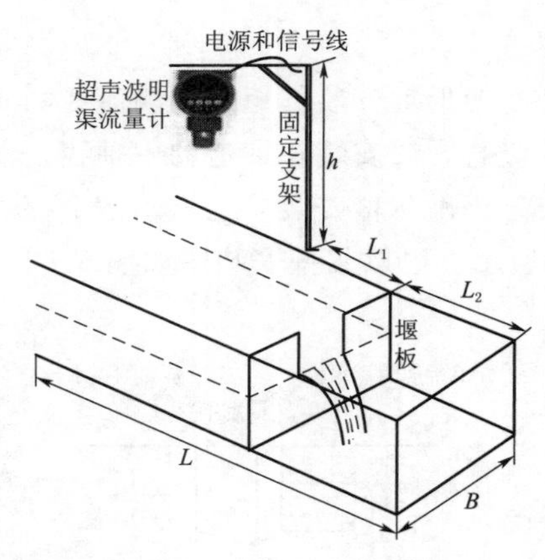

图 6-21 矩形堰测流

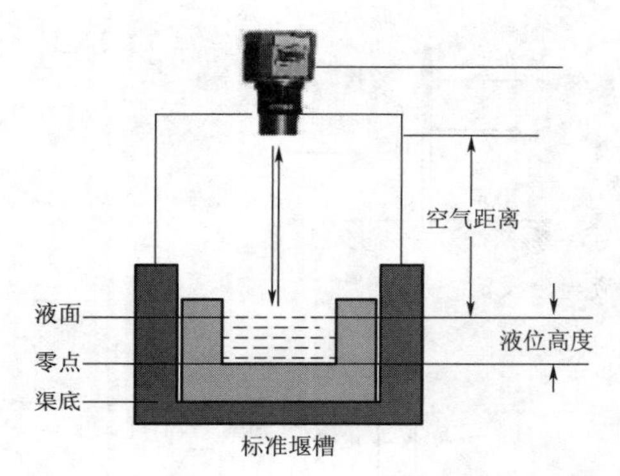

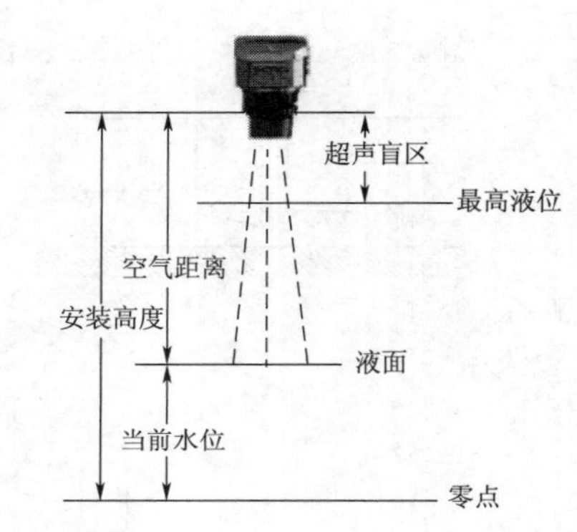

图 6-22 矩形堰安装示意图

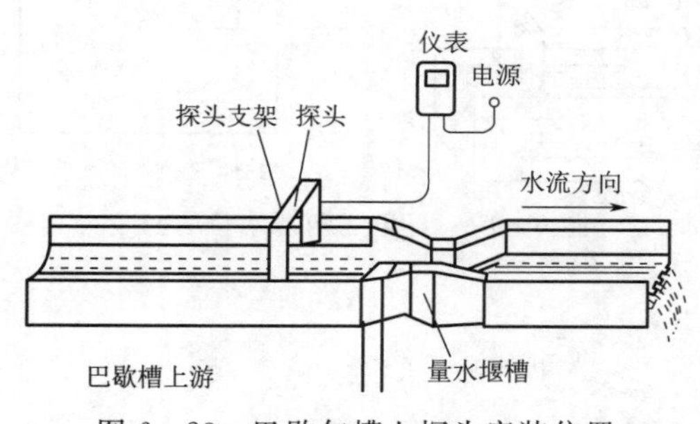

图 6-23 巴歇尔槽上探头安装位置

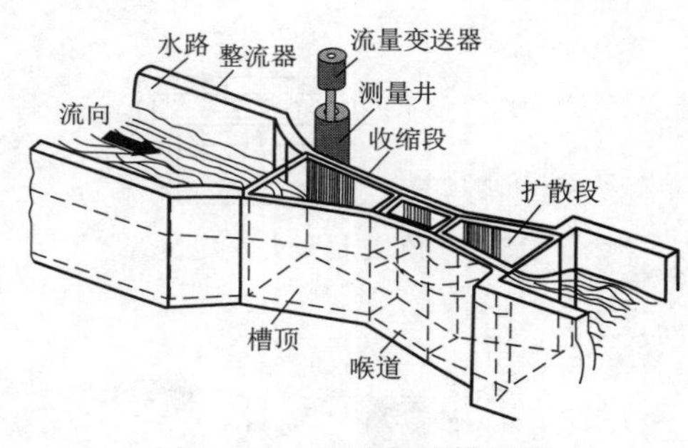

图 6-24 巴歇尔槽模拟图

图 6-25 巴歇尔槽安装图

6.3 管道流量监测方法

6.3.1 流量测量方法

管道流量计按照测流原理可以分为体积流量计、质量流量计，见表6-5。质量流量是指单位时间内通过的流体质量，用 q_m 表示，单位为kg/s。体积流量是指单位时间内通过的流体体积，用 q_v 表示，单位为 m^3/s。

质量流量和体积流量有下列关系：$q_m=\rho \cdot q_v$

表6-5 流量计的分类

类别		仪表名称
体积流量计	容积式流量计	椭圆齿轮、腰轮、皮模式流量计等
	压差式流量计	节流式、均速管、弯管、靶式、浮子流量计等
	速度式流量计	旋翼式、涡轮、涡街、电磁、超声波流量计
质量流量计	推导式流量计	体积流量经密度补偿或压力、温度补偿求质量
	直接式流量计	科里奥利、热式、冲量式流量计

6.3.2 管道流量监测工程应用

6.3.2.1 管道流量计选型

管道流量计选型时，必须从以下5个方面来考虑。

(1) 流量计的性能指标包括流量计的准确度、重复性、线性度、范围度、流量范围、信号输出特性、响应时间、压力损失等技术指标。

(2) 测量流体的特性包括流体的温度、压力、密度、黏度、化学腐蚀、磨蚀性、结垢、混相、相变、电导率、声速、导热系数、比热容、等熵指数。

(3) 流量计的安装条件主要包括管道布置方向、流动方向，检测件上下游侧直管段长度、管道口径，维修空间、电源、接地、辅助设备（过滤器、消气器)、安装情况等。

(4) 流量计的环境环境包括环境温度、湿度、电磁干扰、安全性、防爆、管道振动等。

(5) 经济因素包括流量计购置费、安装费、运行费、校验费、维修费、仪表使用寿命、备品备件等。

6.3.2.2 管道常用流量计

1. *旋翼式流量计*

旋翼式流量计的工作原理是：水流从表壳进水口切向冲击叶轮，使之旋转，然后通过齿轮减速机构连续记录叶轮的转数，从而记录流经水表的累积流量。旋翼式多流束水表的工作原理与单流束水表基本相同，它是通过叶轮盒的分配作用，将多束水流从叶轮盒的进水口切向冲击叶轮，使水流对叶轮的轴向冲击力得到平衡，减少了叶轮支承部分的磨损，并从结构上减少水表安装、结垢对水表误差的影响，总体性能明显高于单流束水表。水表的类型如图 6-26 所示。

(a) 旋翼式水表

(b) IC卡预付费智能水表

(c) 光电直读远传水表

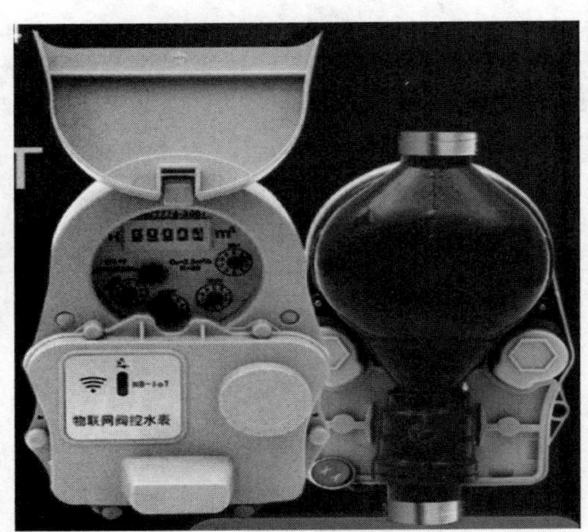

(d) 无线远传物联网水表

图 6-26　水表的类型

2. 电磁流量计

电磁流量计是根据法拉第电磁感应定律制成的一种测量导电液体体积流量的仪表。由于其独特的优点，目前被广泛地应用于酸、碱、盐等腐蚀性介质，易燃易爆介质，污水处理以及化工、医药、食品等工业中浆液流量的测量，并形成了独特的应用领域。电磁流量计如图 6-27 所示。

3. 超声波流量计

超声波流量计是通过检测流体流动对超声束（或超声脉冲）的作用以测量流量的仪表。超声波流量计的测量方法很多，有时间差法、频率差法、相位差法、多普勒法。时间差法、多普勒法是应用最多的测量原理。

超声波流量计和电磁流量计一样，因仪表流通通道未设置任何阻碍件，均属无阻碍流量计，适用于解决流量测量困难的问题，特别是在大口径流量测量方面有较突出的优点，是近年来发展迅速的流量计类型之一。

超声波流量计的特点是可做非接触式测量，为无流动阻挠测量，无压力损失，可测量非导电性液体，对无阻挠测量的电磁流量计是一种补充。时间差法超声波流量计是目前应用最广泛的，随着CPU、信号处理技术的发展，测量的准确度和可靠性有了很大的提高。尤其是时间测量技术的发展，时差分辨率提高了，解决了小口径、低流速测量难的问题。应用领域也从净水扩展到循环水、污水、重油、原油、成品油以及空气、天然气等多种介质。但有较多气泡或悬浮物的液体会阻碍声脉冲的正常传播，导致不能正常测量，因此超声波流量计更适于测量纯净液体。

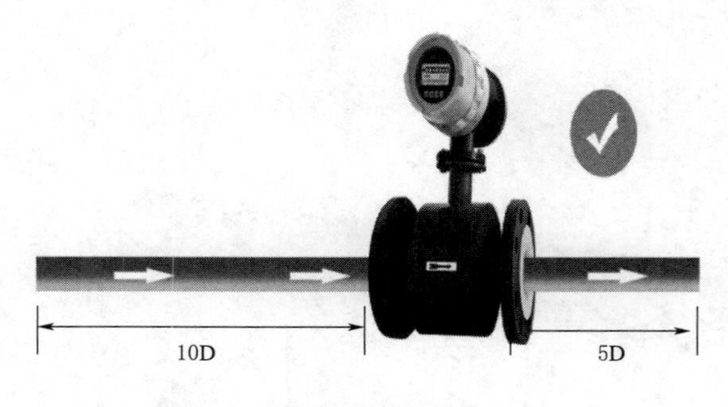

（a）一体式电磁流量计

（b）插入式电磁流量计

图6-27　电磁流量计

多普勒法超声波流量计一般要求流体内有足够大的散射体存在，并且要求是连续的。通常情况下，散射体的速度与流体的速度有明显的滑差，要求流体流动的速度必须比粒子产生沉淀的临界速度大很多，另外测得的速度只是散射体相遇点的速度值，因此，测量的速度值对流速分布和流态有很大的依赖性，也就是说要求直管段的长度很长，需在20倍管径以上。因此，多普勒法超声波流量计的应用有一定的局限性，较多应用于生活污水、工业废水、啤酒饮料等介质的测量，通常不适用于非常清洁的流体测量。

超声波流量计安装示意图如图6-28所示。

4. V锥流量计

V锥流量计是一种新颖的差压式流量计，利用一个V形锥体在流场中产生的节流效应来测量流量，如果流体通过一个节流元件时，流速会加快，从而会使动能增加，而被加速处流体的静压力反而会被降低。压降的大小与流体的流速具有一定的函数关系，在其他条件不变的情况下，压降会随流速的增加而增加，随流速的减小而减小。

V锥体流量计和其他节流式流量计不同，它改变了节流的布局，使它从中心孔节流变成环状节流，V锥流量计是集差压式流量计之精华，它的节流缘是钝角，流动时形成边界层，使流体离开了节流缘。边界层效应使脏污流体不能磨损节流缘，其β值（等效直径比）长期不变，是一种接近理想状态的节流装置，具有长期的稳定性。适用于各种气体和液体、煤气、各种脏污气体介质、直管段不足的场所和对精度要求高的地方。实践使用证明，V锥流量计与其他流量仪表相比，具有长期精度高、稳定性好，受安装条件局限小、耐磨损、测量范围宽、压损小、适合赃污介质等优点。V锥流量计如图6-29所示。

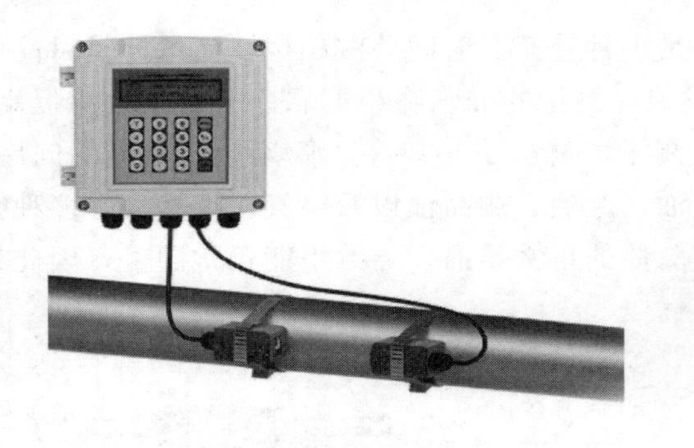

（a）外贴式超声波流量计

（b）管道式超声波流量计

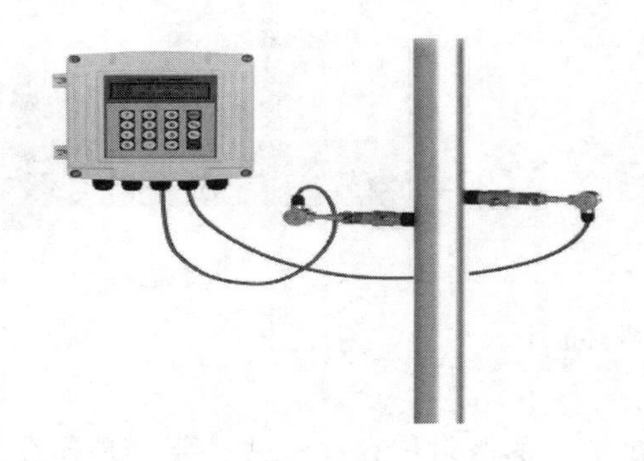

（c）插入式超声波流量计

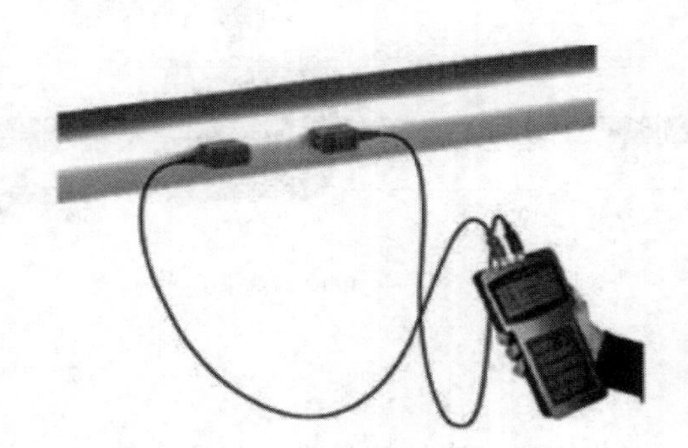

（d）手持式超声波流量计

图6-28　超声波流量计安装示意图

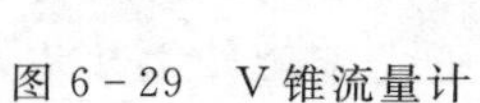

图6-29　V锥流量计

6.3.2.3　流量计的选型设计

在进行流量计的选型设计时，首先应该明确被测对象，然后再综合考虑仪表性能、安装条件、环境条件和经济成本这几方面因素。

1. 明确被测对象

电磁流量计测量导电液体（电导率≥5μS/cm）的流量，应根据被测介质物性、管道材质，合理选择电极形式、电极材质、衬里材质、接地方式、防护等级。

超声波流量计对被测介质要求十分苛刻，例如多普勒法超声波流量计只能正常测量杂质含量相对稳定的流体，而时间差法流量计主要用来测量洁净的流体。

V锥流量计适用于脏污的流体测量，但前提条件是雷诺数应满足要求。当雷诺数无限制下降时，V锥流量计的流出系数随着雷诺数的减小而减小，其不确定度将增加。在高压的场合，V锥流量计使用有局限性，这是由于锥体负压管的结构在高压情况下会发生脱落，导致事故的发生，选型应注意。

2. 流量计性能方面

在选用某种流量计时，首先应综合考虑该种流量计的精度、重复性、线性度、量程比、压力损失、输出信号特性、响应时间、不可测性等因素。

电磁流量计的传感器结构简单，测量管内没有任何阻碍介质流动的节流部件，因此不会引起任何附加的压力损失，是流量计中耗能最低的流量仪表之一。电磁流量计的量程范围极宽，并且在测量过程中不受被测介质的温度、黏度、一定范围内电导率的影响，反应灵敏，可提供选择的口径范围极宽，从几mm到3m都可以满足，选择电磁口径时应保证最小流量工况下被测介质流速不小于0.5m/s。

超声波流量计是一种非接触式的测量仪表，没有机械传动部件，通道内也没有阻碍件，无压力损失，能量损失小，测量精度不高。

V锥流量计是一种具有独特性能的新型流量计，具有高精度、高稳定性，量程比较宽，重复性好（≤0.1%），准确度高（≤0.5%）的特点。因为它是靠节流效应来测量压差的，所以有一定压损。

3. 安装条件方面

电磁流量计水平、垂直（下进上出）、倾斜（底进顶出）安装都可以，但要求前、后需有直管段，一般的要求是前直管段大于等于$5D$，后直管段大于等于$3D$。电磁流量计安装时应保证满管流，不能安装在管道最高点。仪表井内安装的电磁流量计传感器防护等级应为IP68。

超声波流量计的安装对前、后直管段的要求比较高，安装位置至少要有$15D$的直管段长度，不能受到振动影响，否则测量不精确。

V锥流量计的安装使用非常方便，安装方式灵活，可选管道法兰式、直接焊接式、方管式，所需的直管段很短，前直管段小于或等于$3D$，后直管段小于或等于$1D$就可以满足要求。当测量脏污介质时，应合理选择V锥流量计取压方式，避免测量管线堵塞。

4. 环境方面

环境方面主要是考虑周围温度、湿度、安全因素、信号调节及变送、压力、大气及电子干扰等对流量计性能稳定方面的影响。安装时都应尽量避开大电机、大变压器等，以防引入电磁干扰。

电磁流量计的环境温度一般为－30～80℃，对相对湿度的要求为5%～95%，大气压力为86～106kPa；超声波流量计对环境温度的要求为：转换器是－10～45℃、传感器是－30～60℃（常温型）和－30～160℃（高温型）；而V锥流量计环境温度在－25～60℃范围内，一体型结构温度还受制于电子元器件，温度范围要窄些，环境相对湿度为

10%～90%。

5. 经济成本方面

流量计的选择要在初期投资和长期可靠运行之间综合考虑，例如购买费用、安装费用、操作费用、维护费用、校验费用、流量计寿命、备件及消费品、可靠性方面等各种因素都要在有效满足工业生产可靠运行的前提下，进行最优的经济选型。

电磁流量计目前常用的国际公司的产品均价格不菲，以 DN200mm 管径为例，价格一般在 2 万元左右，但考虑被测管径的增大和抗腐蚀性的要求，价格也会相应增加。而像国内比较知名的电磁流量计产品，精度上也有了很大的提高，并且价格方面也有很大的优势。

超声波流量计目前常用的进口品牌固定式价格一般为 3 万～5 万元。国内厂家的产品在工程应用上也很广泛，与国外的产品相比在成本方面有很大的竞争优势。

V 锥流量计中的 V 锥由于用料多、加工工艺复杂、标定费用高、基本上依赖国外技术，使得其售价较高，在国内使用还不广泛，因成本关系还不能取代其他流量计。

6.4 本章小结

本章对围绕水肥一体化灌水量、施肥量计量问题，开展了渠道流量计量与管道流量计量方法、工程应用等方面的介绍。

第 7 章

水肥条件下灌溉管网的优化

在实际灌溉工程中，灌区水源距离所需要浇灌的农田往往比较远，此时便需要采用输配水管网把灌溉水源内的灌溉水引至田间地头的给水栓。大田输配水管网优化既能降低农业生产的投资成本，又可提高大田灌溉管网工程的设计水平及效率。因此在满足系统流量、灌水强度与可靠性的前提下，寻求输配水管网最优方案，减少农业生产投资、提高灌溉系统的经济效益对我国节水灌溉技术的发展和推广有着非常重要的意义。

输配水管网布置要考虑设计人员的经验、种植的作物和地形等诸多因素，致使输配水管网布置的投资大，为了减少投资、节约费用，需在进行输配水管网布置前，对输配水管网进行优化分析，寻求到合理的布置方案。马孝义等（2008）采用两级优化方法进行输配水管网优化：第一级优化是根据树状管网单点供水的原则，建立树状管网优化布置遗传算法模型；第二级采用整数编码的遗传算法，以投资最小为目标，进行方案优化。胡杰华等（2012）采用最小生成树模型来对树状灌溉管网进行优化设计。朱成立等（2015）提出基于蚁群算法的灌溉管网布置与管径优化设计。胡良明等（2017）基于遗传算法的农村供水管网优化设计，利用遗传算法来进行管网优化设计。

以投资最小为优化目标的管网优化设计包括优化布置和管径优化。在管网优化的设计过程中，管网布置优化是管网规划设计的前提和基础。近年来，国内外许多学者对树状灌溉管网优化问题进行了深入研究，但在布置中，均没有把设计人员的经验考虑进去，单纯依靠计算机寻优，本章研究结合设计人员经验的遗传算法，并采用整数编码形式，提高了算法的计算效率。

图论中的点代表事物，连接两点的线表示事物之间的关系，灌溉管网布置具有图论的特点，其中水源、泵站、闸阀和各个取水口都可以抽象为图的点，管段可以抽象为连接各个点的边，如果图的边具有与之相关的数（距离、单价、通过能力等），则这个数被称为边的权。由于灌溉管网各个管段的水流都是有方向的，因此灌溉管网的布置图是带权有向图，它的权重就是一个点到另外一个点的距离。灌溉管网的布置优化实质就是带权有向图的最优连通问题，即寻找带权值的最短路径问题。本章通过最小生成树来实现灌溉管网的优化布置。

树状灌溉管网分部优化的基本步骤如下：

（1）由灌区的自然地理条件、水源供给及作物种植结构等情况，确定出水口位置及相应地面高程，之后设计人员结合实际及经验，确定每个节点所有可能的供水管段及其数目，并依次编号，连成管网的初步连接图。

(2) 把管网布置参数的矩阵形式及相应的遗传参数，例如种群规模、最大遗传代数、代沟值、交叉和变异算子，代入到第一步优化计算中。

(3) 由系统随机产生一个种群作为遗传操作的第一代参与优化计算，由管网布置的适应度函数，计算第一代群体各个个体的适应度。

(4) 通过适应度计算，根据代沟值选择产生一个子代的群体，并对其进行交叉和变异操作，最终产生一个和母代种群规模相同的群体。

(5) 对于新产生的群体重复 (3)、(4) 操作，如此循环，直到满足最大遗传代数时停止。根据优化结果，选出若干最优或者次优的管网布置优化结果。

(6) 根据选出的管网布置优化结果，进行第二级管径优化计算，优化计算过程同布置优化。

(7) 根据不同管网布置得出的投资进行比较分析，得出一组符合实际，经济最优的布置与管径的组合。

7.1 基于遗传算法的树状灌溉管网优化

7.1.1 编码

树状灌溉管网的特点是节点数目比管段数目多1，如果向管网供水的水源只有一个，那么向节点供水的管线也只有一条，因此，每一个节点都有唯一的管段直接向该节点供水，这就说明直接向节点供水的管段和节点本身具有一一对应关系。设计者可根据自己的经验，画出所有可能向节点供水的管段，如图 7-1 所示，例如对于②点，根据经验向其供水的节点是⓪点、①点、③点，而不是④～⑨中的任意点，主要原因是④～⑨中的点向②点供水会增加管线长度，而且供水管线上游流量增大，管径增大，非常不经济，画其他点的供水管段可依次类推，这样就可以画出各个节点所有可能的供水管段。之后对向节点供水的管段按某一顺序编号，本节采用逆时针顺序进行了编号，例如对于②点，可能供水的管段是③-②，⓪-②，①-②，依次编号为 0，1，2。优化布置就是选择最好的供水管线，本节在用基于整数编码的遗传算法优化布置时，根据节点和供水管段一一对应的关系，有 9 个需水节点，则供水管段的编号就有 9 个，这样个体的染色体长度为 9，各个基因位上的数字代表的就是向节点供水的管段编号，例如整数编码串［0，1，0，0，0，3，2，2，1］表示管网初步连接图中由管段［1］、［2］、［3］、［16］、［11］、［12］、［23］、［22］、［25］组成的一棵树。

7.1.1.1 树桩管网水力解析

根据《灌溉与排水工程设计规范》(GB 50288—2018)，采用 PE 管输水，当流速＜1.2m/s 时，单位管长水头损失可表示为

$$h_f = f\frac{L}{d^b}Q^m \tag{7-1}$$

式中 h_f——管道沿程水头损失，m；

f——摩阻系数，取 0.948×10^5；

L——管道长度，m；

Q——流量，m^3/s；

m——流量指数，取1.77；

d——管道内径，mm；

b——管径指数，取4.77。

局部水头损失按沿程损失的15%估算，即

$$Q = AC\sqrt{Ri} \times 0.15 \tag{7-2}$$

总水头损失=沿程损失+局部水头损失。

钢管、铸铁管单位长度水头损失可表示为

$$\begin{cases} i = 0.000912v^2 \ (1+0.867/v)^{0.3}/d^{1.3}, & v < 1.2\text{m/s} \\ i = 0.000107v^2/d^{1.3} & , v \geqslant 1.2\text{m/s} \end{cases} \tag{7-3}$$

式中 v——管内流速，m/s；

d——管道内径，m。

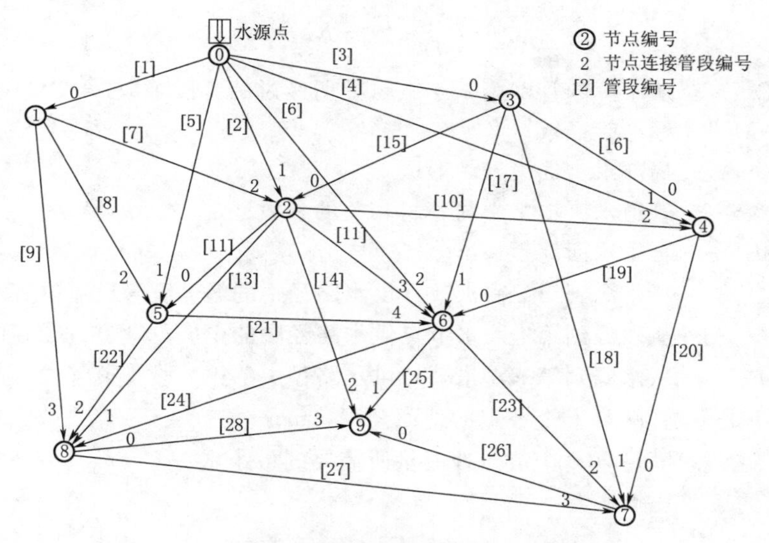

图7-1 某灌区管网初步连接图

7.1.1.2 适度函数的构造

确定适度函数 $fit(x)$。当所求目标函数为最小值的优化问题时，有

$$fit(x) = \begin{cases} C_{\max} - f(x), & f(x) < C_{\max} \\ 0 & ,\text{其他情况} \end{cases} \tag{7-4}$$

式中 $f(x)$——目标函数；

$C_{\max}$——合适的输入值。

当所求目标函数为最大优化问题时，有

$$fit(x) = \begin{cases} C_{\min} + f(x), & f(x) + C_{\min} > 0 \\ 0 & ,\text{其他情况} \end{cases} \tag{7-5}$$

式中 $f(x)$——目标函数；

$C_{\min}$——合适的输入值。

1. 输配水管网数学建模

贵州山区地势起伏，一般采用有压管网，管网的优化采用非线性规划模型进行。此时管网的一次性投入最低为管网的优化目标。

目标函数

$$F = \sum_{i=1}^{N}(a + BD_i^b)L_i \tag{7-6}$$

式中 F——管网一次性投入，元；

D_i——向第 i 节点供水管道的管径，mm；

L_i——向第 i 节点供水的管道长度，m；

N——管网需水节点数；

a、B、b——管道造价系数和指数。

(1) 压力约束。其条件为

$$E_0 - \sum_{i=1}^{I(k)}\sum_{j=1}^{M}\alpha f \frac{Q_{ij}^m}{D_{ij}^b}L_{ij} - E_k - H_{k\min} \geqslant 0 \tag{7-7}$$

式中 $I(k)$——从水源到管网第 k 个节点处所经过的管段个数；

M——标准管径数；

α——局部水头损失，一般取1.1；

f、m、b——管道水头损失中与管材相关的参数；

E_0——自由水面高程，m；

Q_{ij}——从水源到第 i 需水节点供水路径中的第 j 段管道流量，m^3/h；

D_{ij}——从水源到第 i 需水节点供水路径中的第 j 段管道直径，mm；

L_{ij}——从水源到第 i 需水节点供水路径中的第 j 段管道管长，mm；

E_k——管网第 k 个节点的地面高程，m；

$H_{k\min}$——满足第 k 个节点处流量所需要的最小水头，m。

(2) 管径约束。其条件为

$$d_{ij} \subset D_{ij} \tag{7-8}$$

(3) 管长约束。其条件为

$$\sum_{j=1}^{M} X_{ij} = L_i \tag{7-9}$$

式中 L_i——第 i 管段长度，m。

(4) 供水管道流量约束。其条件为

$$V_{\min} \leqslant V_i \leqslant V_{\max} \tag{7-10}$$

式中 V_i——通过第 i 个管段内的实际流速，m/s。

(5) 非负约束。其条件为

$$X_{ij} \geqslant 0 \tag{7-11}$$

2. 计算适度函数

在管网优化模型中，由于约束条件较多，通常采用惩罚函数法使得管网约束优化的问题转化为无约束优化的问题。

$$F_{\text{fit}}=\lambda\sum_{i=1}^{N}G_i+\eta\sum_{i=1}^{N}T_i+F \tag{7-12}$$

其中

$$G_i=\begin{cases}-g_i, & g_i\leqslant 0\\ 0, & \text{其他情况}\end{cases}$$

$$g_i=E_0-\sum_{i=1}^{I(k)}\sum_{j=1}^{M}\alpha f\frac{Q_{ij}^m}{D_{ij}^b}L_{ij}-E_k-H_{k\min}$$

$$T_i=\begin{cases}V_i-V_{\max}, & V_i\geqslant V_{\max}\\ V_{\min}-V_i, & V_i\leqslant V_{\min}\\ 0, & \text{其他情况}\end{cases}$$

$$V_i=(1000^2/3600)\cdot Q/[\pi/4\cdot D_i^2]$$

式中 F_{fit}——适度函数；

λ、η——惩罚因子；

G_i——管道压力约束的惩罚函数；

T_i——管道流速约束惩罚函数。

7.1.2 遗传算子设计

（1）选择。计算每一串的选择概率 P_i。模拟选择一般通过模拟旋转滚花轮（按 P_i 大小分成大小不等的扇形区）的算法进行。旋转 M 次即可选出 M 个串来。选择概率计算公式为

$$P_i=\frac{f(x_i)}{\sum_{i=1}^{M}f(x_i)} \tag{7-13}$$

式中 M——种群大小；

x_i——某个个体为种群中第 i 个染色体；

$f(x_i)$——第 i 个染色体所表示的个体的适度指。

（2）交叉算子。采用交叉概率 $P_x=0.7$，将父代个体配对后多点交叉产生子代个体。

（3）采用变异算子 $P_m=0.1$，对于变异个体及其基因位置的选择是随机的。依据上述方法进行了 Matlab 编程，对管网布置和管径进行了优化。

7.2 混合算法的灌溉管网优化

灌溉管网系统的优化设计是一个多约束的非线性优化问题，在满足符合水力约束条件、灌溉施肥约束条件以及可靠性条件的前提下求取使系统年折算费用最低的方法。传统的优化方法，包括微分法、动态规划法、线性或非线性规划等解析法。对问题进行优化时会受到问题规模的限制，如管网优化问题，待优化的变量少则数十个，多则上百个，若采用传统解析法求取函数最优值，当问题规模较大时要么在规定时间内无法获得最优解，要么计算时间大大增加。将智能优化算法应用于实际问题的优化求解，需要根据实际问题的特点选择构造合适的优化算法，其中有几个关键原则需要考虑：①算法搜索效率尽可能地

高；②算法收敛速度尽可能地快；③避免算法陷入局部极值；④求解过程对算法参数的选择尽可能地不敏感。由于智能优化算法和传统解析法都存在各自的优缺点，因此如果考虑将其中的几种算法相结合构成某种混合智能算法，利用各自的优点同时互相弥补各自的不足，不失为一种好的选择。将群体行为的智能算法和个体行为的智能算法相结合，利用各自在解空间中的搜索特性共同寻找问题的最优解是构造优化算法的基本思想。

7.2.1 SAGA 混合优化算法

牛寅博士针对水力管网系统优化问题，将遗传算法与模拟退火算法相结合，形成新的模拟退火遗传混合算法（SAGA 混合算法），充分利用遗传算法的全局搜索能力把握搜索方向，利用模拟退火算法的局部搜索能力提高搜索效率，以期得到更好的求解质量。SAGA 混合算法的基本思想是：以对个体适应度的评价为核心，首先通过遗传操作形成较为优良的群体，再进一步通过模拟退火操作对个体优化调整，通过反复的迭代运算直至满足终止条件。SAGA 混合算法基本流程图如图 7－2 所示。

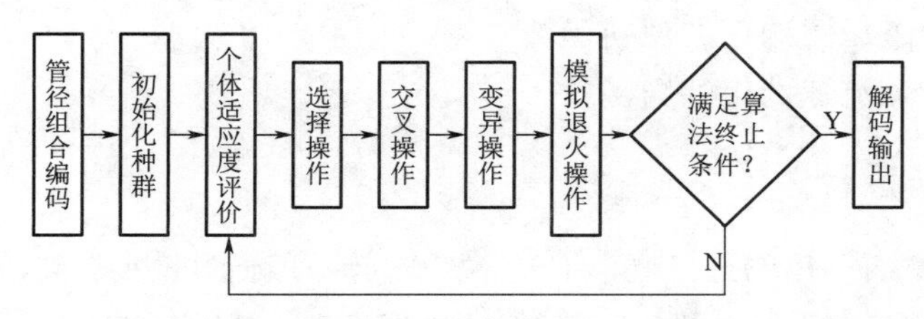

图 7－2 SAGA 混合算法基本流程图

7.2.2 SACS 混合优化算法

布谷鸟优化算法具有模型简单、参数少及前期搜索较快的优点，但存在搜索效率低、局部搜索效率不高等问题。基本布谷鸟搜索算法流程如图 7－3 所示。而模拟退火算法具有较强的局部搜索能力，但搜索效率较低。马灿等针对布谷鸟算法在寻优过程中收敛速度慢、寻优结果精度不高的问题，提出了一种混合模拟退火的布谷鸟算法（SACS），其基本思想是当搜索过程陷入局部最优时，利用模拟退火算法全局搜索能力强的特点，随机选择部分鸟巢进行模拟退火搜索，从而提高了算法的收敛速度和精度。通过对 6 个经典测试函数和 4 个标准的 TSP 问题进行测试，实验结果表明，SACS 算法不仅对连续性的函数优化问题具有良好的收敛速度和全局寻优精度，而且对于组合优化问题也表现出了较好的求解性能。将 SACS 混合算法应用于灌溉工程，解决实际工程优化领域的应用问题也不失为一种新的途径。

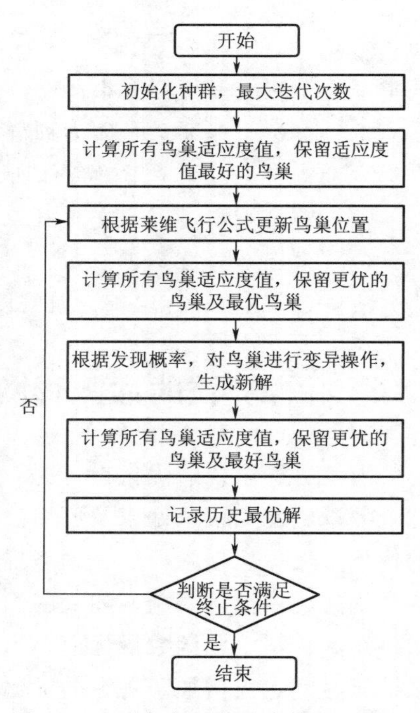

图 7－3 基本布谷鸟搜索算法流程图

7.3 实例应用

7.3.1 已知条件

如图 7-1 所示，一小型灌区，共有 9 个供水节点，根据紧邻规划的原则确定出管网的初步连接图，共有 28 条可能的连接方案（图 7-1）。管网各节点所必需的压力水头为 10m，管网允许的最低流速为 0.5m/s，允许的最大流速为 3m/s，管网覆盖核心区面积约为 15.75 亩（1 亩≈666.67m^2）。各管段基本数据见表 7-1，各节点数据见表 7-2，管道单价及编码见表 7-3。

表 7-1　实例灌区各管段基本数据

管段编号	流出节点	流入节点	长度	管段编号	流出节点	流入节点	长度
1	0	1	402	15	3	2	457
2	0	2	248	16	3	4	385
3	0	3	398	17	3	6	658
4	0	4	821	18	3	7	670
5	0	5	543	19	4	6	536
6	0	6	703	20	4	7	354
7	1	2	251	21	5	6	421
8	1	5	267	22	5	8	199
9	1	8	379	23	6	7	248
10	2	4	803	24	6	8	300
11	2	5	255	25	6	9	227
12	2	6	258	26	7	9	245
13	2	8	350	27	8	7	550
14	2	9	564	28	8	9	347

表 7-2　实例灌区管网各节点数据

节点编号	0	1	2	3	4	5	6	7	8	9
节点需水量/（m^3/h）	−240	25	25	30	30	30	25	25	25	25
地面高程	220	190	190	191	190	190	189	189	189	189

表 7-3　实例灌区不同管径的管道单价及编码

管径/mm	50	75	90	110	125	140	160	180	200	225	245
价格/元	2.5	3.6	4.5	6.2	7.0	8.6	11.0	13.0	15.6	19.2	24.2
编码	0	1	2	3	4	5	6	7	8	9	10

7.3.2 遗传算法计算结果及分析

利用Matlab编程，选取种群规模为$NIND=50$，代沟$GGAP=0.9$，遗传终止代数$MAXGEN=100$，得出符合实际且造价最小的方案，其中管网布置和管网管径优化结果示意图如图7-4和图7-5所示。范兴业等（2007）最优解的管网总长度为2712m，投资额为16541元；马雪琴等（2013）最优解的管网总长度为2620m，投资额为13945元；采用GA最优解的管网总长度为2620m，投资额为10395元。管网覆盖核心区面积约为15.75亩，骨干输水管网亩均投资从1050元/亩降至660元/亩，投资可节约390元/亩，投资减少了37.14%。

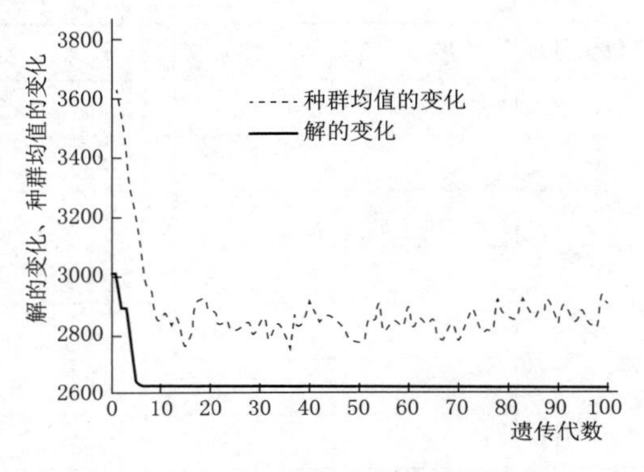

图7-4 管网布置优化结果示意图

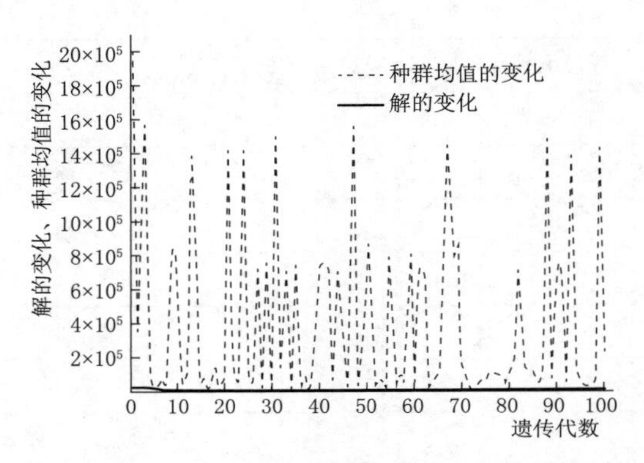

图7-5 管网管径优化结果示意图

范兴业等（2007）的管网优化布置图如图7-6所示，马雪琴等（2013）的管网优化布置图如图7-7所示，GA与SAGA的管网优化布置图如图7-8所示。通过比较分析，整数编码的遗传算法在管网布置优化中，能取得符合实际较优的结论。

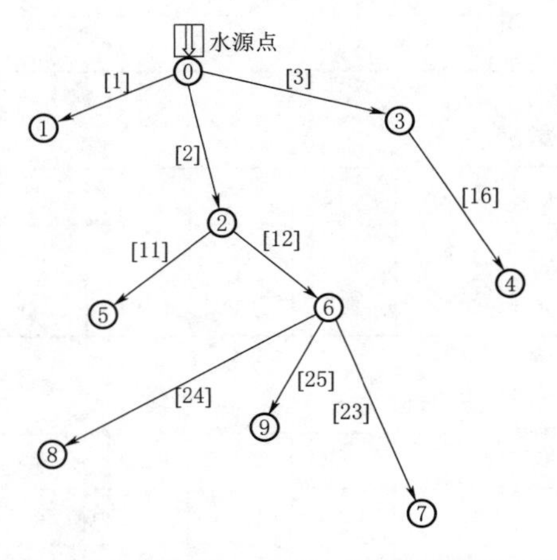

图7-6 范兴业等（2007）的管网优化布置图

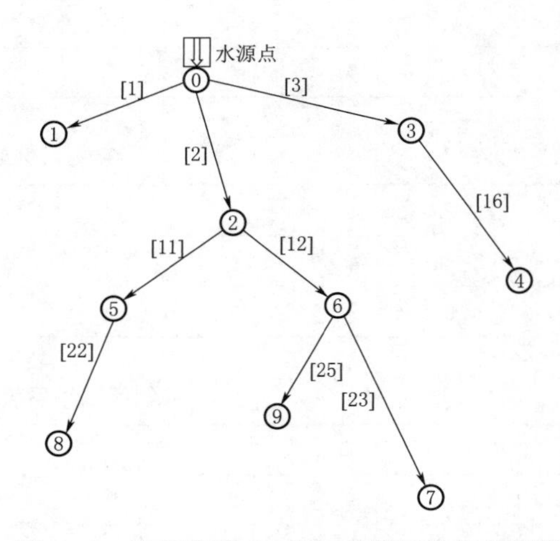

图7-7 马雪琴等（2013）的管网优化布置图

7.3.3 混合算法计算结果及分析

利用Matlab编程，选取种群规模为$N=40$，最大迭代次数$M=200$，步长因子$\alpha=1$，初始温度$T=50$，温度冷却系数$C=0.96$，模拟退火内部迭代次数$k=100$；代沟设置为0.2，交叉率设置为0.75，变异率设置为0.025，设置马尔可夫链长度。得出符合实际且造价最小的方案，SAGA管网布置与GA相同，最优解的管网长度为2620m，投资额为10395元，与范兴业等（2007）和马雪琴等（2013）相比，SAGA投资分别减少了37.14%和25.46%，但SAGA采用模拟退火算法迭代速度高于GA，明显提高了搜索效率，GA与SAGA优化结果对比如图7-9所示。不同算法优化结果见表7-4。

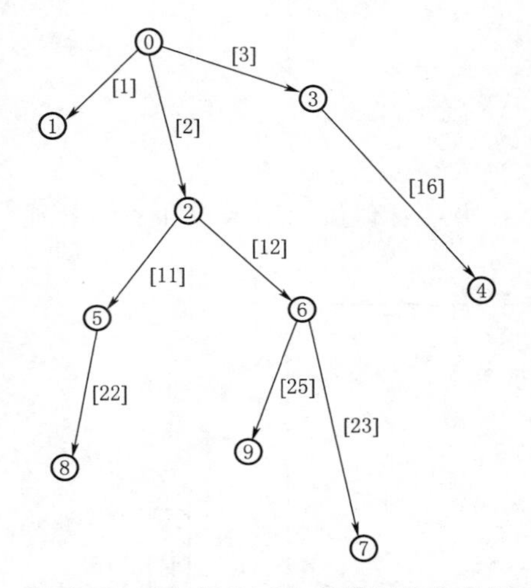

图7-8 GA与SAGA的管网优化布置

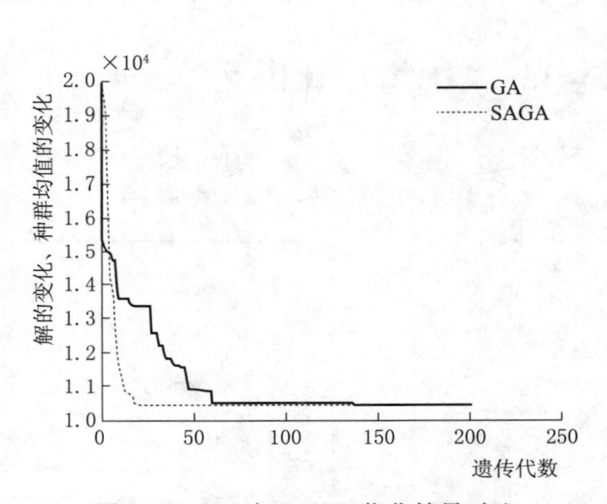

图7-9 GA与SAGA优化结果对比

表7-4 优化结果对比表

设计方法	处于连接状态的管段	对应连接管段的管径/mm	管网总长度/m	管网投资/元
范兴业等（2007）	1、2、3、11、12、16、23、24、25	—	2712	16541
马雪琴等（2013）	1、2、3、11、12、16、22、23、25	75，140，110，90，90，90，90，90，90	2620	13945
GA算法	1、2、3、16、11、12、23、22、25	75，90，90，75，75，75，75，75，75	2620	10395
SAGA算法	1、2、3、16、11、12、23、22、25	75，90，90，75，75，75，75，75，75	2620	10395

7.4 本章小结

本章针对灌溉管网优化问题，采用了遗传算法与混合算法等智能算法进行了灌溉管网优化算法的设计与应用，并结合典型工程应用开展了对比分析。

第 8 章

水肥精准调控信息系统详细设计

系统需求决定了系统需要具备的核心功能。本章节聚焦水肥一体化信息系统需求，从角色、功能需求和非功能需求三个方面进行分析。

8.1 系统用户分析

水肥一体化信息系统的使用者从权限上可分为三类：水厂管理员、用水户和系统管理员。系统权限用例图如图 8－1 所示。

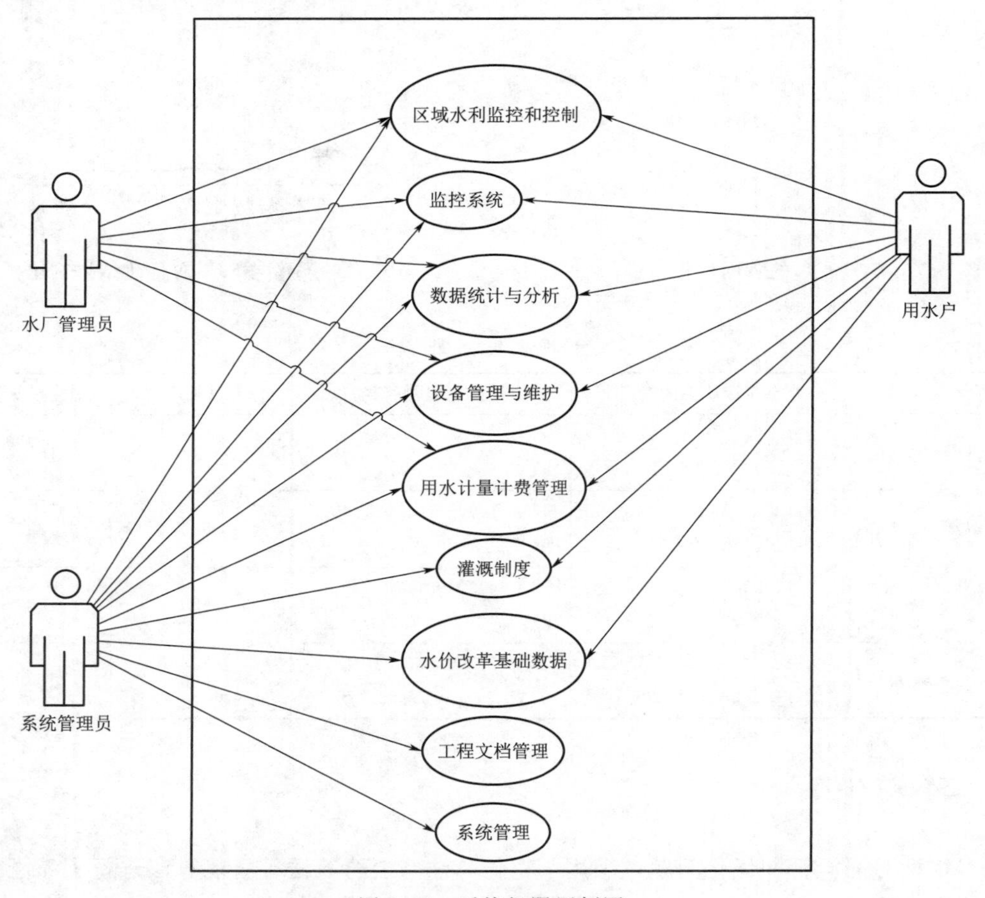

图 8－1　系统权限用例图

水厂管理员具有管理整个水厂的权限，具体包括水厂各设备实时信息监测与控制、视频图像监控、水处理流量分析等功能权限。用水户具有管理整个灌区的权限，具体包括各灌区管理房设备实时信息监测与控制、视频图像监控、用水量查看与分析和查看农作物不同生长时期灌溉制度和农业水价综合改革相关数据等功能权限。系统管理员有管理整个系统的权限，除用户功能访问权限之外，还包括各工程项目的添加与维护、工程文档管理、农作物不同生长时期灌溉制度和农业水价综合改革相关数据的录入与校对、设备管理与维护等功能权限。针对角色分配的不同权限，通过图 8-1 加以描述。

8.2 系统功能需求分析

水肥一体化信息系统是集工程项目监控信息管理、用水计量计费管理、数据统计与分析和基本信息管理为一体的信息集成管理系统。系统聚焦于数据库数据处理，严格遵循国家有关水资源使用标准，以现场实际工况需求信息为条件，友好智能的监控与管理农业用水与饮水安全两大工程项目。系统为 B/S 架构，可以随时通过浏览器在电子地图上进行信息查询、结果展示等操作，进行远程监测与控制目标，实现工程项目智能监控和可视化管理。信息化系统集成建设一方面提高了水资源使用效率，另一方面节约了人力管理成本，同时避免了人员的失误操作。

根据贵州山区喀斯特地貌农业用水与饮水安全的实际需求，结合该系统的结构特点，可以将本系统分为两大任务、四大模块、十大功能。两大任务：实现水厂饮用水安全与山区灌区的在线监控和用水计量计费。四大模块：工程项目监控信息管理模块、用水计量计费管理模块、数据统计与分析模块和基本信息管理模块。其中工程项目监控信息管理模块包括区域水利监控和控制、监控系统和 GIS 三大功能；用水计量计费管理模块包括用水计量计费管理功能；数据统计与分析模块包括数据统计与分析功能；基本信息管理模块包括系统管理、工程文档管理、设备管理与维护、灌溉制度和水价改革基础数据五个功能。水肥一体化信息系统的四大模块十个功能如图 8-2 所示。

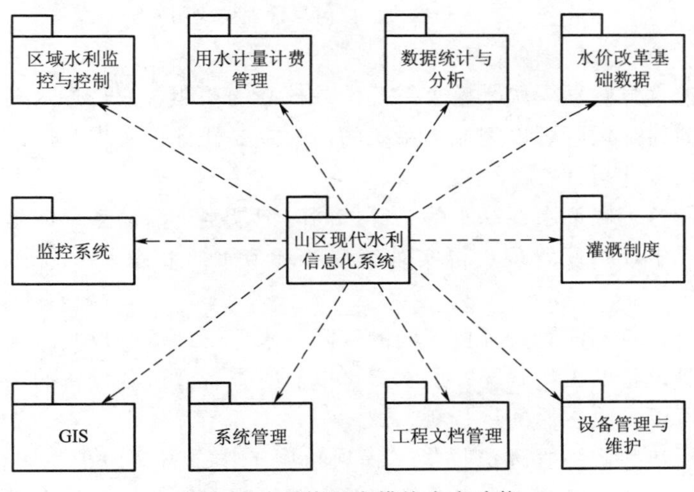

图 8-2 系统四大模块十个功能

由系统功能需求分析可知，水肥一体化信息系统包括四大模块十个功能业务：区域水利监控和控制、监控系统、GIS、数据统计与分析、设备管理与维护、用水计量计费管理、灌溉制度、水价改革基础数据、工程文档管理和系统管理十大功能。接下来分别对本系统四大模块涉及的主要业务用例图与活动流程图进行描述。

8.2.1 工程项目监控信息管理模块分析

水肥一体化信息系统的工程项目监控信息管理模块包括区域水利监控和控制、监控系统和GIS三个功能。工程项目监控信息管理模块用例图如图8-3所示。

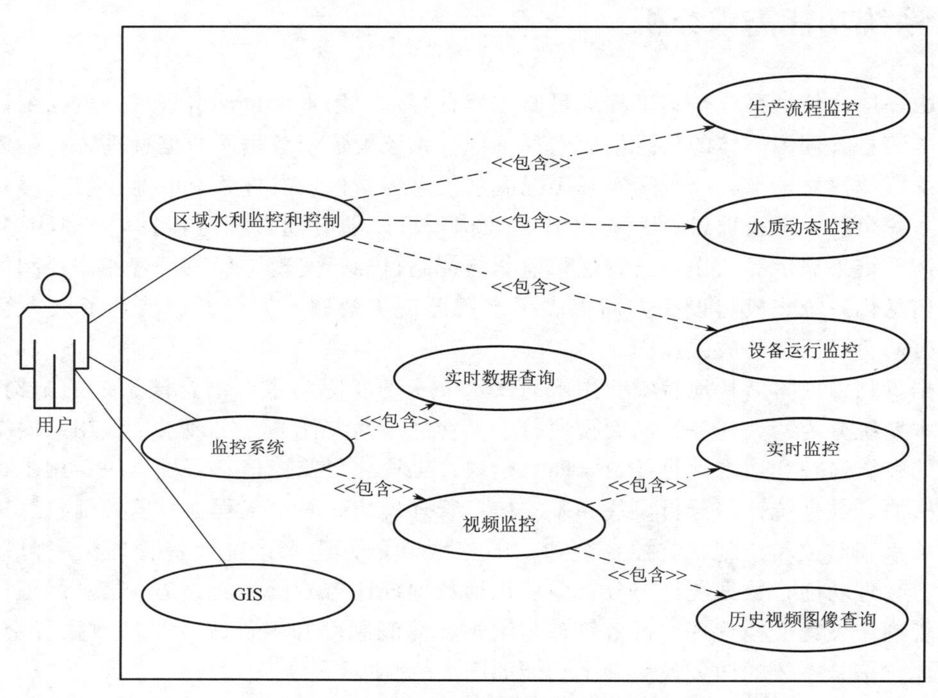

图8-3 工程项目监控信息管理模块用例图

工程项目监控信息管理模块是整个系统的最核心的功能，它是各个模块功能实现的基础。通过该模块的稳定运行可以完成本系统的两大主要任务：实现水厂饮用水安全与山区灌区在线监控和用水计量计费。

生产流程监控负责查询水源基本信息等，同时记录生产活动整个流程的运行报告。

水质动态监控中，水厂管理员可实时查询各环节水质状态，如余氯、浊度、温度和pH值。

设备运行监控针对不同对象开放不同的权限。水厂管理员可以实时查看水厂相关的各种机泵、电磁阀等设备的工作状况；用水户可以实时查看灌区各设备的工作情况。用户根据实际情况需要可以更改它们的运行状态。

监控系统为用户和系统管理员提供工程项目中工作设备实时信息查询和视频监控查看。其中实时信息包括设备基本信息与实时状态数据，视频监控包括实时监控和历史视频图像查询。这些最直观的现场工作数据和画面，可以帮助管理员及时了解工作现场的实际情况，辅助工作人员采取正确的措施。工程项目地理信息可以通过 GIS 界面直观表现出来。同时，通过对 GIS 界面对象的选择，可以直接进入其业务模块，从而实现 GIS 工程项目监控业务模块的交互。

工程项目监控信息管理活动图如图 8-4 所示，由其可知，系统管理员或者用户登录系统后首先根据任务需求选择区域水利监控和控制功能，进入该模块后根据具体要求进行子模块选择。子模块包括生产流程监控、水质动态监控和设备运行监控。操作完成后区域水利监控和控制活动结束。根据任务需求选择监控系统功能，进入该模块后根据具体要求进行子模块选择。子模块包括：实时数据查询和视频监控，其中视频监控又可选择实时监控和历史视频图像查询。操作完成后监控系统活动结束。根据任务需求选择 GIS 功能，操作完成后 GIS 活动结束。

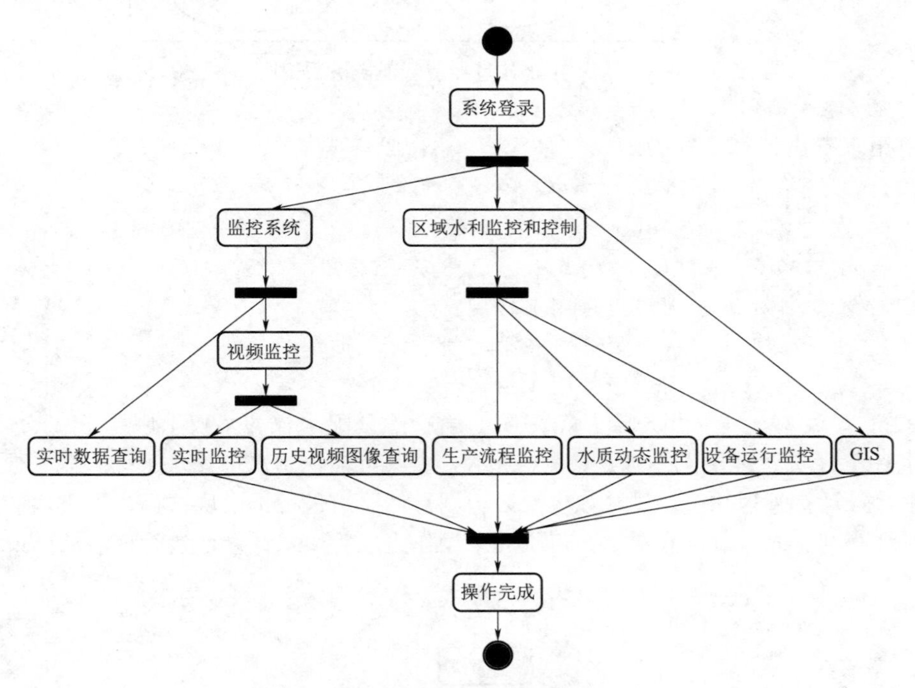

图 8-4　工程项目监控信息管理活动图

8.2.2　用水计量计费管理模块分析

水肥一体化信息系统的用水计量计费管理模块实现用水计量计费功能。用水计量计费管理模块用例图如图 8-5 所示。

用水计量计费管理模块是农业水价综合改革任务的核心功能，针对不同用水量采取阶梯计价模式，一方面节约宝贵的水资源，另一方面实现科学灌溉以达到促进农作物科学种植的目标。

用水计量计费中，系统会根据当前检测到的流量信息与当地的灌溉标准进行比对，然后进行科学计费与管理。用水户可以查询当前用水费用及其明细、历史账单与明细和充值缴费信息。系统管理员对所有子功能进行管理。

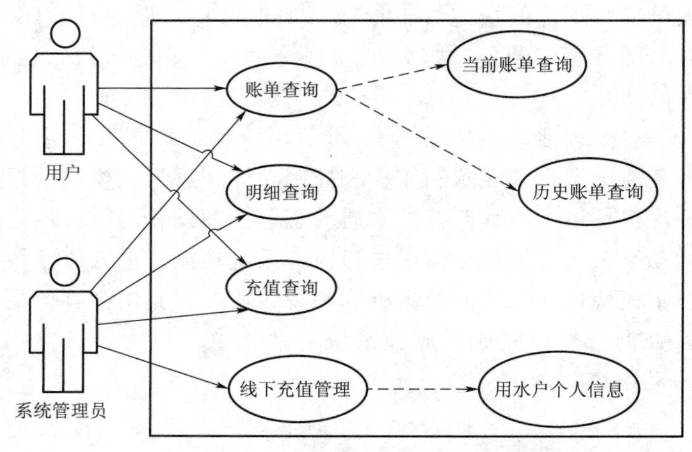

图 8-5 用水计量计费管理模块用例图

用户用水费用计算公式为

$$W=\begin{cases} aQ, & Q\leqslant Q_1 \\ aQ_1+b(Q+Q_1), & Q_1<Q\leqslant Q_2 \\ aQ_1+b(Q_2-Q_1)+c(Q-Q_1-Q_2), & Q_2<Q\leqslant Q_{wR} \end{cases} \tag{8-1}$$

式中 W——用户当月用水费用；

a、b、c——水价第一阶、第二阶、第三阶单价；

Q——用户当月用水量；

Q_1、Q_2、Q_{wR}——用户当月第一阶、第二阶分配水权和水权上限。

用水计量计费管理活动图如图 8-6 所示，由其可知，用水户登录系统后首先根据需求选择用水计量计费管理功能，进入该模块后根据具体要求进行子模块选择。子模块包括账单查询、明细查询、充值查询和线下充值管理。操作完成后用水计量计费管理活动结束。

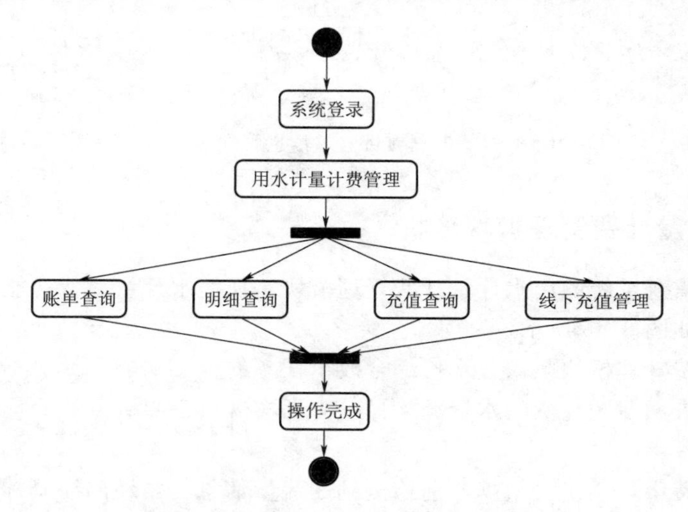

图 8-6 用水计量计费管理活动图

8.2.3 数据统计与分析模块分析

水肥一体化信息系统的数据统计与分析模块实现数据统计与分析功能。数据统计与分析模块用例图如图 8－7 所示。

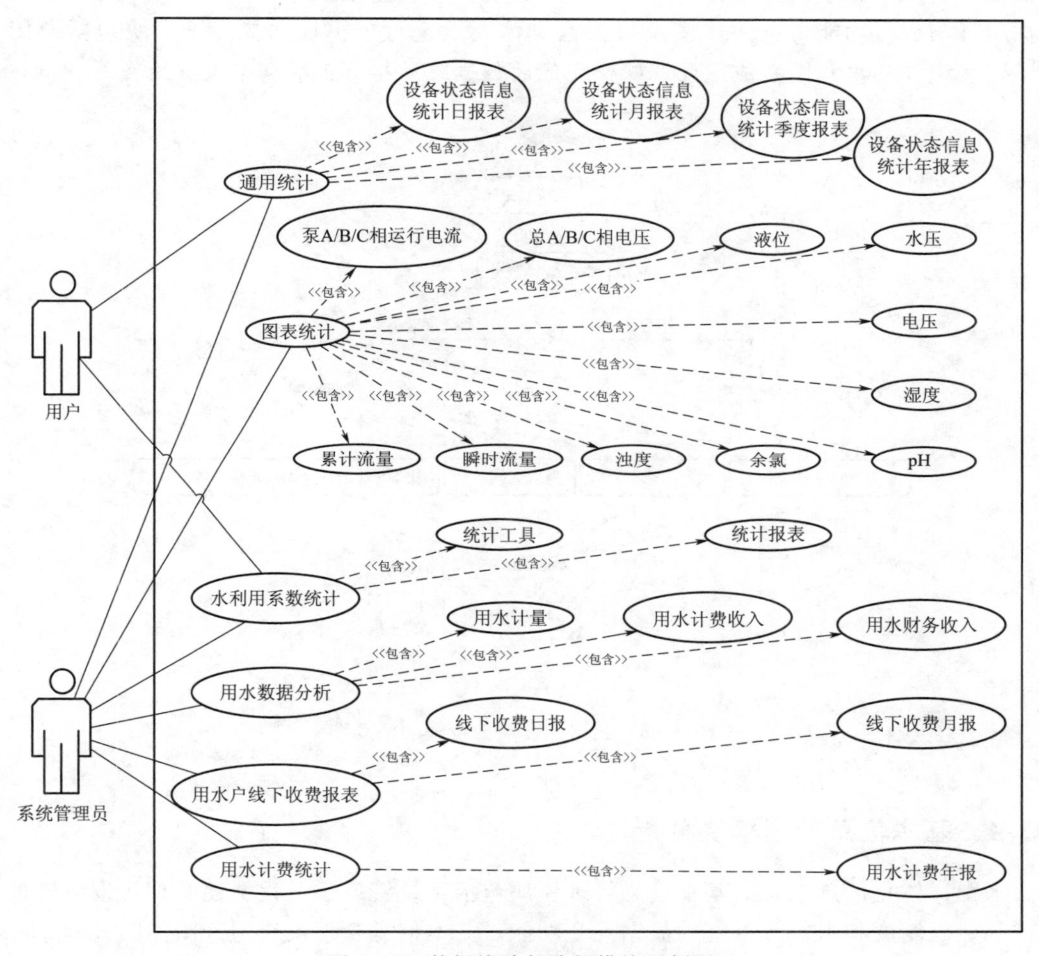

图 8－7 数据统计与分析模块用例图

数据统计与分析是对所有工程项目在库设备状态以及相关数据的统计与分析，辅助用户针对相关数据进行查询与统计分析、决策等。系统通过设备工作状态等参数记录生成相关报表，将用户用水量的使用记录生成各种图形，如折线图、柱状图等。例如，水厂管理员可以查询药剂使用量、余氯、浊度、温度和 pH 值等水质参数的实时参数和历史记录。系统通过这些参数的时段报表和统计图与实际水处理质量进行对比，对整个生产过程进行科学性评估，进而为更加高质量的饮用水处理提供更科学的相关参数预测。同时历史数据对整个生产过程出现的问题提供原始数据，帮助维修人员快速定位故障地址并及时解决问题。用水户通过这些历史记录报表可以清晰地查看农作物的灌溉报表，对比相应的农作物生长需水专业知识，结合实际长势进行更加科学的预测与规划。

数据统计与分析模块活动图如图 8-8 所示，由其可知，系统管理员登录系统后首先根据需求选择数据分析与统计功能，进入该模块后根据具体要求进行子模块选择。子模块包括通用统计、图表统计、水利用系数统计、用水数据分析、用水户线下收费报表和用水计费统计。操作完成后数据分析与统计活动结束。用户登录系统后首先根据任务需求选择数据统计与分析功能，进入该模块后根据具体要求进行子模块选择。子模块包括通用统计、图表统计和水利用系数统计。操作完成后数据统计与分析活动结束。

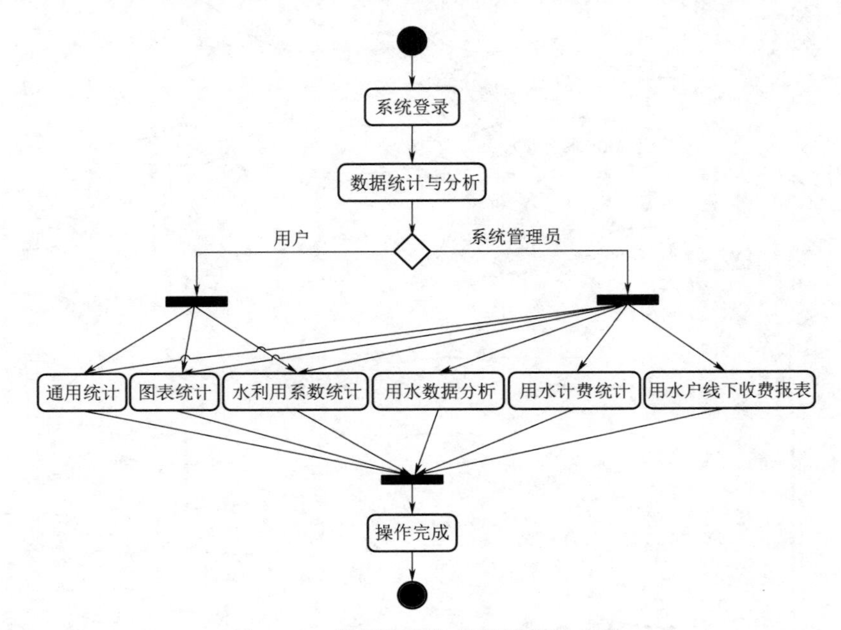

图 8-8　数据统计与分析模块活动图

8.2.4　基本信息管理模块分析

水肥一体化信息系统的基本信息管理模块包括系统管理、工程文档管理、设备管理与维护、灌溉制度和水价改革基础数据五个功能。基本信息管理模块用例图如图 8-9 所示。

基本信息管理是一个系统最基础的功能，它决定了系统能否正常运行与管理。因此将基本信息根据其功能属性分为系统管理、工程文档管理、设备管理与维护、灌溉制度和水价改革基础数据五种类型。这样方便日后针对不同的任务，进行相应的信息查询与管理。

系统管理：该功能能够实现对本系统所有用户赋权以及各工程项目所在区域进行管理，包括各工程项目基本信息及其层级结构、具体位置坐标等。其中位置坐标以地图的形式直观展现，方便后期工程项目现场的工作。

工程文档管理：该功能实现对具体工程的详细记录，包括工程名称与起始时间，各阶段主要工作和工程具体内容等。通过查询可以实时掌握工程的实施进度。

设备管理与维护：该功能实现对工程项目现场设备的详细描述以及设备故障申报与维修，包括现场所有机泵、阀等设备的基本信息描述，数据卡的信息记录，视频设备的配置信息，故障设备的申报与维修和阀门操作的设置。

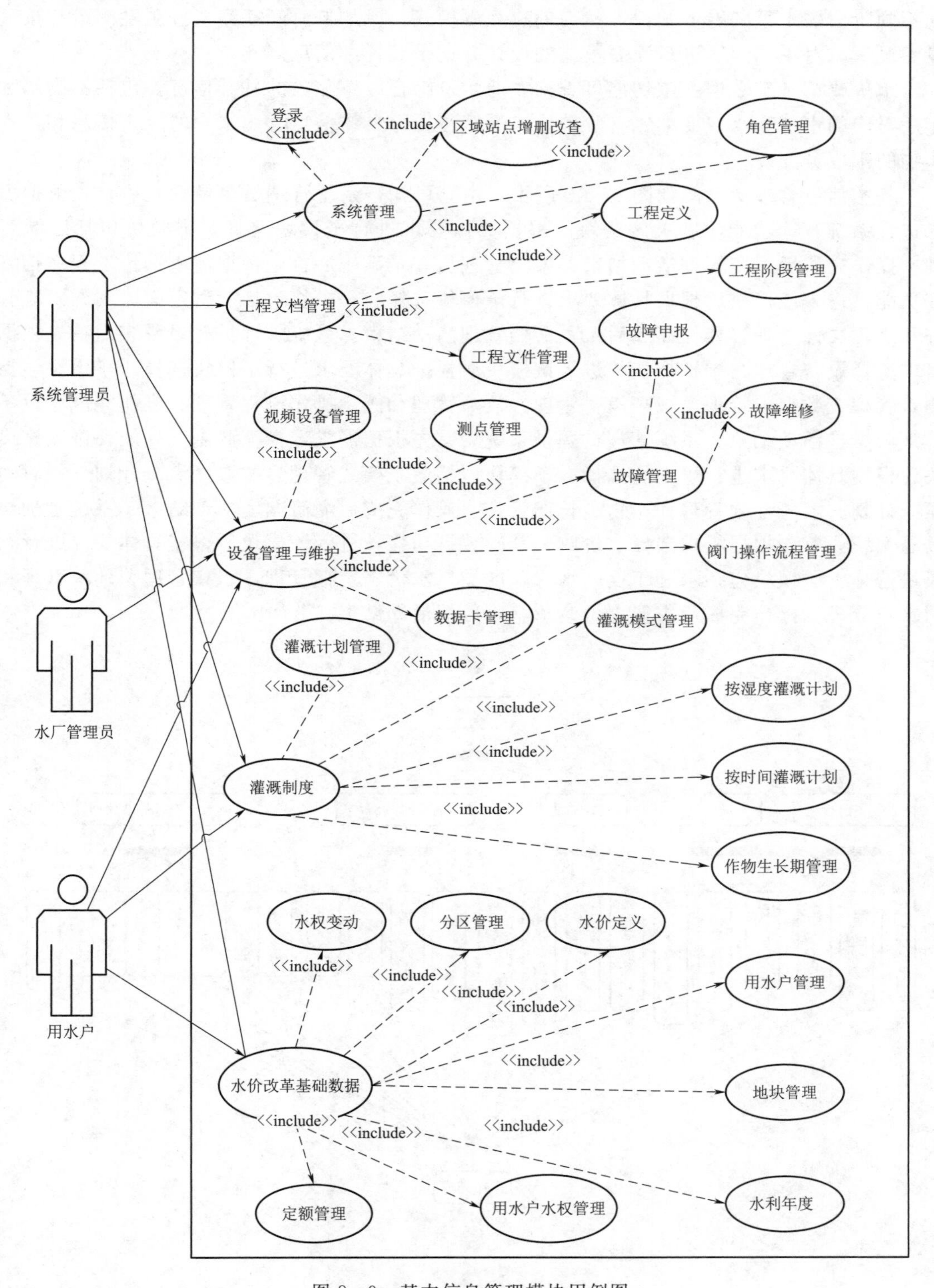

图 8-9　基本信息管理模块用例图

灌溉制度：该功能实现农作物生长周期内各阶段的灌溉计划。首先存储农作物生长周期不同阶段需水量的专业知识，然后创建灌溉模式，例如按时间灌溉、按湿度灌溉和按流量灌溉等。对不同灌区进行灌溉模式的设计并记录其详细信息。

水价改革基础数据：该功能可查询农业水价综合改革相关的基础信息。包括不同水利年度对应的水价和水权变动、各阶单价、灌区位置等具体信息、用水户的个人信息和各农作物的水权分配。

基本信息管理活动图如图8-10所示，由其可知，系统管理员登录系统后首先根据需求选择系统管理功能，进入该模块后根据具体要求进行子模块选择，子模块包括区域管理。操作完成后系统管理活动结束。系统管理员登录系统后首先根据需求选择工程文档管理功能，进入该模块后根据具体要求进行子模块选择。子模块包括工程定义、工程阶段管理和工程文件管理。操作完成后工程文档管理活动结束。系统管理员登录系统后首先根据需求选择设备管理与维护功能，进入该模块后根据具体要求进行子模块选择。子模块包括测点管理、数据卡管理、视频设备管理、故障管理和阀门操作流程管理。操作完成后设备管理与维护活动结束。系统管理员登录系统后首先根据需求选择灌溉制度功能，进入该模块后根据具体要求进行子模块选择。子模块包括灌溉模式管理、按湿度灌溉计划、按时间灌溉计划、灌溉计划管理和作物生长期管理。操作完成后灌溉制度活动结束。系统管理员登录系统后首先根据需求选择水价改革基础数据功能，进入该模块后根据具体要求进行子模块选择。子模块包括水利年度、水权、区域、水价、定额管理、水权管理、地块管理和用水户管理。操作完成后农业水价改革基础数据活动结束。

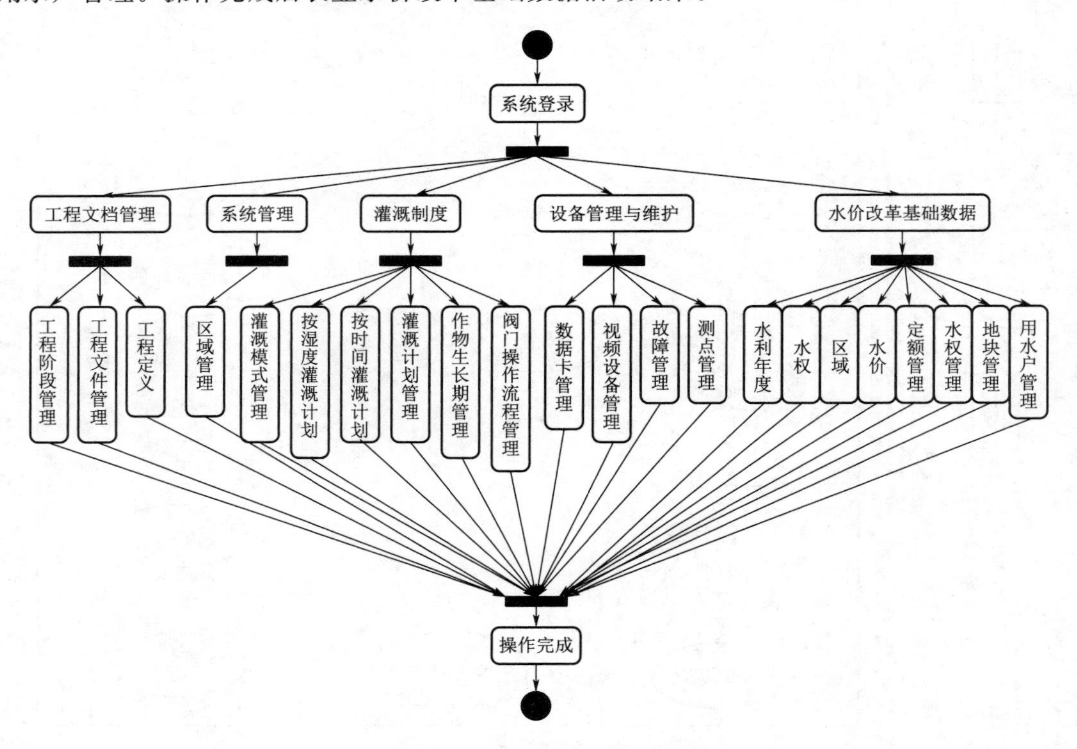

图8-10 基本信息管理活动图

8.3 系统非功能分析

水肥一体化信息系统主要是为了集成山区现代水利饮水安全与农业水价综合改革两大任务进行开发的平台。根据任务性质可知该系统需要具有以下非功能需求。

(1) 安全性需求：用户在身份认证、身份信息等方面的要求。数据方面根据用户角色获得的权限进行相关的数据操作，防止越权导致信息泄露。

(2) 稳定性需求：水肥一体化信息系统需要连续的对各工程项目工作情况进行监控。因此在系统设计中，需要对现场设备通信网络以及数据传输方式进行合理的设计。

(3) 可维护性需求：虽然在系统开发时对系统需求分析已经做了详细分析，但是随着现场设备的更新换代，监控方式也会随之进行相应的改变，这就使得系统具有良好的扩展性。

(4) 易用性需求：由于系统的直接使用者多为农民，科学技能相对不足，因此对于界面的直观性、易用性以及项目文档和培训资料等方面也提出了要求。

8.4 系统框架设计

8.4.1 系统架构设计

从系统需求分析出发，结合本系统相关技术基础，建立系统架构示意图，如图 8-11 所示。

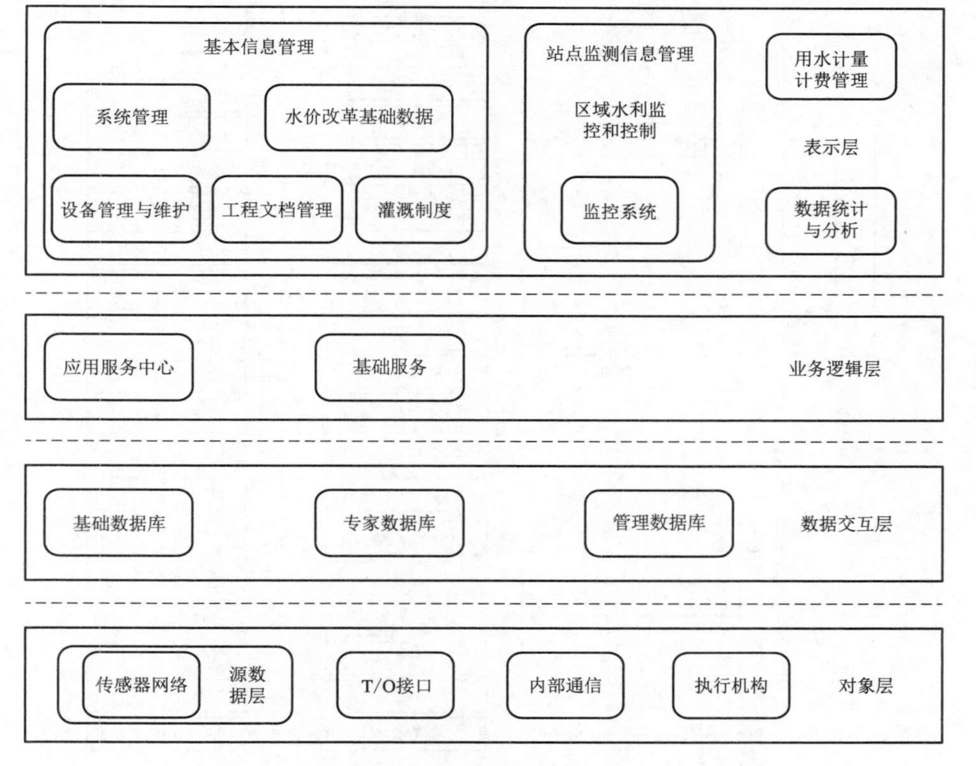

图 8-11　系统架构示意图

对象层是监测工程项目现场自动化系统的模型，主要职责是为数据库提供数据源以及从数据库获取控制参数实现现场自动化设备的控制。

系统远程监控的本质是对控制器寄存器的操作处理，当需要完成一项任务时，数据交互层从业务逻辑层获得指令，然后将指令通过 modbus 协议送到寄存器进行相应的处理。依托 MyBatis 技术，可以方便业务与数据库实现交互。

系统最核心的部分是业务处理，需要完成做什么、怎么做的问题。这部分在业务逻辑层实现。

用户与系统的交互通过表示层进行，即用户需要获取与控制的数据可以通过浏览器网页直接操作。一个友好的前端视图设计可以达到事半功倍的效果。

8.4.2 系统功能架构设计

根据水肥一体化信息系统的功能要求，该系统主要包括十大功能：系统管理、工程文档管理、水价改革基础数据、用水计量计费管理、灌溉制度、设备管理与维护、数据统计与分析、区域水利监控和控制、GIS 和监控系统。系统功能架构如图 8-12 所示。

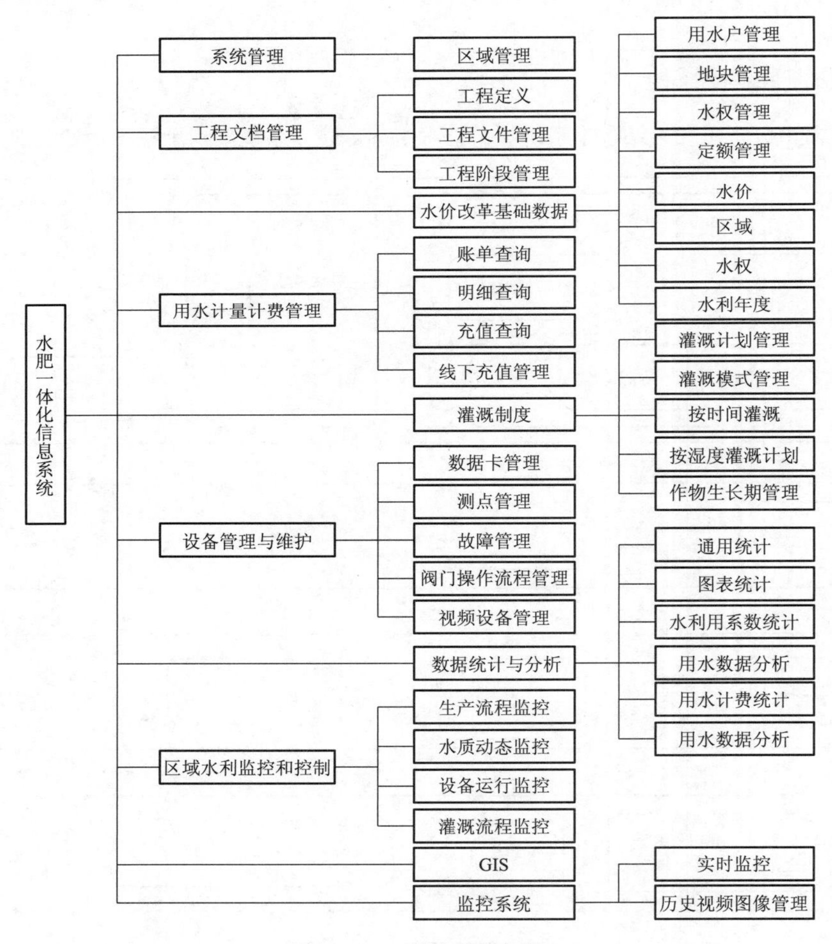

图 8-12 系统功能架构

8.4.3 系统各模块详细设计

本节对水肥一体化信息系统各模块进行具体设计。按照功能分析主要包括核心包 com. waterconservancy. entity，com. waterconservancy. dao，com. waterconservancy. - service，com. waterconservancy. controller，如图 8-13 所示。

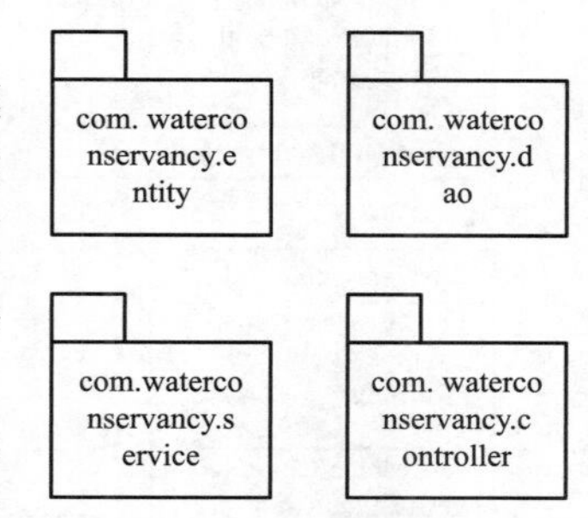

图 8-13 系统核心包

com. waterconservancy. entity，将底层对象封装成实体模型，为业务层提供数据支持。com. waterconservancy. dao，在数据交互层建立并实现，定义了业务逻辑与数据库交互的规则与具体细节。com. waterconservancy. service，定义了业务具体处理方法并向外界提供公用 API。com. waterconservancy. controller，引用对应的 Service 层实现业务逻辑控制。针对每个功能分别采用类图进行静态建模，采用时序图进行动态建模。

8.4.3.1 工程项目监控信息管理

工程项目监控信息管理模块类包含 Water _ MonitorandControl _ Controller 水利监测与控制控制类；Water _ Quality _ Service 水质量管理业务逻辑类；DeviceOperation _ Service 设备运行管理业务逻辑类；水利监控系统管理业务逻辑类 Water _ Monitor _ Service；Water _ Process _ Service 水生产流程管理业务逻辑类；Water _ GIS _ Service 水利工程 GIS 管理业务逻辑类；Water _ QualityInfo 水质信息实体类；DeviceInfo 设备信息实体类。各类方法的详细设计见表 8-1。

表 8-1　　工程项目监控信息管理模块类中方法表

类　　名	方　　法
Water _ MonitorandControl _ Controller	执行控制函数 execute ()
Water _ Quality _ Service	getWater _ QualityInfo () 水质量信息获取函数
DeviceOperation _ Service	getDeviceInfo () 设备实时信息获取函数 setDeviceInfo () 设备控制信息设置函数 water _ Process () 水处理实时信息获取函数 water _ Monitor () 水处理控制信息设置函
Water _ Monitor _ Service	realTimeMonitor () 实时信息监控函数 queryHistoryData () 历史信息查询函数
Water _ Process _ Service	reportProcess () 运行报告管理函数 QueryWaterInfo () 水源基础信息查询函数
Water _ GIS _ Service	showMap () 地图调用函数

限于篇幅，本节仅对主要函数作功能详解。水利监测与控制控制类 Water _ Moni - torandControl _ Controller 中执行控制函数 execute ()，其功能是根据用户任务请求类型，将任务分发到具体的业务处理程序，控制所涉及的业务逻辑类的逻辑关系，最后实现请求任务并返回相应结果。realTimeMonitor () 实时信息监控函数和 queryHistoryData

() 历史信息查询函数分别实现监控工程项目视频图像的实时图像获取方法和历史图像调用方法。工程项目监控信息管理静态结构类图如图 8 - 14 所示。

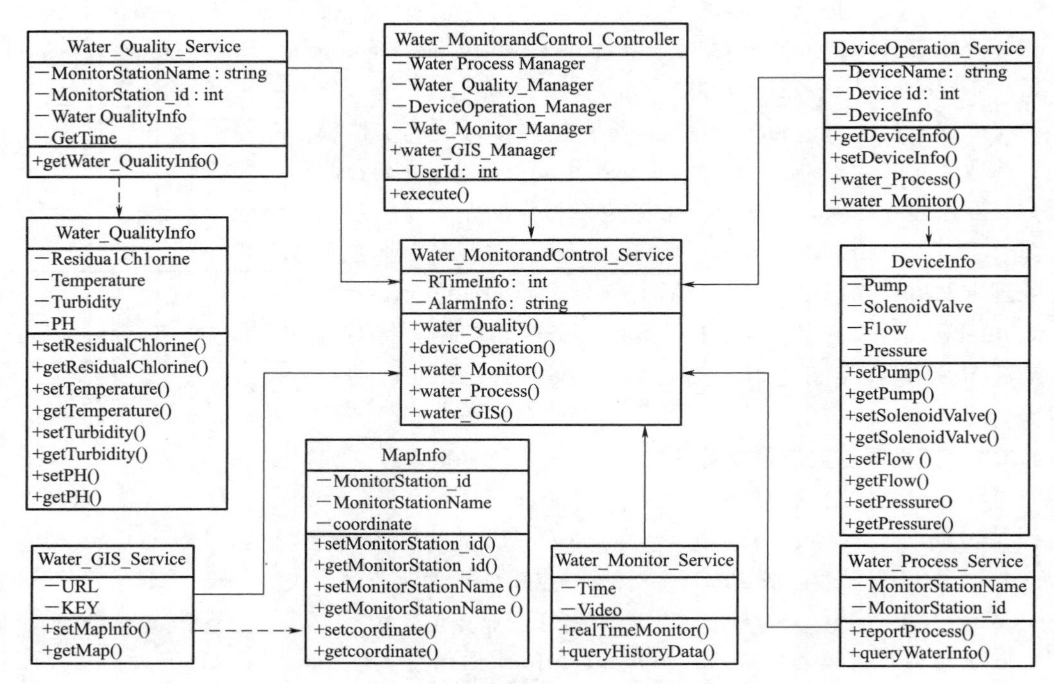

图 8 - 14 工程项目监控信息管理静态结构类图

为了更直观地展示系统该模块任务处理的流程，现绘制水质量监测数据获取和设备控制任务时序图，如图 8 - 15 所示。

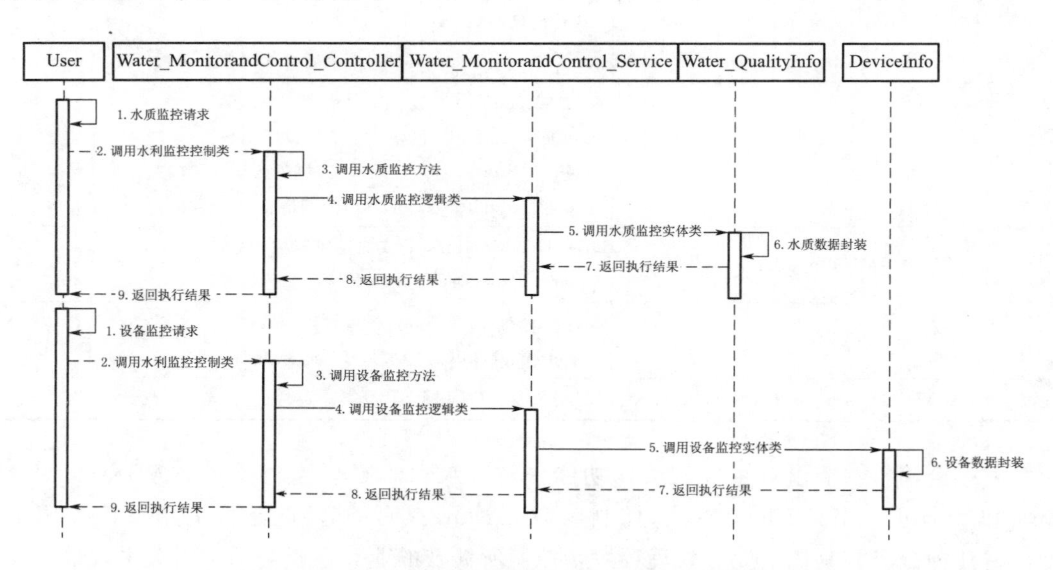

图 8 - 15 水质量监测数据获取和设备控制任务时序图

由图 8－15 可知，获取水质量检测数据的流程为：水厂管理员发出水质监控任务请求，系统接收后交给 Water _ MonitorandControl _ Controller 水利监测与控制控制类进行任务分派处理。Water _ MonitorandControl _ Controller 水利监测与控制控制类根据任务内容调用 Water _ MonitorandControl _ Service 水利监测与控制管理类子类水质量管理业务逻辑类 Water _ Quality _ Service 中获取水质量信息函数 getWater _ QualityInfo ()，水质量信息函数 getWater _ QualityInfo () 获取数据库映射的水质信息实体类 Water _ QualityInfo 并将数据结果返回给水厂管理员。

进行设备监控请求的流程为：水厂管理员或用水户发出设备监控任务请求，系统接收后交给 Water _ MonitorandControl _ Controller 水利监测与控制控制类进行任务分派处理。Water _ MonitorandControl _ Controller 水利监测与控制控制类根据任务内容调用水利监测与控制管理类 Water _ MonitorandControl _ Service 子类设备运行管理业务逻辑类 DeviceOperation _ Service 中设备实时信息获取函数 getDeviceInfo () 和设备控制信息设置函数 setDeviceInfo ()，设备实时信息获取函数 getDeviceInfo () 获取数据库映射的设备信息实体类 Water _ QualityInfo 并将数据结果返回给水厂管理员或用水户，设备控制信息设置函数 setDeviceInfo () 将控制参数通过实体类写入数据库来对设备状态进行控制，并返回处理结果。

8.4.3.2 用水计量计费管理

用水计量计费模块主要设计类包括用水计量计费控制类 WaterMeasureandCharge _ Controller，用水计量计费管理类 WaterMeasureandCharge _ Service，账单管理业务逻辑类 Bill _ Service，用水明细查询业务逻辑类 BillDetails _ Service，充值查询管理业务逻辑类 UserRecharge _ Service，线下充值管理业务逻辑类 UserOfflineRecharge _ Service，账单信息实体类 BillInfo，账单明细实体类 BillDetailsInfo，userOfflineRechargeManage () 充值信息实体类 UserRechargeInfo，用户信息实体类 UserInfo。用水计量计费模块类中方法表见表 8－2。

表 8－2　　用水计量计费模块类中方法表

类　名	方　法
WaterMeasureandCharge _ Controller	执行控制函数 execute ()
WaterMeasureandCharge _ Service	账单管理方法 billManage ()
	用水明细管理方法 billDetailsManage ()
	充值查询管理方法 userRechargeManage ()
	线下充值管理方法 userOfflineRechargeManage ()
Bill _ Service	showBillInfo () 账单查询方法
BillDetails _ Service	showbIllDetailsInfo () 用水明细查询方法
UserRecharge _ Service	showUserRechargeInfo () 充值信息查询方法
UserOfflineRecharge _ Service	RechargeManage () 线下充值管理方法
	showUserInfo () 用户信息查询方法

用水计量计费管理静态结构类图如图 8-16 所示。

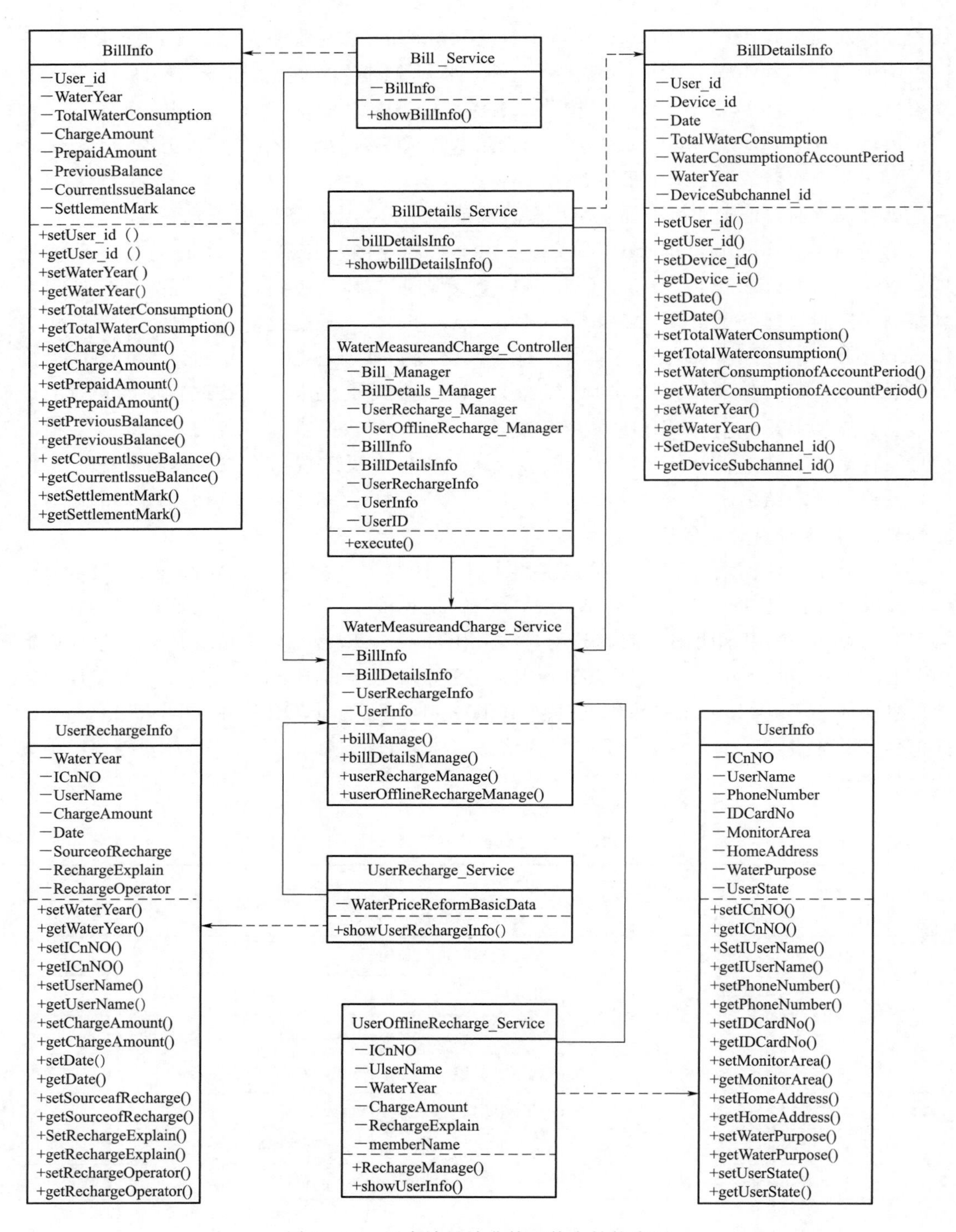

图 8-16　用水计量计费管理静态结构类图

限于篇幅，本节仅对主要函数作功能详解。WaterMeasureandCharge _ Controller 用水计量计费控制类中执行控制函数 execute ()，其功能是根据用户任务请求类型，将任务分发到具体的业务处理程序，控制所涉及的业务逻辑类的逻辑关系，最后实现请求任务并返回相应结果。RechargeManage () 线下充值管理方法中设计了实现线下充值的具体方法。

为了更直观地展示系统该模块任务处理的流程，现绘制用户账单查询和线下充值任务时序图，如图 8-17 所示。

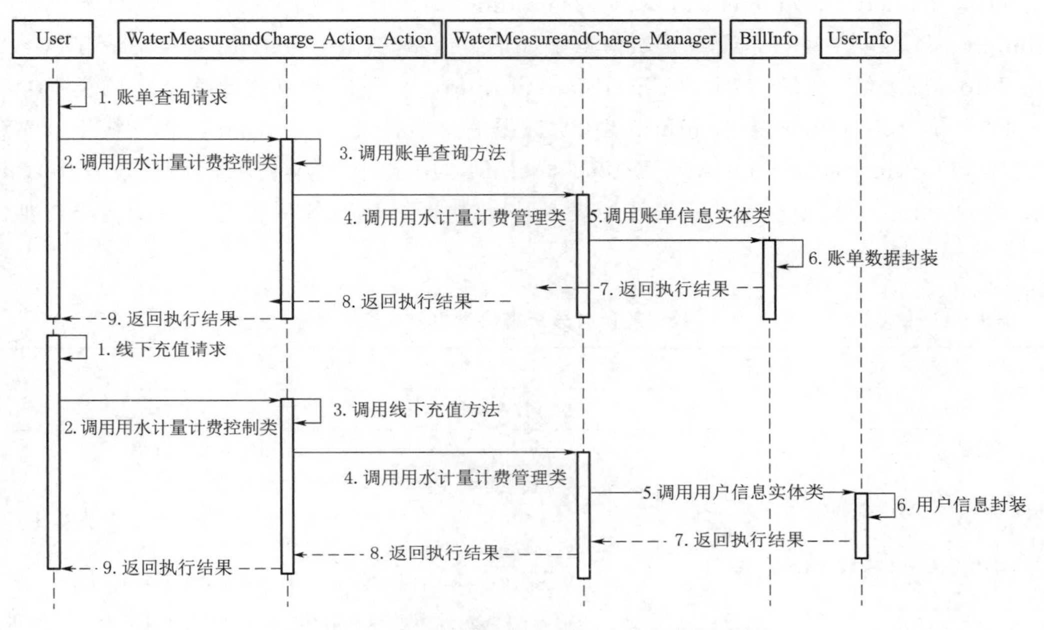

图 8-17　用户账单查询和线下充值任务时序图

由图 8-17 可知，用户账单查询流程为：用水户发出账单查询任务请求，系统接收后交给用水计量计费控制类 WaterMeasureandCharge _ Controller 进行任务分派处理。用水计量计费控制类 WaterMeasureandCharge _ Controller 根据任务内容调用用水计量计费管理类 WaterMeasureandCharge _ Service 子类账单管理业务逻辑类 Bill _ Service 中查询账单方法 showBillInfo ()，showBillInfo () 账单查询方法获取数据库映射的账单信息实体类 BillInfo 并将数据结果返回给用水户。

线下充值任务请求的流程为：系统管理员发出线下充值任务请求，系统接收后交给用水计量计费控制类 WaterMeasureandCharge _ Controller 进行任务分派处理。用水计量计费控制类 WaterMeasureandCharge _ Controller 根据任务内容调用用水计量计费管理类 WaterMeasureandCharge _ Service 子类 UserOfflineRecharge _ Service 线下充值管理业务逻辑类中 RechargeManage () 线下充值管理方法，RechargeManage () 线下充值管理方法获取数据库映射的用户信息实体类 UserInfo 后将充值信息通过实体类写入数据库，同时将数据结果返回给用水户，并返回处理结果。

8.4.3.3 数据统计与分析

数据统计与分析模块主要设计类包括：数据统计与分析控制类 DataStatisticsandAnalysis _ Controller，数据统计与分析管理类 DataStatisticsandAnalysis _ Service，通用统计管理业务逻辑类 GeneralStatistics _ Service，图表统计管理业务逻辑类 ChartStatistics _ Service，水利用系数管理业务逻辑类 StatisticsofWaterUtilizationCoefficient _ Service。

用水数据分析业务逻辑类 WaterDataAnalysis _ Service，用水户线下收费报表管理业务逻辑类 OfflineFeeStatementforWaterUsersInfo，用水计费统计管理业务逻辑类 WaterBillingStatistics _ Service，设备状态信息统计报表信息实体类 StatisticalReportofDeviceStatusInfo，图表统计信息实体类 ChartStatisticsInfo，水利用系数统计信息实体类 StatisticsofWaterUtilizationCoefficientinfo，用水数据信息实体类 WaterData，用户线下收费信息实体类 OfflineFeeStatementforWaterUsersInfo，用水计费统计信息实体类 WaterBillingStatisticsInfo。类中主要方法设计见表 8-3。数据统计与分析管理静态结构类图如图 8-18 所示。

表 8-3 数据统计与分析模块类中方法表

类 名	方 法
DataStatisticsandAnalysis _ Controller	执行控制函数 execute ()
DataStatisticsandAnalysis _ Service	GeneralStatistics _ Service () 通用统计管理方法 ChartStatistics _ Service () 图表统计管理方法 StatisticsofWaterUtilizationCoefficient _ Service () 水利用系数管理方法 WaterDataAnalysis _ Service () 用水数据分析管理方法 OfflineFeeStatementforWaterUsersInfo () 用水户线下收费报表管理方法 WaterBillingStatistics _ Service () 用水计费统计管理方法
GeneralStatistics _ Service	getStatisticalReportofDeviceStatusInfo () 获取设备状态统计报表信息方法
ChartStatistics _ Service	getChartStatisticsInfo () 获取图表统计信息方法
StatisticsofWaterUtilizationCoefficient _ Service	StatisticalTools () 水利用系数统计方法 getStatisticsofWaterUtilizationCoefficientInfo () 获取水利用系数统计方法
WaterDataAnalysis _ Service	WaterMeasuring () 用水计量方法 WaterbillingIncome () 用水计费收入方法 WaterFinancialRevenue () 用水财务收入方法 MonthonMonthStatistics () 用水量同比统计方法 ChainRatioStatistics () 用水量环比统计方法
OfflineFeeStatementforWaterUsers _ Service	queryReportOfflineFeeDaily () 查询线下收费日报表方法， queryReportOfflineFeeMonthly () 查询线下收费月报表方法
WaterBillingStatistics _ Service	queryReportofWaterYearMoney () 查询用水计费年报表

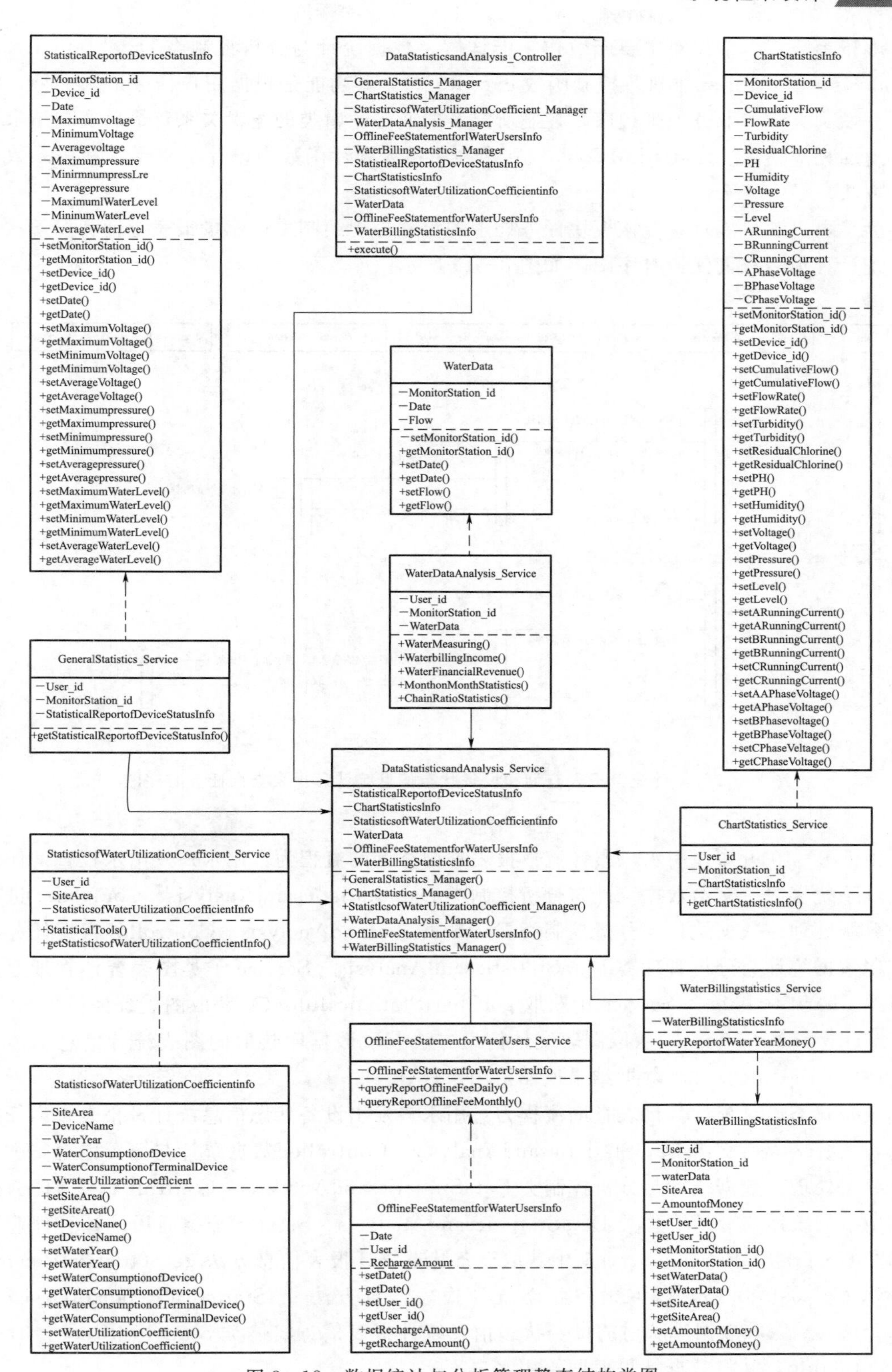

图 8-18 数据统计与分析管理静态结构类图

限于篇幅，本节仅对主要函数作功能详解。数据统计与分析控制类 DataStatisticsandAnalysis _ Controller 中执行控制函数 execute ()，其功能是根据用户任务请求类型，将任务分发到具体的业务处理程序，控制所涉及的业务逻辑类的逻辑关系，最后实现请求任务并返回相应结果。StatisticalTools () 水利用系数统计函数中设计了实现水利用系数的计算方法。

为了更直观地展示系统该模块任务处理的流程，现绘制累计流量报表查询和设备状态信息统计月报表查询任务时序图，如图 8 - 19 所示。

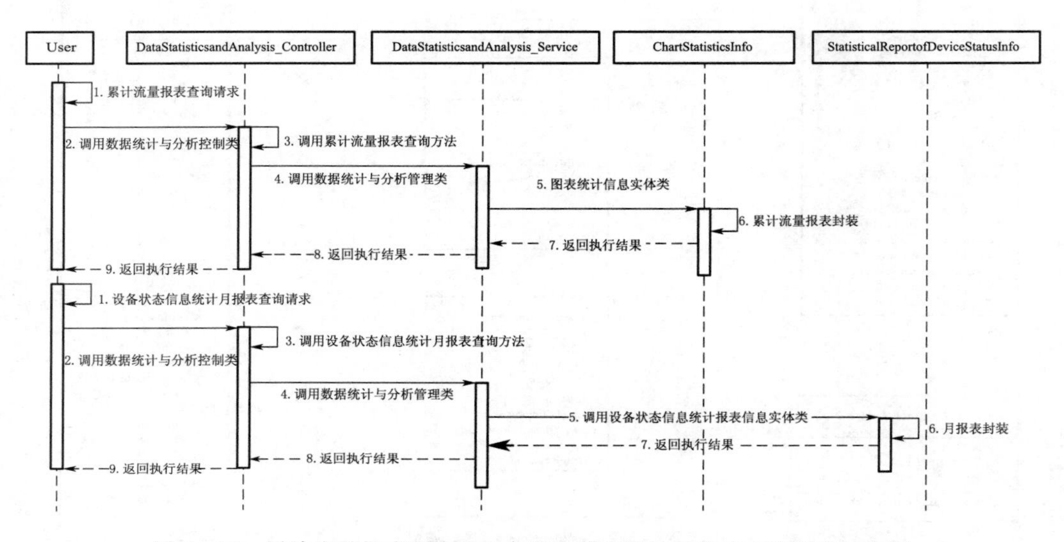

图 8 - 19 累计流量报表查询和设备状态信息统计月报表查询任务时序图

由图 8 - 19 可知，用水户累计流量报表查询查询的流程为：用水户发出水权查询任务请求，系统接收后交给数据统计与分析控制类 DataStatisticsandAnalysis _ Controller 进行任务分派处理。数据统计与分析控制类 DataStatisticsandAnalysis _ Controller 根据任务内容调用数据统计与分析管理类 DataStatisticsandAnalysis _ Service 子类图表统计管理业务逻辑类 ChartStatistics _ Service 中获取 getChartStatisticsInfo () 获取图表统计信息方法，getChartStatisticsInfo () 获取图表统计信息方法获取数据库映射的图表统计信息实体类 ChartStatisticsInfo，并将数据结果返回给用水户。

设备状态信息统计月报表查询流程为：用水户发出设备状态信息统计月报表查询任务请求，系统接收后交给 DataStatisticsandAnalysis _ Controller 数据统计与分析控制类进行任务分派处理。数据统计与分析控制类 DataStatisticsandAnalysis _ Controller 根据任务内容调用数据统计与分析管理类 DataStatisticsandAnalysis _ Service 子类通用统计管理业务逻辑类 GeneralStatistics _ Service 中获取设备状态统计报表信息方法 getStatisticalReportofDeviceStatusInfo ()，获取设备状态统计报表信息方法 getStatisticalReportofDeviceStatusInfo () 获取数据库映射的设备状态信息统计报表信息实体类 StatisticalReportofDeviceStatusInfo，并将数据结果返回给用水户。

8.4.3.4 基本信息管理

基本信息管理包括系统管理、工程文档管理、设备管理与维护、灌溉制度和水价改革基础数据五个子模块，与之对应的主要设计类包括：BasicInfo _ Service _ Controller 基本信息管理控制类，System _ Service 系统管理业务逻辑类，EngineeringDocuments _ Service 工程文档管理业务逻辑类，DeviceManageandMaintain _ Service 设备管理与维护管理业务逻辑类，IrrigationSchedule _ Service 灌溉制度管理业务逻辑类，BasicDataofWaterPriceReform _ Service 水价改革基础数据管理业务逻辑类，IrrigationScheduleInfo 灌溉计划信息实体类，DeviceManageandMaintainInfo 设备管理与维护信息实体类，WaterPriceReformBasicData 水价改革基础数据实体类。基本信息管理模块类中方法表见表 8－4。

表 8－4　基本信息管理模块类中方法表

类　名	方　法
BasicInfo _ Service _ Controller	Execute () 执行控制函数
System _ Service	addUserInfo () 添加用户信息函数 deleteUserInfo () 删除用户信息函数 modifyUserInfo () 修改用户信息函数 addSiteAreaInfo () 添加工程项目区域信息函数 deleteSiteAreaInfo () 删除工程项目区域信息函数 modifySiteAreaInfo () 修改工程项目区域信息函数 setSiteAreaScope () 设置区域范围 getSiteAreaScope () 获取区域范围
EngineeringDocuments _ Service	EngineeringManage () 工程管理函数 UpLoadDcument () 上载文件函数 UpLoadDcument () 下载文件函数
DeviceManageandMaintain _ Service	deviceManage () 设备管理函数 troubleProcessing () 设备故障申报函数 repair () 设备维修处理函数 operationManual () 操作手册函数
IrrigationSchedule _ Service	irrigationMethod () 灌溉方式函数 irrigationSchedule () 灌溉计划管理函数
BasicDataofWaterPriceReform _ Service	addWaterPriceReformBasicData () 添加农业水价综合改革基础数据函数 deleteWaterPriceReformBasicData () 删除农业水价综合改革基础数据函数 modifyWaterPriceReformBasicData () 修改农业水价综合改革基础数据函数 queryWaterPriceReformBasicData () 查询农业水价综合改革基础数据函数

限于篇幅，本节仅对主要函数作功能详解。基本信息管理控制类 BasicInfo _ Service _ Controller 中执行控制函数 execute ()，其功能是根据用户任务请求类型，将任务分发到具体的业务处理程序，控制所涉及的业务逻辑类的逻辑关系，最后实现请求任务并返回相应结果。EngineeringManage () 工程管理函数主要设计了工程定义和工程进行阶段相关信息的增删改查实现方法。deviceManage () 设备管理函数主要设计了各现场设备如数据卡、视频设备等基本信息管理的实现方法。灌溉计划管理函数 irrigationSchedule () 主要

设计了灌溉模式定义、灌溉计划制定、作物生长知识等信息管理的实现方法，irrigation-Method（）灌溉方式函数主要设计了按照特定灌溉模式进行灌溉任务的实现方法。基本信息管理静态结构类图如图 8-20 所示。

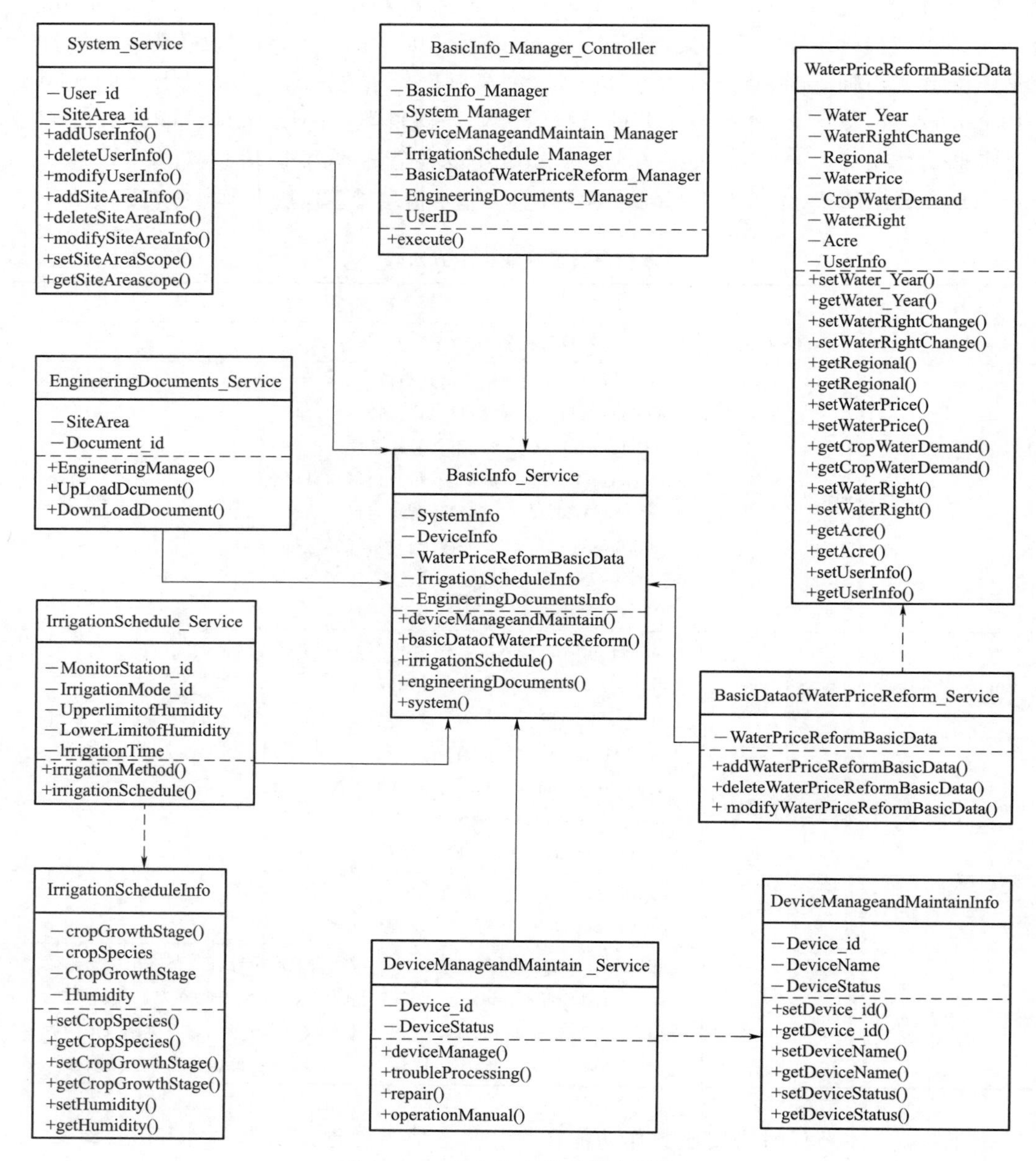

图 8-20 基本信息管理静态结构图

为了更直观地展示系统该模块任务处理的流程，现绘制用水户水权查询和按时间灌溉模式灌溉计划查询任务时序图，如图 8-21 所示。

由图 8-21 可知，用水户水权查询的流程为：用水户发出水权查询任务请求，系统接收后交给 BasicInfo _ Service _ Controller 基本信息管理控制类进行任务分派处理。基本信息管理控制类 BasicInfo _ Service _ Controller 根据任务内容调用基本信息管理控制类 BasicInfo _ Service _ Controller 子类 BasicDataofWaterPriceReform _ Service 农业水价综合改革基础数据管理业务逻辑类中获取 queryWaterPriceReformBasicData（）查询农业水价综合改革基础数据函数，queryWaterPriceReformBasicData（）查询农业水价综合改革基础数据函数获取数据库映射的 WaterPriceReformBasicData 农业水价综合改革基础数据实体类，并将数据结果返回给用水户。

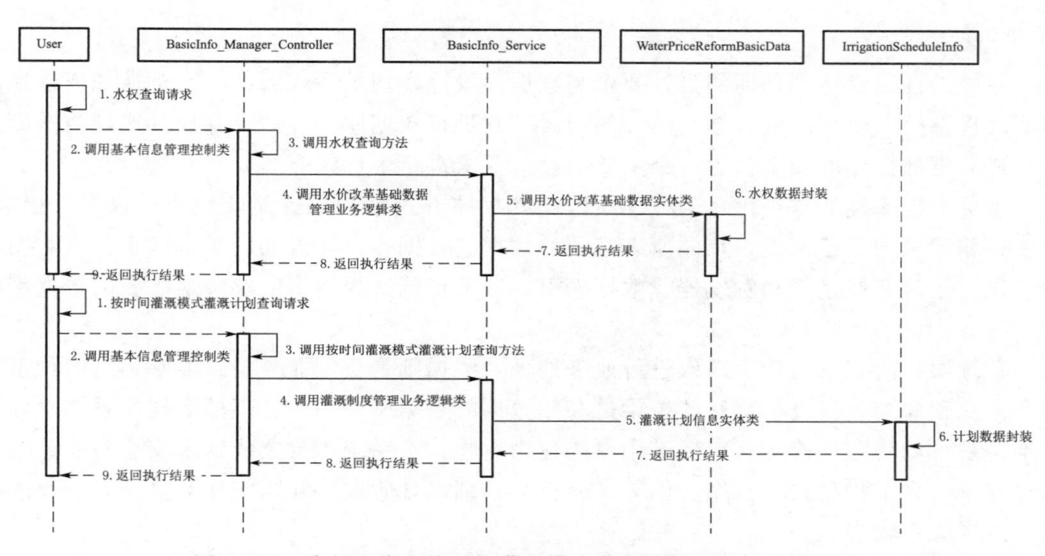

图 8-21　水权查询和按时间灌溉模式灌溉计划查询任务时序图

按时间灌溉模式灌溉计划查询的流程为：用水户发出按时间灌溉模式灌溉计划查询任务请求，系统接收后交给 BasicInfo _ Service _ Controller 基本信息管理控制类进行任务分派处理。BasicInfo _ Service _ Controller 基本信息管理控制类根据任务内容调用 BasicInfo _ Service _ Controller 基本信息管理控制类子类 IrrigationSchedule _ Service 灌溉制度管理业务逻辑类中获取 irrigationSchedule（）灌溉计划管理函数，irrigationSchedule（）灌溉计划管理函数获取数据库映射的 IrrigationScheduleInfo 灌溉计划信息实体类，并将数据结果返回给用水户。

8.5　本章小结

本章开展了山地水肥一体化系统的需求分析，完成了系统框架设计、硬件系统设计、软件结构设计以及系统的实现。

第9章

水肥精准调控信息系统数据库设计

系统的性能否达到预期的设计要求与数据库设计密切关系，因此，本章从如何选择数据库管理系统、研究影响数据库设计的因素，到进行数据库的设计，并设计实现数据库接口，最后把数据库的安全作为一个重要的设计要求进行了详细介绍。

衡量数据库性能是否优良的标准不仅是其存储方式是否保证能够快速地保存、提取、编辑、删除数据，还有能否存储所有必须的数据。数据库设计成功的关键因素是，数据库规范化、运用存储过程和触发器、数据索引，以及正确选择一个能够满足需要的数据库管理系统。

系统架构决定系统能否高效进行业务处理，数据则是决定业务是否能够运行的最重要的资源。程序与数据进行交互的桥梁是存储数据的数据库，一个合理的数据库系统设计可以维持系统的稳定准确运行，提升用户的使用体验。本系统需要集成饮水安全与农业水价综合改革两大工程项目，根据功能需求分析与详细设计阶段可知系统相对复杂，涉及的数据与逻辑关系较多。

9.1 数据库设计

为了能够直观清楚地表现该系统数据库的设计，本节将从数据库设计基本原则、数据库设计思路、概念模型设计和逻辑结构设计4个方面进行说明。

9.1.1 数据库设计基本原则

数据是企业信息的核心，关系到系统实际运行性能的好坏。为了防止数据库设计不合理引发的业务功能失常或者系统崩溃，数据库设计应遵守合理的设计原则：

（1）一表一用。按照系统业务功能把同一主题的数据放到一张数据表中。

（2）尽量减少数据字典的冗余度，提高数据库工作性能。

（3）范式标准。数据表的设计应尽量满足第三范式，同时要合理增加数据冗余度，以空间换时间，提高数据库运行速度。

（4）关系数据库设计时，数据表关系只有一对一和一对多。多对多时必须拆分为一对多再进行处理。

（5）数据安全性。保护数据安全的最有效方式是进行备份，分布式系统服务器之间相互备份能够保证异常情况下丢失的数据得到快速准确恢复。

9.1.2 数据库设计思路

数据库的设计主要是根据系统功能进行实体类信息的设计，同一功能涉及许多信息表，因此建立合理的信息表之间的逻辑关系和非业务功能涉及的信息表设计同样不容忽视。本系统的数据库设计思路：

(1) 根据业务功能和实际情况抽象出实体类，建立数据模型。

(2) 根据数据模型建立实体类表，包括字段名称、字段CODE、类型等。

(3) 根据业务逻辑建立信息表之间逻辑关系，包括主键和外键信息。

(4) 设计非系统业务功能相关信息表。

9.1.3 概念模型设计

数据库概念模型设计是根据系统功能将数据抽象总结出与现实世界一一对应的实体对象，并根据对象之间的业务逻辑关系建立E-R图。E-R图是抽象和描述现实世界的有力工具，可以清楚描述各实体之间关系和属性，便于非专业人员对系统实现各业务功能的理解。

本系统集成饮水安全和农业水价综合改革两大工程项目，将汇集的数据按照业务逻辑结构和数据库标准进行E-R图与数据表设计，搭建实时信息数据库、文档管理数据库、业务基础数据库等数据库，为不同业务功能提供数据支持。数据形式既有结构化数据，也包含非结构化数据，如表格、文档、文本、图形、图像、声音等。涉及的相关实体对象与业务逻辑概括E-R图如图9-1所示。

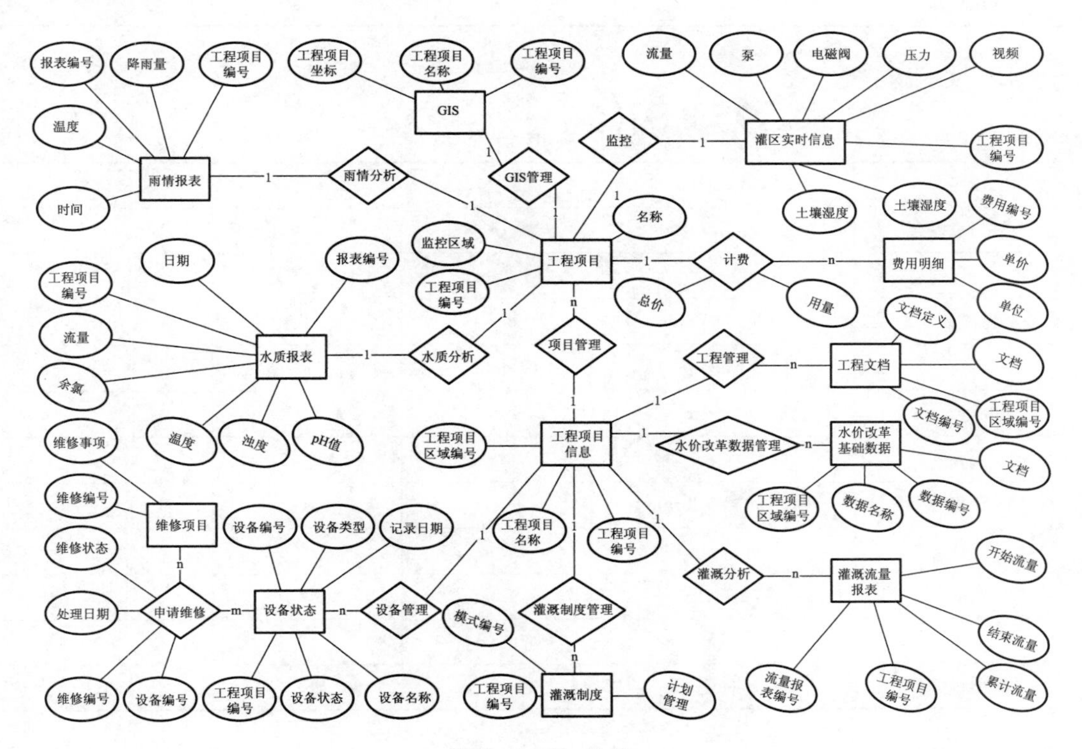

图9-1 E-R图

由E-R图可知，工程项目分别监控灌区实时信息和水厂实时信息，同时对用水计费业务、GIS、雨情报表和水质报表进行管理；工程项目信息分别管理工程项目、设备状态、灌溉流量报表、灌溉制度、水价基础数据和工程文档；设备状态根据申请维修情况管理维修项目细节。

9.1.4 逻辑结构设计

信息表是在实体类模型的基础上设计出来的，根据数据库设计思路，本节介绍详细的设计系统所涉及的信息字典和各信息表间的逻辑关系。

灌区实时信息表见表9-1。

表9-1 灌区实时信息表

字段名称	字段CODE	类型	宽度	主键或外键
实时信息编号	RtimeInfo_id	Int	10	主键
泵	Pump	Boolean		
电磁阀	SolenoidValve	Boolean		
流量	Flow	Double	20	
压力	Pressure	Double	10	
视频	Video	Varchar	20	
工程项目编号	Project_id	Int	10	外键

水厂实时信息表见表9-2。

表9-2 水厂实时信息表

字段名称	字段CODE	类型	宽度	主键或外键
实时信息编号	RtimeInfo_id	Int	10	主键
泵	Pump	Boolean		
电磁阀	SolenoidValve	Boolean		
流量	Flow	Double	20	
压力	Pressure	Float	10	
视频	Video	Varchar	20	
余氯	ResidualChlorine	Float	10	
温度	Temperature	Float	10	
浊度	Turbidity	Float	10	
pH	pH	Float	10	
工程项目编号	Project_id	Int	10	外键

计费清单表见表9-3。

表 9-3 计费清单表

字段名称	字段 CODE	类型	宽度	主键或外键
缴费编号	Pay _ id	Int	10	主键
费用编号	Bill _ id	Int	10	外键
用水户编号	Owner _ id	Int	10	外键
使用总量	Dosage	Double	20	
缴费总额	TotalPrice	Float	10	

费用明细表见表 9-4。

表 9-4 费用明细表

字段名称	字段 CODE	类型	宽度	主键或外键
费用编号	Bill _ id	Int	10	主键
费用名称	Bill _ Name	Varchar	20	
费用单价	UnitPrice	Float	10	
费用单位	Unit	Varchar	20	

雨情报表信息表见表 9-5。

表 9-5 雨情报表信息表

字段名称	字段 CODE	类型	宽度	主键或外键
报表编号	Report _ id	Int	10	主键
降雨量	RainFall	Float	10	
时间	Date	Varchar	20	
工程项目编号	Project _ id	Int	10	外键

工程项目信息表见表 9-6。

表 9-6 工程项目信息表

字段名称	字段 CODE	类型	宽度	主键或外键
工程项目	ProjectArea _ id	Int	10	主键
区域编号				
工程项目名称	ProjectName	Varchar	20	
工程项目编号	Project _ id	Int	10	外键

工程项目信息表见表 9-7。

水质报表信息表见表 9-8。

灌溉流量报表信息表见表 9-9。

设备状态信息表见表 9-10。

表 9-7 工程项目信息表

字段名称	字段 CODE	类型	宽度	主键或外键
工程项目编号	Project _ id	Int	10	主键
工程项目名称	ProjectName	Varchar	20	
工程项目区域	ProjectArea	Varchar	20	外键

表 9-8 水质报表信息表

字段名称	字段 CODE	类型	宽度	主键或外键
报表编号	Report _ id	Int	10	主键
流量	Flow	Double	20	
余氯	ResidualChlorine	Float	10	
温度	Temperature	Float	10	
浊度	Turbidity	Float	10	
pH	pH	Float	10	
日期	Date	Varchar	20	
工程项目编号	Project _ id	Int	10	外键

表 9-9 灌溉流量报表信息表

字段名称	字段 CODE	类型	宽度	主键或外键
流量报表编号	FlowReport _ id	Int	10	主键
开始流量	FlowStart	Double	20	
结束流量	FlowEnd	Double	20	
累计流量	TotalFlow	Double	20	
工程项目编号	Project _ id	Int	10	外键

表 9-10 设备状态信息表

字段名称	字段 CODE	类型	宽度	主键或外键
设备编号	Device _ id	Int	10	主键
设备名称	DeviceName	Varchar	20	
设备类型	DeviceType	Int	4	
设备状态	DeviceStatus	Int	4	
记录日期	RecordTime	Varchar	20	
工程项目编号	Project _ id	Int	10	外键

设备维修项目表见表 9-11。

表 9-11 设备维修项目表

字段名称	字段 CODE	类型	宽度	主键或外键
维修编号	Repair _ id	Int	10	主键
维修事项	RepairName	Varchar	20	

设备维修记录表见表 9-12。

表 9-12 设备维修记录表

字段名称	字段 CODE	类型	宽度	主键或外键
维修编号	Repair _ id	Int	10	主键
维修状态	RepairStatus	Int	4	
处理日期	RStartDate	Varchar	20	
设备编号	Device _ id	Int	10	外键

水价改革基础数据信息表见表 9-13。

表 9-13 水价改革基础数据信息表

字段名称	字段 CODE	类型	宽度	主键或外键
数据编号	Data _ id	Int	10	主键
数据名称	DataName	Varchar	20	
文档	Dcument	Varchar	20	
工程项目区域编号	ProjectArea	Int	10	

工程文档信息表见表 9-14。

表 9-14 工程文档信息表

字段名称	字段 CODE	类型	宽度	主键或外键
文档编号	Document _ id	Int	10	主键
文档定义	DcumentDefine	Varchar	20	
文档	Dcument	Varchar	20	
工程项目区域编号	ProjectArea	Int	10	外键

灌溉制度信息表见表 9-15。

表 9-15 灌溉制度信息表

字段名称	字段 CODE	类型	宽度	主键或外键
灌溉模式编号	IrrigationMode _ id	Int	10	主键
灌溉计划管理	IrrigationPlanService	Varchar	20	
工程项目编号	Project _ id	Int	10	外键

空间信息表见表 9-16。

表9-16 空间信息表

字段名称	字段 CODE	类型	宽度	主键或外键
工程项目编号	Project_id	Int	10	主键
工程项目名称	ProjectName	Varchar	20	
工程项目坐标	ProjectCoordinate	Double	20	

9.2 数据库的安全

数据库的安全应考虑多方面的因素，除了在数据库设计中进行科学合理的规划和集中外，还需考虑数据在运行过程中的安全。数据库安全性方面的研究是至关重要的，它在保护数据库的同时，可以起到防止不合法的使用造成的数据泄密、更改或破坏等不安全因素。图9-2是常见的计算机系统安全模型。

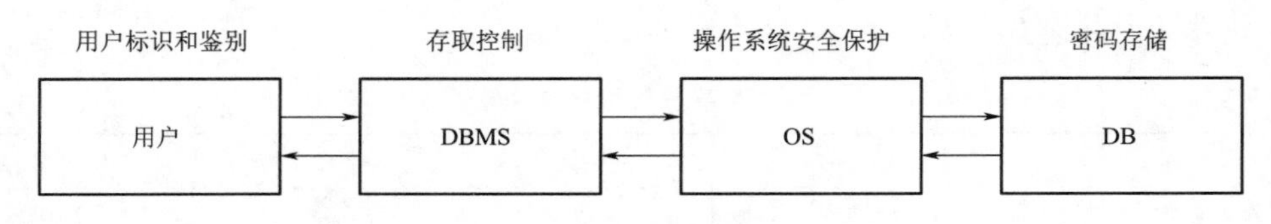

图9-2 计算机系统的安全模型

在用户登录计算机系统时，系统首先对用户标识身份系统进行鉴定，当用户输入的身份标识正确时，系统认定为合法用户，方可进入系统。当用户登录系统后，系统的存取还受到DBMS的控制，用户仅仅可以完成合法的操作和管理。

9.2.1 用户标识与鉴定

用户标识和鉴定（Identification & Authentication）是系统提供的最外层安全保护措施。系统具备的最外层安全保护措施是用户标识和鉴定。当用户每次进入系统时，系统都要对其身份信息进行核对，合法用户将获得机器的使用权，若要获得数据库的使用权限，还需数据库管理系统再次进行验证。

口令控制是常用的用户标识和鉴定的方法，也可通过复杂的算法和函数来进行。近年来，出现了一些新技术，如智能卡、数字签名以及指纹、体温、声纹、视网膜纹等生理特征的认证技术，这些都成为了研究更高安全需求用户识别方式的技术基础。

9.2.2 视图机制

视图用以实现对机密的数据提供安全保护。对重要的数据提供更高级别的安全保护，也是视图的一大优势。在水利水电工程系统中，根据用户权限的不同，采用与之相应的视图，实现用户仅仅可以看到部分视图下的数据，自动完成对机密数据或没有访问权限数据的安全保护。

9.2.3 数据加密

数据加密的目的是防止数据库中的数据在存储和传输中失密。它的主要思想是采用特定的算法，使得不知道解密算法的人无法获得数据。它手段是将原始数据（明文，Plain Text）变换为不可直接识别的格式（密文，Cipher Text），是一种较为有效的手段。

替换方法和置换方法是两种主要的加密方法。置换方法，仅将明文的字符按不同的顺序重新排列；替换方法，使用密钥（encryption key）将明文中的每一个字符转换为密文中的字符。实践表明，只有将以上两种方法结合起来才能够有相当高的安全程度。

根据情况不同，数据库的安全可在选择数据库开发工具期间进行考虑和设计，也可在数据库运行中去进行考虑。例如，采取周期性改变管理员的密码等一些预防措施，可以用来防止一些安全隐患的发生。权限用户也可以经常改变密码；避免密码共享；随机的监听所有的活动；执行数据库审核等。

9.3 本章小结

本章根据需求分析结果对系统进行详细设计。首先根据 SSM 框架将系统分为对象层、数据交互层、业务逻辑层和表示层 4 层。然后根据系统功能分析设计了系统整体功能架构。接着对系统各功能模块分别采用类图进行静态建模，采用时序图进行动态建模。再接着对工程项目工作现场进行自动化系统设计，包括自动化系统总体架构、信息传输系统、工程项目现场设备信息采集及传输系统和视频监控系统设计。最后采用 E－R 图和信息表进行数据库设计。

第 10 章

水肥精准调控信息系统实现与测试

10.1　系统实现

水肥一体化信息系统登录网址是 water. lianquyule. com，登录界面如图 10－1 所示，用户根据用户名与密码进行登录。

图 10－1　登录界面

10.2　系统管理模块

10.2.1　工程项目监控信息管理模块

工程项目监控信息管理模块实现了对水厂和灌区的监控，包括区域水利监控和控制、实时数据、视频监控和 GIS4 个功能。

该系统通过前端调用百度地图 API，实现 Web GIS 对各监控工程项目空间信息进行可视化管理，并通过点击工程进入相应的自动化仿真系统页面。调用百度地图 API 展示工程信息并点击跳转进入项目，js 实现代码为

```
<script type="text/javascript">
```

```
...
    <%Class.forName("com.microsoft.jdbc.sqlserver.SQLServerDriver").newInstance();
    String url="jdbc:microsoft:sqlserver://localhost:1433;DatabaseName=WE";//WE 为//数据库名称
    String queryNumberSQL="SELECT id,项目名称,经度,纬度 from 监测项目"; //do //the query operation
...
    %>
    //创建 marker
    function addMarker(){
        ...
        {...
        map.addOverlay(marker);
        ...
        (function(){
            var index=i;
            var _iw=createInfoWindow(i);
            var _marker=marker;
            _marker.addEventListener('click',function(){
            this.openInfoWindow(_iw);}
            });
            _marker.addEventListener('click',function(){
            window.location.href='project.jsp';
            });
            ...
            })();
        }
    }
...
</script>
```

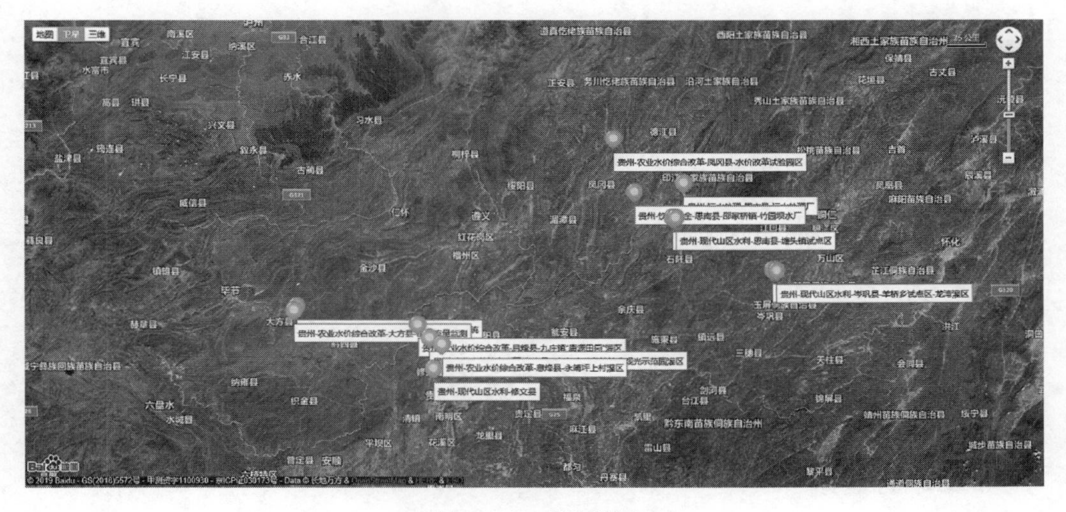

图 10-2　GIS 界面

水利工程地理信息通过 GIS 界面（图 10－2）直观表现出来，同时，通过对 GIS 界面上对象的选择，可以直接进入其业务模块，从而实现 GIS 工程项目监控业务模块的交互。

区域水利监控和控制实现了对所有在库监测设备的监测与控制，以实现设备远程控制。监控系统实现了对监测设备实时信息和工作现场实时画面的展现、记录功能，能够有效防止事故的发生。区域水利监控和控制以监测工程项目为单位对自动化系统仿真建模，建设可视化仿真系统，以生动形象的仿真模拟画面显示自动化系统每个设备的物理属性、工作状态、运行信息、报警信息的实时显示。用户只需要选择相应的设备图标就可以实现对该设备信息的查询与设备状态的远程控制。实现代码为

```
public class DeviceOperation_Manager extends Water_MonitorandControl_Manager {
    /*写数据到寄存器*/
    public static void modbusWTCP(String ip, int port, int slaveId, int start, short values) {
        ModbusFactory modbusFactory=new ModbusFactory();
        ...
        ModbusMaster tcpMaster=null;
        try {
            WriteRegistersRequest request=new WriteRegistersRequest(slaveId, start, values);
            WriteRegistersResponse response=(WriteRegistersResponse) tcpMaster.send(request);
            if (response.isException()){
                System.out.println("Exception response: message=" + response.getExceptionMessage());
            }else {
                 System.out.println("Success");
            }
        }catch (ModbusTransportException e) {
        e.printStackTrace();
        }
    }
    /*读寄存器数据*/
    public static ByteQueue modbusTCP(String ip, int port, int start,int readLenth) {
        ModbusFactory modbusFactory=new ModbusFactory();
        ...
        try{
            modbusRequest=new ReadHoldingRegistersRequest(1, start, readLenth);
        } catch (ModbusTransportException e) {
            e.printStackTrace();
        }
        ModbusResponse modbusResponse=null;
        try {
            modbusResponse=tcpMaster.send(modbusRequest);
        } catch (ModbusTransportException e) {
            e.printStackTrace();
        }
```

```
        ...
    }
}
```

某县全国节水灌溉基地信息化系统建模仿真实现图如图 10-3 所示。图 10-3 中包括灌区自动化系统各环节相关的信息，主要包括水位、压力、瞬时流量、累计流量、土壤湿度、泵各相电压和电流、气象台信息以及各设备的工作状态等信息。用水户通过加压泵和电磁阀控制管道中压力、流量，通过液位传感器监测水源液位信息，通过温湿度传感器获取土壤含水量情况。监控系统中可以查询具体设备的详细信息，包括名称、编号等基本信息和工作状态等实时信息，查询结果通过表格的形式呈现给查询者。

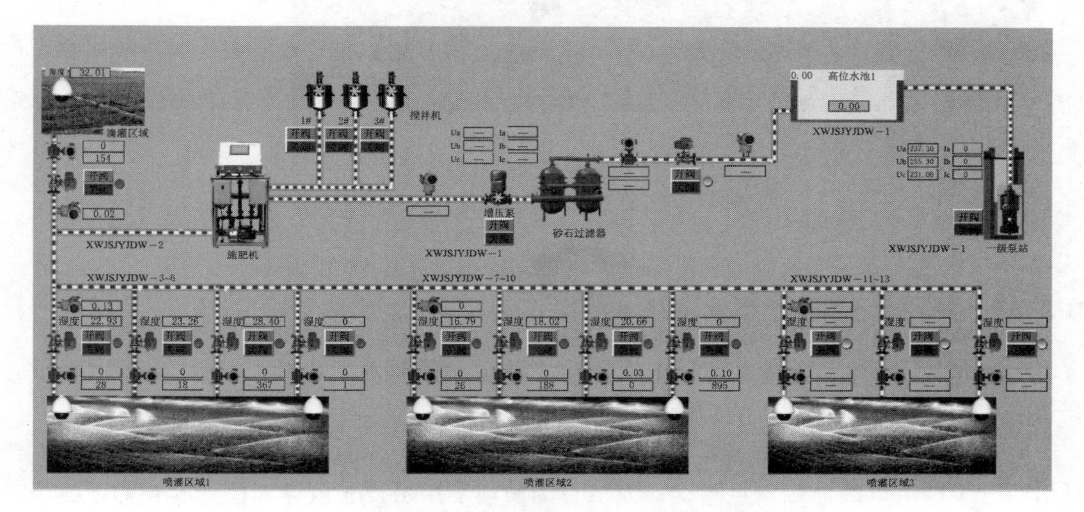

图 10-3　某县全国节水灌溉基地信息化系统建模仿真实现图

某县渔溪沟水厂的信息化仿真系统，包括水厂信息化系统各环节相关的信息，主要包括压力、流量、pH 值、余氯、浊度、温度、泵各相电压和电流以及各设备的工作状态等信息。取水环节中，水厂管理员通过加压泵控制管道中压力、流量，通过液位传感器监测水源液位信息；加药加氯环节中，水厂管理员通过计量泵和药泵分别控制加药量和加氯量进而实现水质 pH 和余氯的控制；送水环节中，水厂管理员通过泵和电磁阀控制用户端水压与流量。

由于水厂制水与灌区灌溉对实时性要求比较高，因此本系统采用实时在线视频监测的方案。考虑到非工作期间对现场情况无需实时监测，结合能源节约原则，在监测站非工作期间，采用分时段图片抓拍的形式了解现场（灌区、水厂、闸门等）情况。视频监控以最直观的方式展现工作现场画面，通过选择相应的监控通道就可以实现具体监控工程项目的现场画面。

某县节水灌溉基地工作现场视频图如图 10-4 所示。

通过相关图标按键可实现视角变换、变焦、变倍等功能。用水户根据获取的画面规划相应的灌溉进程。调度中心工作人员及主管领导可以远程监测各水厂的工作情况及水厂操作人员的操作情况。水厂管理员根据获取的画面采取相应的措施处理出现的异常状况。

图 10-4　某县节水灌溉基地工作现场视频图

10.2.2　用水计量计费管理模块

用水计量计费管理模块实现了对用水户农业用水的管理，包括账单查询、明细查询、充值查询和线下充值管理 4 个功能。

账单查询实现了用水户针对不同水利年度用水账单的查询；明细查询实现了用水户针对不同时段用水量的详细信息查询；充值查询实现了用水户充值详细信息的查询；线下充值管理实现了用水户个人信息的维护和充值功能。

账单查询结果以表格的形式显示用水户不同水利年度用水账单详细信息，主要包括用水户姓名、水利年度、总用水量、计费金额、预存金额、上期余额、本期余额和结算标志等信息，可以通过选择年份查询具体水利年度的用水账单，及时发现错误费用并止损。账单查询界面如图 10-5 所示。

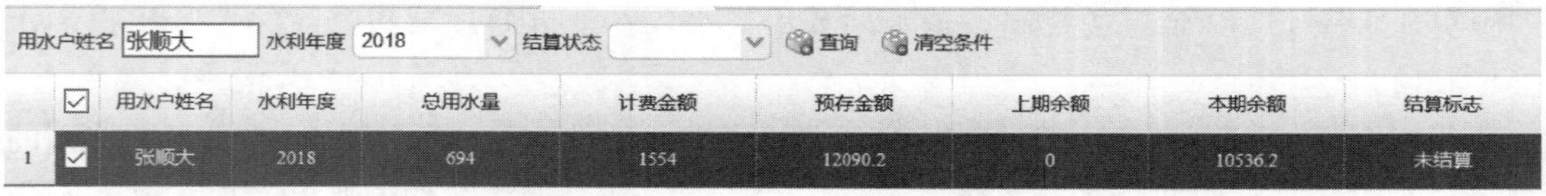

用水户姓名 张顺大　水利年度 2018　结算状态　查询　清空条件

	☑	用水户姓名	水利年度	总用水量	计费金额	预存金额	上期余额	本期余额	结算标志
1	☑	张顺大	2018	694	1554	12090.2	0	10536.2	未结算

图 10-5　账单查询界面

明细查询以表格的形式显示用水户不同时段用水量的详细信息，可以通过选择时间区间查询具体时间段的用水明细，帮助用水户了解不同时段用水状况和定位错误费用产生的源头。明细查询界面如图 10-6 所示，主要包括用水户姓名、计量设备 id、用水时间、用水量、账期内累计用水量、水利年度和计量设备子通道 ID 等信息。

水利年度 2018 用水户 IC卡号 充值时间 - 查询 清空条件

	水利年度	IC卡号	用水户	充值金额	充值时间	充值来源	充值说明	充值操作员
1	2018	10000001	张钟俊	110.00	2018-04-11 19:39:41	微信	测试	
2	2018	10000001	张钟俊	255.00	2018-04-14 17:54:27	微信		
3	2018	10000002	李镇芳	2430.00	2018-04-14 17:22:25	微信		
4	2018	10000002	李镇芳	3501.00	2018-04-14 17:23:15	微信		
5	2018	10000003	张顺大	3406.00	2018-04-14 16:55:52	微信		
6	2018	10000003	张顺大	2541.00	2018-04-14 16:57:47	微信		
7	2018	10000003	张顺大	2520.00	2018-04-14 17:06:57	微信		
8	2018	10000003	张顺大	3623.00	2018-04-14 18:56:14	微信		
9	2018	10000001	张钟俊	452.00	2018-04-14 19:11:20	微信		
10	2018	10000001	张钟俊	237.00	2018-04-14 19:23:04	微信		

图 10－6　明细查询界面

充值查询以表格的形式显示用水户充值的详细信息，可以通过选择水利年度和时间区间查询具体时间段的充值信息，帮助用水户及时了解充值到账信息，以防工作人员的失误导致未充值成功等状况。充值查询界面如图 10－7 所示，主要包括水利年度、IC 卡号、用水户、充值金额、充值时间、充值来源、充值说明和充值操作员等信息。

用水户姓名 李镇芳 水利年度 2018 用水时间 2018-01-01 06:00:00 - 2018-01-01 12:00:00 查询 清空条件

	☐	用水户姓名	计量设备id	用水时间	用水量	账期内累计用水量	水利年度	计量设备子通道id
1	☐	李镇芳	20375182635	2018-01-01 06:19:17	1.68	13.87	2018	1
2	☐	李镇芳	20375182635	2018-01-01 07:19:17	1.29	15.16	2018	1
3	☐	李镇芳	20375182635	2018-01-01 08:19:17	4.48	19.64	2018	1
4	☐	李镇芳	20375182635	2018-01-01 09:19:17	4.58	24.22	2018	1
5	☐	李镇芳	20375182635	2018-01-01 10:19:17	2.68	26.9	2018	1
6	☐	李镇芳	20375182635	2018-01-01 11:19:17	4.78	31.68	2018	1
7	☐	李镇芳	20375182918	2018-01-01 06:19:28	0.28	12.52	2018	1
8	☐	李镇芳	20375182918	2018-01-01 07:19:28	4.88	17.4	2018	1
9	☐	李镇芳	20375182918	2018-01-01 08:19:28	0.38	17.78	2018	1
10	☐	李镇芳	20375182918	2018-01-01 09:19:28	4.04	21.82	2018	1

图 10－7　充值查询界面

线下充值管理以表格的形式显示用水户个人详细信息并实现充值功能，可以通过选择水卡卡号、姓名、手机号和身份证之一查询具体用户个人详细信息，保证了系统管理员与用户的有效联系。线下充值管理界面如图 10－8 所示，其中包括水卡卡号、用户名称、手机号码、身份证号码、所在区域、家庭住址、取水用途和用户状态等信息。

图 10－8 线下充值管理界面

10.2.3 数据统计与分析模块

数据统计与分析实现了对设备工作状态信息和用水户缴费费用信息的统计与查询，同时实现了对用水户用水数据的统计分析，主要包括通用统计、图表统计、水利用系数统计、用水户线下收费报表、用水计费年统计和用水数据分析 6 个功能。

通用统计实现了所有在库设备工作状态完整信息的统计与查询。通用统计以表格形式显示所有在库设备工作状态信息，通过选择相关设备可以查询该设备完整工作信息的日报表、月报表、季度报表和年报表。报表分析结果中可以获取相应设备的工作性能和该设备工程项目处完成工作相关的重要参数，为设备选择和工作参数拟定提供依据。某一单阀控制器工作状态信息的年度统计报表截图如图 10－9 所示，其主要包括工作电压、湿度、流量的最大值、最小值和平均值等。

时间	最大电压	平均电压	最小电压	最大水压	平均水压	最小水压	最大湿度	平均湿度	最小湿度	最大流量	平均流量	最小流量
11月	24.26	24.22	24.2	0.19	0.04	0.01	34.74	30.43	22.55	15	2.71	0
12月	24.42	24.24	24.2	1	0.08	0	22.07	19.26	18.27	13	0.37	0

图 10－9 单阀控制器工作状态信息年度统计报表截图

图表统计实现了所有在库设备工作状态信息的详细统计与查询。图表统计可以以折线图、柱状图、饼图、条形图和面积图的形式，显示所有在库设备单一工作状态信息。用户可以选择关注的单一设备工作参数进行查询，并且可以根据时间需求进行日曲线、月曲线和年曲线的查询。曲线查询结果为用户提供了相关数据的变化趋势，为下一步工作计划提供数据支持。图 10－10 中为某灌区高位水池中液位计的液位统计月曲线，用户停留在折线图时间区域即可获取该时刻相对应的水位。

实现代码为

```
@Transactional(propagation=Propagation.REQUIRED,isolation=Isolation.DEFAULT)
/*表示数据库隔离级别为如果当前有就使用当前,如果没有就创建新的事务,
```

```
隔离级别为:读已提交,也就是数据在写入的时候是无法被读的,
只有提交后才能让他事务读取,防止数据库发生脏读 * /
@Service("ReportService")//表示 service 层
public class ChartStatistics_Manager extends DataStatisticsandAnalysis_Manager{
    @Select("select * from tb_chartStatistics") //用@Select 注解 sql 语句
    @Autowired
    private ChartStatistics Mapper chartStatistics Mapper; //用 AutoWired 注入 DB 层
    @Transactional(readOnly=true) //数据库的读取方式为:只读
    @Override
    List<ChartStatistics>findAll();{
        return chartStatisticsMapper. findAll();
    }
}
```

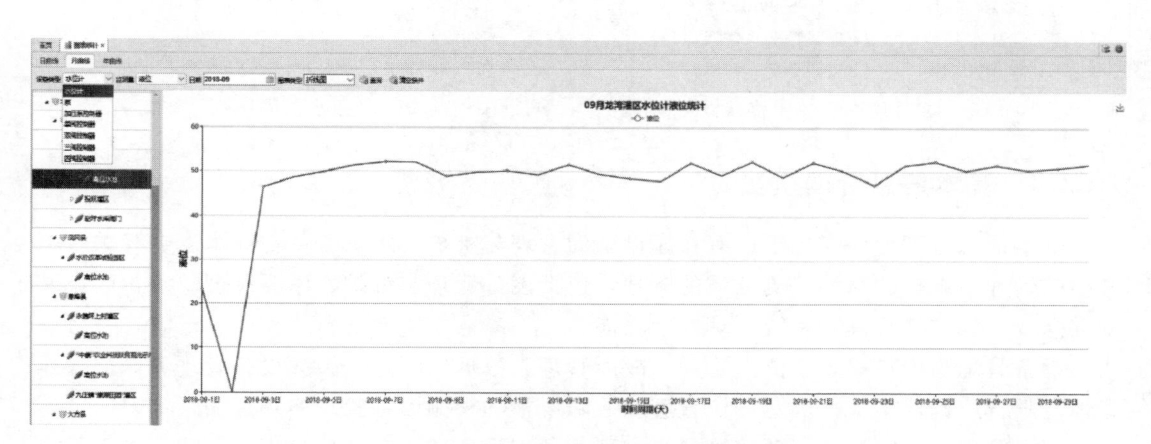

图 10－10　灌区高位水池液位统计月曲线

水利用系数是指终端设备用水量与本设备用水量的比值，反映了水利用的效率。水利用系数统计实现了各设备的水使用效率查询，以图表的形式展现查询结果。用户从树状列表中可选择具体设备进行不同水利年度水利用系数的查询。统计结果直接表明该设备的泄露状况，一方面为用户提供了该设备的性能状况，另一方面帮助维修人员快速定位泄露区间，减少水资源的浪费及用户经济损失。

用水数据分析实现了用水户用水量同比与环比统计分析。环比分析为用水户当前用水量提供阶段性趋势分析，同比分析为用水户当前用水量提供同时期用水量稳定性分析。用水数据分析结果以折线图（此图最常用，也可选择柱状图等形式）与数据视图的形式展现。用水户通过选定具体设备与时间，可以查询该设备环比折线图、同比折线图和数据视图。图 10－11～图 10－14 为某水价改革试验区用水量对比分析结果，折线图反映出用水变化趋势。用水户通过变化趋势了解当前用水情况并可预测未来用水量，为后期制定合理高效的用水策略提供支持。

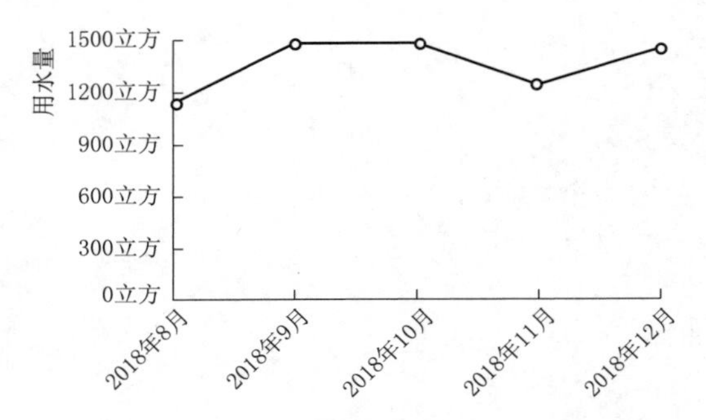

图 10－11　12 月用水量环比统计图

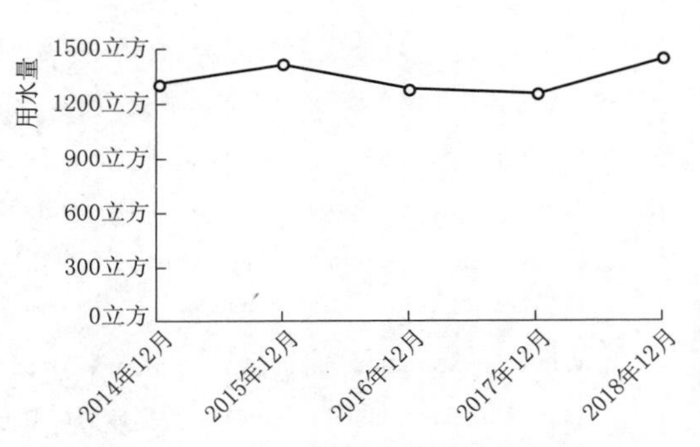

图 10－12　12 月用水量同比统计图

数据视图

	用水量
2018年8月	1143.909999999999
2018年9月	1475.760000000011
2018年10月	1464.5799999999976
2018年11月	1240.2500000000006
2018年12月	1449.2999999999992

图 10－13　12 月用水量环比统计数据视图

数据视图

	用水量
2014年12月	1314.24
2015年12月	1410.199999999999
2016年12月	1287.280000000001
2017年12月	1258.6700000000007
2018年12月	1449.2999999999992

图 10－14　12 月用水量同比统计数据视图

10.2.4　基本信息管理模块

基本信息管理模块实现了所有在库设备的管理与维护、水价改革与饮水安全相关数据文档的管理与维护和系统监测区域的管理，包括设备管理与维护、灌溉制度、水价改革基础数据、工程文档管理和系统管理 5 个功能。

设备管理与维护实现了测点管理、故障管理、数据卡管理、视频设备管理和阀门操作管理。限于篇幅，本节仅展示测点管理、故障申报和视频设备管理实现页面。

测点管理是系统执行任务的第一步，即为硬件设备建立实体信息模型。测点管理可以实现测点的增删改查，并且查询设备的基本信息与工作状态信息。测点管理以表格的形式显示，通过选择相应的图表可以实现对应的功能。测点管理界面如图 10－15 所示，包括测点的名称、设备型号、传感器类型等测点基本信息和设备状态、通信状态等设备的基本信息。通过测点管理可以查询指定设备的基本信息、详细信息与工作状态，能够快速制定解决方案，防止更大的故障发生。

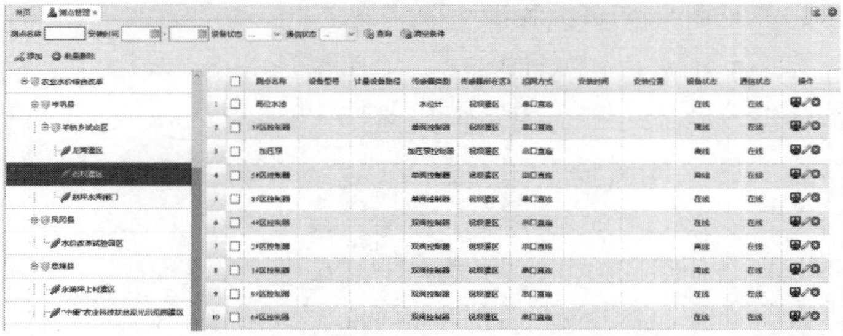

图 10－15　测点管理界面

系统运行过程中，发生设备故障是无法避免的事情。但是及时发现故障并申报维修，可以减小设备故障带来的危害。故障管理实现了故障申报与维修。

故障申请界面如图 10－16 所示，包括需要申报维修的测点基本信息与申报人基本信息，系统管理员通过电话可以及时准确了解现场实际情况并采取合理的措施。

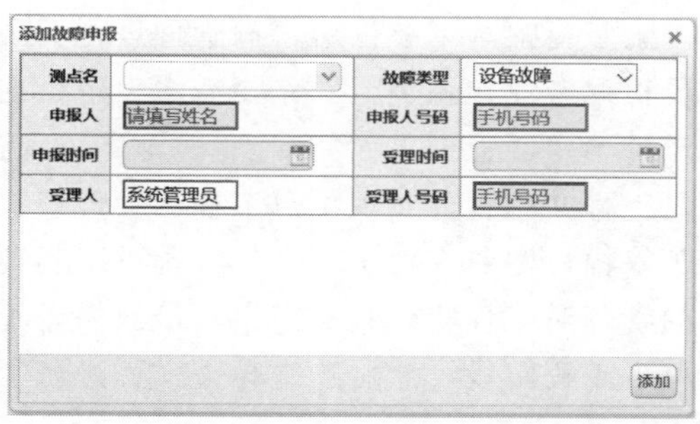

图 10－16　故障申请界面

视频设备管理进行监控系统中监控视频的基本信息管理，以图表的形式供系统管理员增加、删除、修改视频设备的基本信息。视频设备管理如图 10－17 所示，包括设备名称、区域名称、IP 地址和通道 ID 等信息，为现场视频设备的正确配置提供了数据支持。

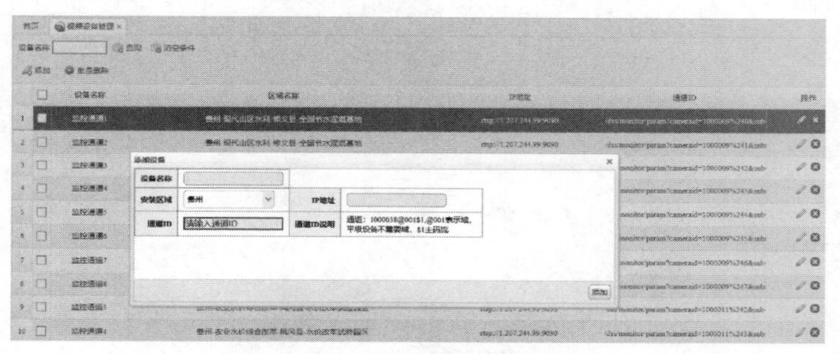

图 10－17　视频设备管理

灌溉制度实现了对农作物灌溉模式和灌溉计划的制定，包括灌溉模式管理、按湿度灌溉计划管理、按时间灌溉、灌溉计划管理和作物生长期管理，并且都以表格的形式展现。限于篇幅，本节仅对灌溉模式管理、按湿度灌溉计划和作物生长期管理进行页面展示。灌溉模式管理定义了 3 种灌溉模式对农作物进行灌溉，包括按时间灌溉、按湿度灌溉和按流量灌溉。根据专业的种植知识制定相应的灌溉计划。图 10－18 中针对水稻不同生长期创建按湿度灌溉模式的土壤湿度设定并可实现后期模式的增删改。图 10－19 中创建了对应的三种模式，并可实现后期模式的增删改。图 10－20 中针对水稻制定了不同生长周期的灌溉计划，其中包括作物名称、生长期、开始时间和结束时间等相关信息。

	☐	灌溉计划名称	湿度上限	湿度下限	操作
1	☐	水稻湿度生长期灌溉计划	20.02	0.01	✎ ⊗
2	☐	水稻成熟期灌溉计划	30.1	5.01	✎ ⊗
3	☐	水稻育苗期湿度灌溉计划	100	0.01	✎ ⊗
4	☐	我就想再试一下	0.02	0.01	✎ ⊗

图 10－18　灌溉模式图

	☐	灌溉模式名称	灌溉模式编码	操作
1	☐	时间灌溉计划	0	✎ ⊗
2	☐	湿度灌溉计划	1	✎ ⊗
3	☐	流量灌溉计划	3	✎ ⊗

图 10－19　灌溉计划

水价改革基础数据实现了对农业水价综合改革相关数据的管理与维护，包括水利年度、水权变动、分区管理、水价定义、定额管理、用水户水权管理、地块管理和用水户管理。限于篇幅，本节仅对定额管理进行实现页面展示。定额管理以表格形式展现，系统管理员根据专业知识进行农作物需水设定，这样不仅提高了水的使用效率，也提高了农作物的产量。定额管理界面如图 10－21 所示，包括农作物名称和亩均用水量。

工程文档管理实现了对工程的管理，包括工程定义、工程阶段管理和工程文件管理。限于篇幅，本节仅对工程文件管理进行实现页面展示。工程文件包含工程的完整信息，有效的管理对工程实施具有事半功倍效果。工程项目管理页面如图 10－22 所示，包括工程名称、工程阶段，然后选中相关文件进行上传。

作物名称	生长期名称	生长期开始时间	生长期结束时间	创建时间	更新时间	操作
水稻	水稻育苗期	2018-03-07	2018-04-04	2018-04-18 14:55:34	2018-04-20 10:08:23	
	水稻生长期	2018-04-04	2018-04-25	2018-04-18 14:56:01	2018-04-20 10:33:01	
	水稻成熟期	2018-05-01	2018-05-31	2018-04-18 14:56:26	2018-04-18 14:56:26	
	水稻收割期	2018-05-19	2018-06-21	2018-04-20 10:48:56	2018-04-20 10:48:56	

图 10－20 灌溉计划实施页面

		作物名称	亩均用水量	操作
1	☐	水稻	110	
2	☐	小麦	80	
3	☐	小麦育苗期	10	
4	☐	西瓜	3	
5	☐	花生	3	

图 10－21 定额管理界面

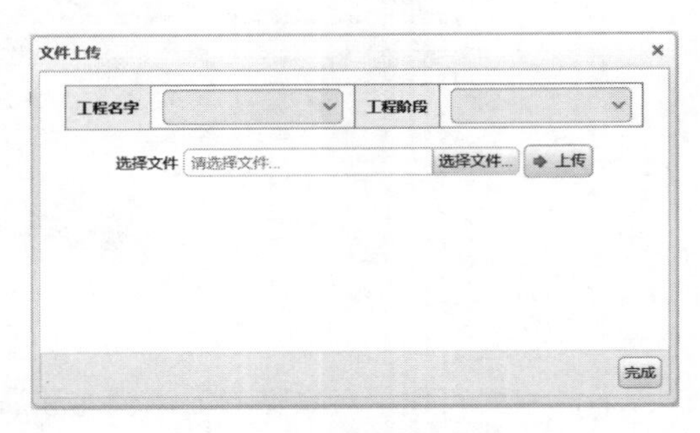

图 10－22 工程项目管理页面

系统管理实现了所有设备所在区域的管理。区域以树状图进行分层设计，最终以表格的形式展现，极大方便了系统管理员对工程项目区域的有序管理。系统管理员可以实现对区域的增删改查基本操作，本节主要对区域范围设定与查询进行实现页面展示。区域范围以地图的形式直观展现，系统管理员通过百度地图坐标点实现区域范围设定与显示，有助于系统管理员更准确地管理和维护区域信息，为现场工作提供了地理位置数据。区域范围管理界面如图 10－23 所示，包括区域设定的相关操作信息和区域位置坐标数据。

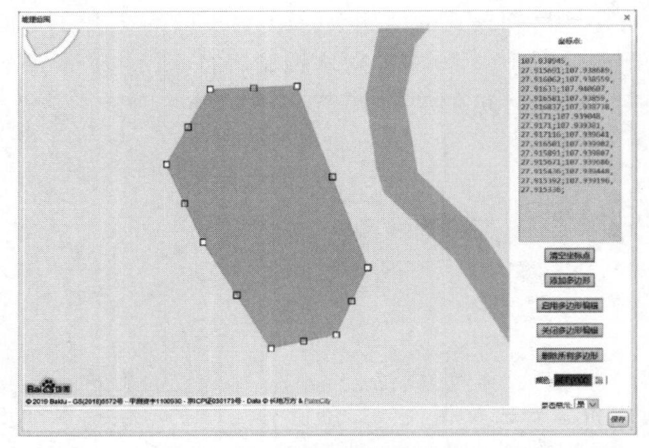

图 10－23 区域范围管理界面

10.3 系统测试

软件开发是一个周期长、内容复杂的设计过程，任何环节都有可能出现不合理的设计甚至是错误，从而影响系统功能实现。为了在系统投入使用之前及时发现这些潜在的错误，确保软件系统的质量，就需要对系统进行测试工作。

功能测试对系统业务逻辑设计进行测试，测试结果能够反映业务功能实现的完整性与正确性，是系统测试最核心的测试。测试方法是针对系统实现的业务功能，按照实际完成该功能需要进行的操作步骤对系统该业务处理能力进行验证。

工程项目监控信息管理模块测试包括区域水利监控和控制、实时数据、视频监控和GIS 4 个功能的测试。测试表见表 10-1。

表 10-1　工程项目监控信息管理模块功能测试表

序号	功能测试	测试步骤	测试数据	测试结果
1	区域水利监控和控制	(1) 从功能区选择区域水利监控和控制。 (2) 从子列表选择工程类型。 (3) 从工程列表选择监控工程项目进入监控画面。 (4) 选择图标设置设备状态	工程类型＝“饮水安全”； 水厂名称＝“渔溪沟水厂”； 设备名称＝“计量泵”	选择的计量泵开始工作，进行药物添加和计量
2	实时数据	(1) 从功能区选择监控系统。 (2) 从监控系统中选择实时数据进入界面。 (3) 选择设备类型、设备名称和状态进行查询	设备类型＝“单阀控制器”； 设备名称＝“阀 5”； 设备状态＝“全部”	选择的设备实时信息成功显示在页面上
3	视频监控	(1) 从功能区选择监控系统。 (2) 从监控系统中选择视频监控进入界面。 (3) 选择监控通道进行视频查看	监控通道＝“/dss/monitor；/param？cameraid；＝1000009％240；&substream＝1”	选择的监控现场实时画面显示在页面上
4	GIS	(1) 从功能区选择 GIS 页面。 (2) 从 GIS 界面点击相应的工程项目进入系统仿真控制界面	工程项目名称＝“息烽县永靖坪上村灌区”	进入相关工程系统仿真控制界面

用水计量计费管理模块测试包括用水户账单查询、用水户明细查询、用水户充值查询和用水户线下充值 4 个功能的测试。测试表见表 10-2。

表 10-2　用水计量计费管理模块功能测试表

序号	功能测试	测试步骤	测试数据	测试结果
1	用水户账单查询	(1) 从功能区选择用水计量计费管理。 (2) 从子菜单选择用水户账单查询进入查询页面。 (3) 选择用水户姓名、水利年度和结算状态进行查询	用水户姓名＝“张顺大” 水利年度＝“2018”	张顺大 2018 年度用水账单显示在页面上
2	用水户明细查询	(1) 从功能区选择用水计量计费管理。 (2) 从子菜单选择用水户明细查询进入查询页面。 (3) 选择用水户姓名、水利年度、用水时间等进行查询	用水户姓名＝“张顺大” 水利年度＝“2018”	张顺大 2018 年度用水明细显示在页面上

续表

序号	功能测试	测 试 步 骤	测 试 数 据	测试结果
3	用水户充值查询	(1) 从功能区选择用水计量计费管理。 (2) 从子菜单选择用水户充值查询进入查询页面。 (3) 选择用水户姓名、IC卡号、时间等进行查询	用水户姓名＝“张顺大” 水利年度＝“2018”	张顺大 2018 年度充值信息显示在页面上
4	用水户线下充值	(1) 从功能区选择用水计量计费管理。 (2) 从子菜单选择用水户线下充值进入充值页面。 (3) 填写卡号、用户姓名、充值金额等信息。 (4) 选择充值图标进行充值	用水户姓名＝“张顺大” 充值金额＝“100”	张顺大 100 元充值成功信息显示在页面上

数据统计与分析模块测试主要包括通用统计、图表统计、水利用系数统计、用水户线下收费报表、用水计费年统计和用水数据分析 6 个业务功能测试。限于篇幅，此处仅对通用统计、图表统计和用水数据分析三个功能测试进行展示测试卷，见表 10－3。

表 10－3　　数据统计与分析模块功能测试表

序号	功能测试	测 试 步 骤	测 试 数 据	测试结果
1	通用统计	(1) 从功能区选择数据统计与分析。 (2) 从子菜单中选择通用统计进入统计报表查询界面。 (3) 选择报表类型、时间、监控设备进行详细信息的查询	报表类型＝“年报表” 时间＝“2018”； 监控设备＝“滴灌控制器”	选择滴灌控制器工作信息年报表显示在页面上
2	图表统计	(1) 从功能区选择数据统计与分析。 (2) 从子菜单中选择图表统计进入统计曲线查询界面。 (3) 选择曲线类型、图表类型、设备类型、监测量、监控设备进行相应图表的查询	曲线类型＝“年曲线” 设备类型＝“单阀控制器”； 监测量＝“瞬时流量”； 监控设备＝“渔溪沟”； 时间＝“2018”； 图表类型＝“折线图”	选择的单阀控制器瞬时流量年曲线折线图显示在页面上
3	用水数据分析	(1) 从功能区选择数据统计与分析。 (2) 从子菜单中选择用水数据分析进入分析界面。 (3) 选择统计类型、监控工程项目、统计时间进行数据分析图表查询	统计类型＝“用水用量”； 监控工程项目＝“水价改革试验区”； 时间＝“2018.12”	选择的监控工程项目用水量同比、环比分析曲线图显示在页面上

基本信息管理模块测试包括设备故障申报、灌溉模式管理、水权变动查询、工程文件管理和区域范围管理 5 个功能的测试。测试表见表 10－4。

表 10－4　　基本信息管理模块功能测试表

序号	功能测试	测 试 步 骤	测 试 数 据	测试结果
1	设备故障申报	(1) 从功能区选择设备管理与维护。 (2) 子菜单中选择故障申报进入故障申报界面。 (3) 填写测点名、申报人等信息进行提交	测点名＝“渔溪沟一级泵房”； 申报人＝“××”； 申报时间＝“2018.12.10”	故障申报申请提交成功

续表

序号	功能测试	测试步骤	测试数据	测试结果
2	灌溉模式管理	(1) 从功能区选择灌溉制度。 (2) 子菜单中选择灌溉模式管理进入管理界面。 (3) 选择相应的图表进行灌溉模式添加、删除、修改、查询	灌溉模式名称＝“按时间灌溉计划”； 灌溉模式编码＝“0”	灌溉模式保存成功
3	水权变动查询	(1) 从功能区选择水价改革基础数据。 (2) 子菜单中选择水权变动进入查询页面。 (3) 输入用水户姓名，选择水利年度进行查询	用水户姓名＝“张顺大”； 水利年度＝“2018”	选择的用户水权变动查询结果显示在页面上
4	工程文件管理	(1) 从功能区选择工程文档管理。 (2) 子菜单中选择工程文件管理进入管理界面。 (3) 输入工程名字、工程阶段，选择文件上传	工程名字＝“饮水安全”； 工程阶段＝“设计”； 工程文件＝“shuiku. png”	文件上传成功
5	区域范围管理	(1) 从功能区选择工程文档管理。 (2) 子菜单中选择区域管理进入管理界面。 (3) 选择相应的图标进行区域信息的增删改查	区域名称＝“渔溪沟”； 区域路径＝“＃0＃31＃32＃296＃303＃”	新增区域信息添加成功

根据系统功能测试结果可知，水肥一体化信息系统完全满足任务需求。通过功能测试并非意味着系统就能够持续安全运行，为保证信息的安全性，在控制器设计时通过 SpringAOP 拦截器对 Controller 调用对象执行相关功能的前后进行权限拦截，使得面向用户未授权部分内容时起到很好保护。前端 JavaScrip 脚本文件部署在服务器端，并且可以直接与服务器进行通信，这就导致越来越多网络黑客使用这种途径进行系统攻击。为防止这种方式网络攻击，服务器端部署的关键文件应限制读写权限。根据实际使用体验，系统响应时间在可接受范围。综上，系统满足功能要求的同时，也具有很好的安全性与时间响应性。

10.4 本章小结

本章介绍了水肥精准调控信息系统实现与测试。

第 11 章

应 用 示 范

11.1 应用方案

11.1.1 技术架构

针对贵州山地特色作物水肥需求，以物联网技术架构（图 11-1）为支撑，实现从水源到作物的全过程水肥精准智能调控。在自动灌溉、精准施肥、视频监控、水泵启停及高位自动放水等方面实现全面的自动化和信息化控制，达到无人值班、少人值守的效果，明显提高园区综合效益。技术领域涉及感知、应用、网络和公共技术 4 个部分。以高效农业示范园区为载体，针对园区茶叶等特色经济作物的水肥规律，实施以“水”为核心的系统化工程解决方案。

感知技术实现对感知对象的属性识别，实现对感知对象属性的采集、处理、传送，也可实现对控制对象的控制。感知技术分为采集控制、感知数据处理两个子类。

网络技术为物联网提供通信支撑的技术。在物联网概念模型的域内和域间均需依靠网络技术实现实体之间的通信连接和信息交换。不同网络技术可支持不同的域内和域间通信，如自组织网络技术、总线网络技术等短距离网络技术主要应用于感知和控制域；域间一般使用广域网络技术；各种局域网技术主要用于域内使用；移动通信技术在域间和域内都可以控制。

应用技术实现对感知数据的深度处理，形成满足需求的各种物联网应用服务，通过人机交互平台提供给用户使用。应用技术分为应用设计、应用支撑、终端设计 3 个子类：

应用设计技术。进行行业或专业物联网应用系统分析和建模，构造行业或专业物联网应用系统框架的软件技术。

应用技术支撑。为物联网应用提供基础数据和业务服务的技术。使用海量存储、数据挖掘、分布式数据处理、云计算、人工智能、M2M 平台、媒体分析等技术，对感知数据进行数据深度处理，形成与应用业务需求相适应、实时更新、可共享的动态基础数据资源库。使用 SOA 中间件技术，形成规范的、通用的、可复用的业务服务。

终端设计技术。利用计算机终端、收集终端和专业终端、显示系统、人机工程、I/O 等技术构造友好、高效、可靠的用户终端。

公共技术是管理和保障物联网整体性能的技术，作用于概念模型的各个域，其特点如下：

(1) 采集对象主要为水源水位、管道流量、高位水池水位、田间土壤墒情、视频等信息。

(2) 传送主要将采集对象数据通过有线或无线的网络传输方式将各种信息传输至信息化软件平台。

(3) 控制主要包括控制重要管网分水处电动阀，实现区域水资源合理配置及喷灌部分田间电动阀的远程控制。

(4) 管理基于信息挖掘。通过有效的决策控制，实现节水、节肥、节工等综合效益，促进农业现代化发展。

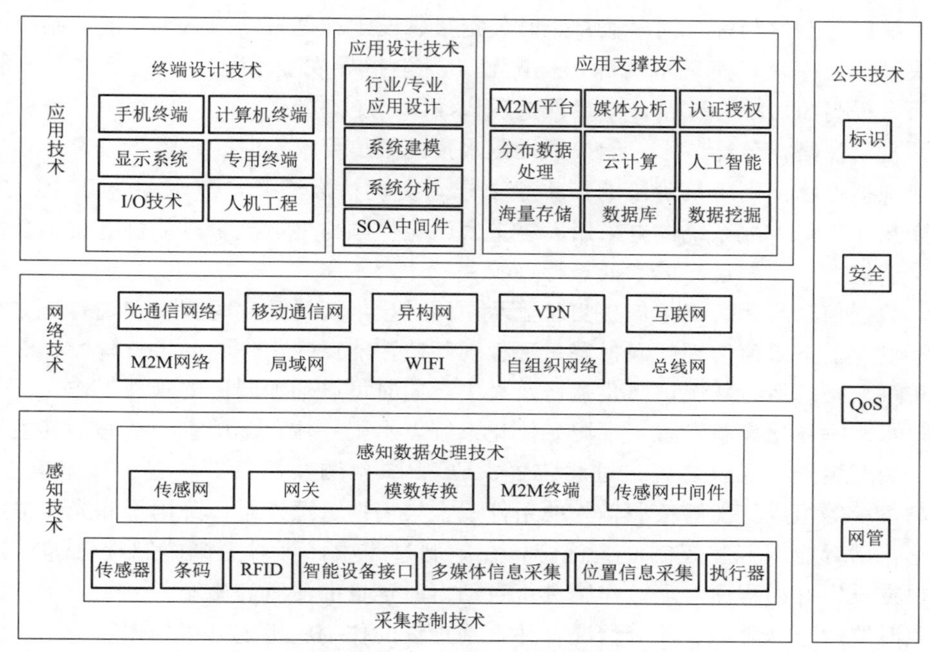

图 11-1 物联网技术架构

11.1.2 功能设计

水肥一体化精准调控系统集成模式，可采用以下功能设计：

(1) 气象要素监测与处理：监测气象信息，为灌区内的气候监测提供数据支持，气象信息的采集主要包括降雨量信息、风速风向信息、蒸发量信息、光照辐射信息。设备安装于气象站防护栏内，同时确保周围没有遮挡物（如树木、高层建筑等），通过各类传感器数据采集终端相连，各项气象参数通过采集终端进行处理，并利用数传设备将信息上传，实现气象信息的实时自动监测。

气象监测站点分布在示范区，气象监测系统由数据采集仪、相关传感器（风速、风向、雨量、蒸发、土壤温湿度）、通信系统、服务器数据处理中心、供电和防雷系统组成。具体功能如下：

数据采集仪负责采集前端传感器数据，并加以处理后通过无线通信模块或有线通信传输到数据中心。数据中心可以对现场进行实时监控，将实时数据以数字、统计图、曲线等显示在软件上，客户可自由设置数据上传时间，并保存上传的数据，实时监测农田或温室内环境因子的状态。软件可以根据客户设置的保存间隔来保存历史数据，并可查询相应时间内的历史数据，以各种报表方式导出。

气象分析仪器与数据终端机的供电均为 DC12V，因此设备可采用市电供电或太阳能供电，如果设备安装在管理站附近可以接取市电，则气象监测系统的供电线路采用市电供电，如果没有市电则采用太阳能供电方式供电。

（2）灌溉系统重要管网监测灌水量、压力、水量配置：高效农业示范园区灌溉工程干管、分干管及支管等重要管网分水处测水量、测压力及自动输配水。将土壤墒情作为自动化灌溉系统的控制性指标，同时兼具定时、定量、设定计划自动灌溉等功能。系统的数据分析与决策功能模块，实现水资源优化配置，科学指导农业灌溉，达到节水、节肥、节地、节工，提高灌区综合效益，立足打造现代灌区、生态灌区。

（3）自动灌溉，节能节水：能按预设需水量的限值要求定时、定量、设定计划进行灌溉。并能根据作物不同生长阶段的需水量要求，实现精准灌溉，节水 30%以上。项目所在地区光热条件好，故系统供电采用大容量太阳能供电与渠道流量自动供电相结合，具备稳定性，节能性，长期运行成本低等特点。

（4）数据信息与无线视频信息实时显示：同时显示现场的实时数据和查看历史数据和趋势图，设置上下限值实现超限报警；远程视频监控能反映出作物的生长阶段、灌溉情况及园区关键设备的运行状况，防止盗窃及丢失，同时可以辅助园区的管理工作。

（5）水肥一体化设备设置：水肥一体化系统以水肥一体化施肥机为核心，其主要由电机水泵、施肥装置、混合装置、过滤装置、EC/PH 检测监控反馈装置、压差恒定装置、自动控制系统等组成。能够按照输入的条件或土壤墒情、蒸发量、降雨量和光照强度等传感器，全自动智能调节和控制灌溉施肥，在施肥过程中，可对灌溉施肥程序进行选择设定，并根据设定好的程序对灌区作物进行自动定时定量的灌溉和施肥。

能实时监测土壤肥力、养分情况，并根据预设的作物施肥配方指导作物施肥，实现水肥一体化。自动灌溉施肥程序为作物及时、精确的水分和营养供应提供了保证。自动灌溉施肥机具有较广的灌溉流量和灌溉压力适应范围，能够充分满足温室、大棚等农业的设施灌溉施肥需要。除服务于示范园区日常的管理运行外，还可用于开展定期及长时水利科学试验，如作物灌溉试验、灌溉水利用系数的自动测算、灌区水资源合理配置模型试验、农业面源污染及水肥调控模型试验等。

（6）水泵水池自适应控制：系统综合完成水位自动检测、临界水位报警、水泵自动启停、水泵转速调节（自动调节进、出水量），实现水泵根据水池水位变化自动启停、根据需水量的要求自动调节进出水量，进而达到水泵房的无人化及自动化管理。

（7）水肥一体化控制中心：现代水利控制中心软件采用通用软件进行定制开发，综合动态管理各灌溉区现场的流量、压力、土壤湿度、高位水池液位等实时数据。根据灌溉量（湿度差）、时间自动计算调节阀门开度及压力。

系统软件能对各控制级进行远程控制，能设置报警和控制参数。各控制级上传的数据将存入数据库，数据库具有查询、修改、增删等功能。能点控、群控现场的电磁阀和电动调节阀，能按预设的要求定时、定量地进行灌溉；并能显示现场的实时数据和查看历史数据，了解趋势，设置报警和控制的上下限值和趋势图。

系统中心数据库，能根据植物种类、生育阶段及生长区域等作物基本信息、灌溉习惯及灌溉规律自主建立和更新专家数据库，形成专家系统，并指导灌溉及施肥。

系统自动监测泵站高位水池运行，自动对示范区内的用水、灌溉实施监管和控制，同时能够进行数据分析和灌溉决策。

（8）便捷的控制和管理方式：将水源开发、输配水、灌水技术和降雨、土壤墒情、作物需水规律等进行技术集成，对灌区量测水、雨水情进行测量和控制，并由配水控制中心统一调度和管理，实时显示灌溉管网控制信息及视频监控管理画面。实现按需、按期、按量自动供水，做到计划用水、优化配水，以达到节水灌溉和充分利用水资源的目的。

可根据需要进行现场控制、现代水利控制中心（管理房）控制、远程网络控制等多级、多模式管理，可供自由选择。还可采用手机、平板电脑等移动终端设备实现便捷的控制。项目区灌溉启停、泵站高位水池及现代水利控制中心系统管理权限设置按照项目“建管养用一体化”实施方案管理范围进行权限分级管理需要。

11.2 典型工程应用

2017 年贵州省息烽县山区现代水利试点暨农业水价综合改革试点项目位于息烽县九庄镇、石硐镇及永靖镇，涉及区域总流转土地面积 0.63 万亩，其中九庄镇流转土地面积 3700 亩，石硐镇流转土地面积 1000 亩，永靖镇坪上村流转土地 1550 亩。现园区核心产业配套已成规模，但农田水利工程配套不足，已不能满足现代农业生产要求，当地镇政府多次向上级申报以解决灌溉用水问题，以适应园区现代农业发展的需要。

11.2.1 设计目标

（1）实现农业灌溉用水的准确计量与定量灌溉有效结合，通过预先收费，可以解决税费收缴困难，同时通过费率调节实现用水量与水费对应的对应，可以提升群众节水意识，从技术层面解决农业灌溉水管理方式落后、用水收费难题等瓶颈问题。适应在大中型灌区应用和推广，可提升农业灌溉水管理智能化水平。

（2）通过监测、传输、诊断、决策及作物水分动态管理，围绕促进农业节水增效为目标、以完善农业水价形成机制为核心，实施从水源到用水户终端系统化的以“水”为核心的系统化工程解决方案。在刷卡预付费、自动灌溉、水量监测等方面实现全面的自动化控制和信息化管理，因地制宜、项目区综合效益明显提高，形成可复制易推广的综合改革模式，为全面推进农业水价综合改革积累经验、奠定基础。

11.2.2 建设内容

根据调研结果，水肥一体化系统基于物联网架构分为信息采集、信息传输、信息管理、信息应用 4 大部分，总体结构图如图 11－2 所示。

根据息烽县农业水价综合改造试点项目需求，水肥一体化精准调控系统建设包括气象监测系统建设、土壤墒情自动监测系统建设、泵站智能控制系统、计量监测管理系统、水肥一体化系统建设、视频监控系统建设、水肥精准调控信息化平台建设（简称为“6 系统 1 平台”工程），开展集成应用示范。

11.2.2.1 气象监测系统

气象监测系统由数据采集仪、相关传感器（风速风向、雨量、蒸发、温湿度）、通信系统、服务器数据处理中心、供电和防雷系统组成。具体功能如下：

数据采集仪负责采集前端传感器数据，并加以处理后，通过有线通信模块或有线通信转发到数据中心。数据中心可以对现场进行实时监控，将实时数据以数字、统计图、曲线等形式显示在软件上，客户可自由设置数据上传时间，并保存上传的数据，实时监测农田或温室内环境因子的状态。软件可以根据客户设置的保存间隔来保存历史数据，并可查询相应时间内的历史数据，以各种报表方式导出。系统拓扑结构图如图 11－3 所示。

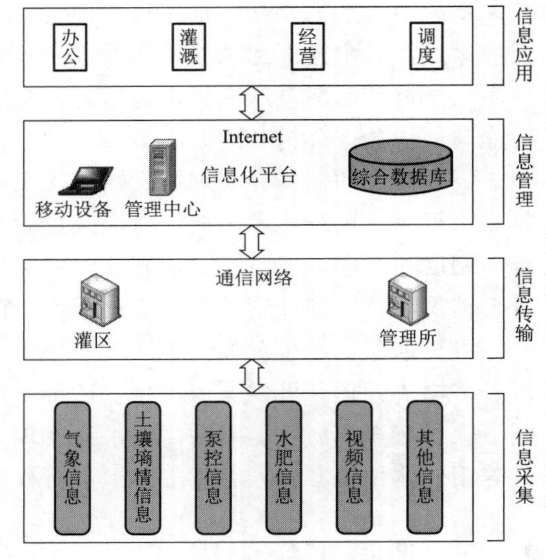

图 11－2 总体结构图

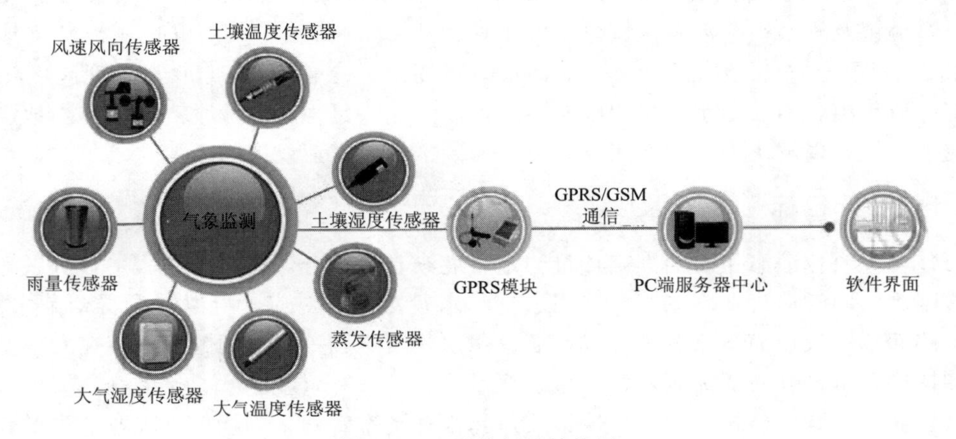

图 11－3 系统拓扑结构图

气象分析仪器与数据终端机的供电可采用市电或太阳能供电，如果设备安装在管理站附近可以接取市电，则气象监测系统的供电线路采用市电供电。主要采集雨量信息、风速风向信息、土壤温湿度信息、大气温湿度信息、蒸发量等信息。气象站安装总成示意图如图 11－4 所示。户外气象发布系统如图 11－5 所示。

11.2.2.2 土壤墒情监测系统

土壤墒情监测系统包括土壤温湿度传感器、采集高性能低功耗控制器、传输网络和业务应用软件组成。系统可实时监测土壤水分含量，能够准确反映土壤的蓄水情况和实际含水量。系统可采用太阳能或市电供电，采集到的数据会发送至网络数据平台，根据软件平台设置的预警阈值，指导节水灌溉或自动灌溉。管式多层土壤墒情传感器如图 11－6 所示。土壤墒情传感器如图 11－7 所示。

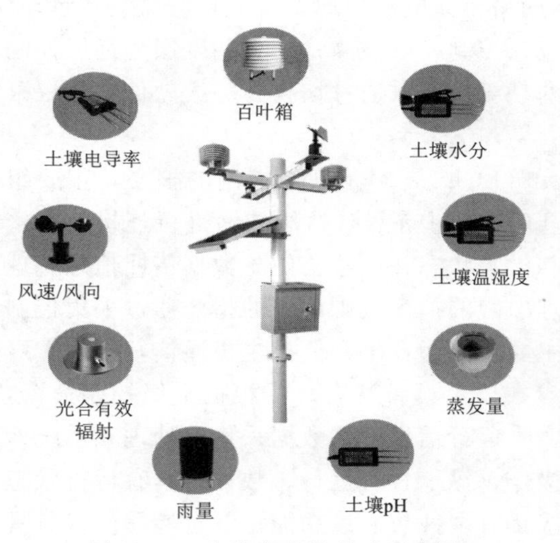

图 11-4　气象站安装总成示意图

图 11-5　户外气象发布系统

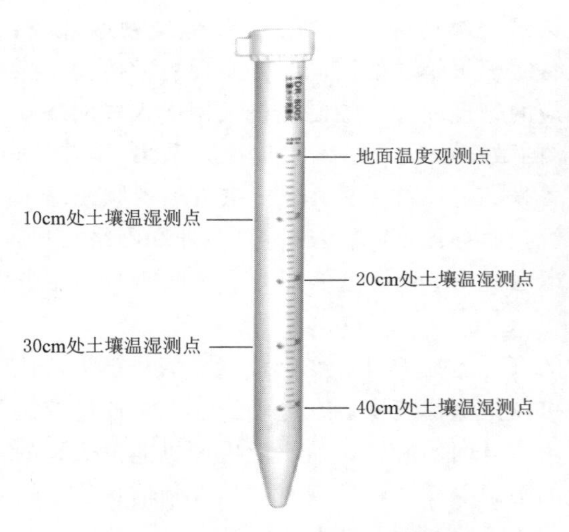

图 11-6　管式多层土壤墒情传感器

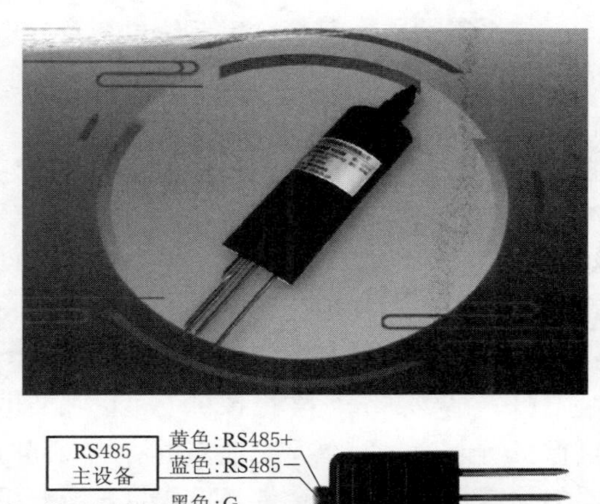

图 11-7　土壤墒情传感器

11.2.2.3　泵站智能控制系统

1. 泵站智能控制系统

泵站智能控制系统实现各泵站电机与辅助设备的现地和远程操作，运行参数的实时监测、现场运行过程的动态模拟，实现各泵站的测控遥控及输配水自动化，有效地提高系统设备的可靠性和自动化水平与管理。

泵站智能控制系统由数据采集控制系统、网络通信系统、数据存储及处理系统等组成。系统分远程调度层、现地层两层结构。

远程调度层设置在信息管理中心，通过对泵站及阀门运行状态进行监视，下达调度控制指令。

现地层设在现地的现地控制单元以及其控制网络，完成对现地设备的自动监测和自动/手动控制。现地层为现地控制单元级，为第一级，控制权限最高；远方调度层为远层控制级，控制权限最低。设备同时只能接受两级中的一级控制，通过切换开关或软件依据权限根据具体情况而设定。

其中，控制层为每台水泵配置现地控制单元（LCU），它是现地控制的核心，主要组成部件为PLC、触摸屏和专用控制回路。现地LCU通过首部泵站局域网进行连接，负责通过采集控制层采集各机组的状态、水源状态和供水状态并通过公网将数据传回信息管理中心；同时，现地控制单元还能够根据控制管理中心的指令或则现场的指令通过采集控制层控制水泵和其他电气设备。现地控制单元的主要功能为：①与监控主机通信，接收上级开、关、停等命令；②巡测各种电量和非电量参数以及设备状态；③根据上级控制命令，实施自动开、关、停等操作；④向上位机发送实时运行信息；⑤数据采集、处理和系统诊断；⑥人工键入指令，实施自动开、关、停等操作，显示各类运行参数；⑦具有运行状态识别、故障多重保护功能，具有自检功能等。⑧具有硬件热插拔功能；⑨自检功能；⑩具有以太网联网功能。

2. 泵站视频监控

每个泵站现场视频监视系统包括泵站厂区区域视频监视和泵站房内视频监视两部分。同时，可考虑在泵站控制室内安装报警探测设备实现报警功能。同时要实现视频传输，除在现场安装摄像头外，还需要视频服务器和相应的管理软件。控制主机采用嵌入式网络硬盘视频服务器，该设备是一种内置Web服务器的数字摄像系统，它集视频采集、实时压缩、网络传输等功能为一体，由一个简单的设备来完成以往需要由PC主机加视频压缩卡组成的系统才能完成的功能。每个嵌入式网络视频服务器都有自己的IP地址和网络接口，可以独立工作，直接接入网络，这使得用户可以通过Internet来实时观看和收听视频服务器发送来的图像和声音。

（1）摄像部分。在摄像机上可以加装电动的（可遥控的）可变焦距（变倍）镜头，使摄像机所能观察的距离更远、更清楚，同时还可以把摄像机安装在电动云台上，通过控制器的控制，可以使云台带动摄像机进行水平和垂直方向的旋转，从而使摄像机能覆盖到的角度、面积更大。总之，摄像机就像整个系统的眼睛一样，将监视对象的视频信息传送给控制中心的监视器上。

（2）传输部分。传输部分就是系统图像信号、控制信号等的通道，本系统采用ADSL\光缆来传输视频信号和控制信号。

（3）控制部分。控制部分主要由总控制台组成，总控制台的主要功能有图像信号的切换、图像信号的记录等；对摄像机、电动变焦镜头、云台等进行遥控，以完成对被监视场所全面、详细的监视或跟踪监视。

（4）报警部分。报警部分主要实现泵站厂区及泵房控制室内有非法入侵人员时的报警功能，包括现场声音报警，并同时将报警信息实时发送到水务设施管理处的监控中心，并同时显示视频图像，及时防止盗窃破坏行为的发生。可通过在泵站控制室内安装报警探测设备（在泵站厂区围墙安装脉冲电子围栏，在泵站房安装室内探测器）实现报警功能。

11.2.2.4 计量监测管理系统

在高位水池中安装水位计可以监测水池水位。当高位水池水位达到一定高度后，控制器将信号通过光纤反馈给泵房远程泵站智能测控终端，远程泵站智能测控终端控制泵的启停。同时在高位水池出水管道上安装流量计，监测出水的总量，实现对高位水池水位自动检测、临界水位报警、阀门启闭、阀门开度（调节进出水量）等操作的自动化控制，实现水泵根据水池水位变化自动启停、根据需水量的要求自动调节电动阀进出水量，进而达到水池的无人化及自动化的管理，实现各灌溉区域的测控遥控及输配水自动化。

采用水位计、流量计对高位水池水位、灌溉取水总量进行自动监测；通过光纤网络将水位、流量数据发送到信息中心。管理人员通过软件平台查看监测信息，综合了解水位、流量等水情信息，及时掌握管辖区域内水情情况；为水利工程安全、防汛抗旱、水资源监控、辖区配水调度、量水测水、用水计费提供了及时有效的信息支撑。

11.2.2.5 水肥一体化系统

水肥一体化系统主要包括水肥一体化施肥机及水肥一体化控制系统两部分。实现精准灌溉、精量施肥。

1. 水肥一体化施肥机

水肥一体化施肥机主要由电机水泵、施肥装置、混合装置、过滤装置、EC/PH 检测监控反馈装置、压差恒定装置、自动控制系统等组成。实现依据输入条件或土壤墒情、蒸发量、降雨量和光照强度等，全自动智能调节和控制灌溉施肥，在施肥过程中，可对灌溉施肥程序进行选择设定，并根据设定好的程序对灌区作物进行自动定时定量的灌溉和施肥。水肥一体化施肥机安装示意图如图 11－8 所示。其特点为：①参数化肥料/酸通道；②模块化系统，为土壤种植或基质栽培提供最经济设施；③高效的水、肥及能量使用率；④定量或定比施肥；⑤文丘里工作原理-无运动部件；⑥手动或全自动系统。

2. 水肥一体化控制系统

水肥一体化控制系统由计算机控制系统（计算机、嵌入式系统、采集高性能低功耗控制器、文丘里混肥器）、施肥机、田间灌溉阀门、肥料贮液桶及输送管路等构成。具有设计独特、操作简单的和模块化等特点，它配以先进的 GL 计算机自动灌溉施肥可编程控制器和 EC/PH 监控装置，可编程控制器中先进的灌溉施肥自动控制软件平台为用户实现专家级的灌溉施肥控制。能够按照用户在可编程控制器上设置的灌溉施肥程序和 EC/PH 控制，通过机器上的一套肥料泵直接、准确地把液肥注入灌溉水管中，连同灌溉水一起适时适量地施给作物。大大提高了水肥调控效应和水肥利用效率。同时完美的自动灌溉施肥程序为作物及时、精确的水分和营养供应提供了保证，具有较广的灌溉流量和灌溉压力适应范围，能够充分满足温室、大棚等设施农业的灌溉施肥需要。

水肥一体化控制系统主要由水源供水、砂石过滤、储水罐、恒压变频供水、水肥一体化施肥机、控制测量及保护、计算机控制系统及灌区控制等部分组成。水肥一体化控制系统结构图如图 11－9 所示。

11.2.2.6 视频监视系统

在田间灌溉区重要位置布置监控站，对田间灌溉区灌溉情况及作物长势及周围的现场情况进行全方位的监视和管理。实时采集到的视频信息可以存储在计算机中，作为历史资料，对于事故分析、责任排查，都具有非常重要的价值。视频监视点设备连接示意图如图 11－10 所示。

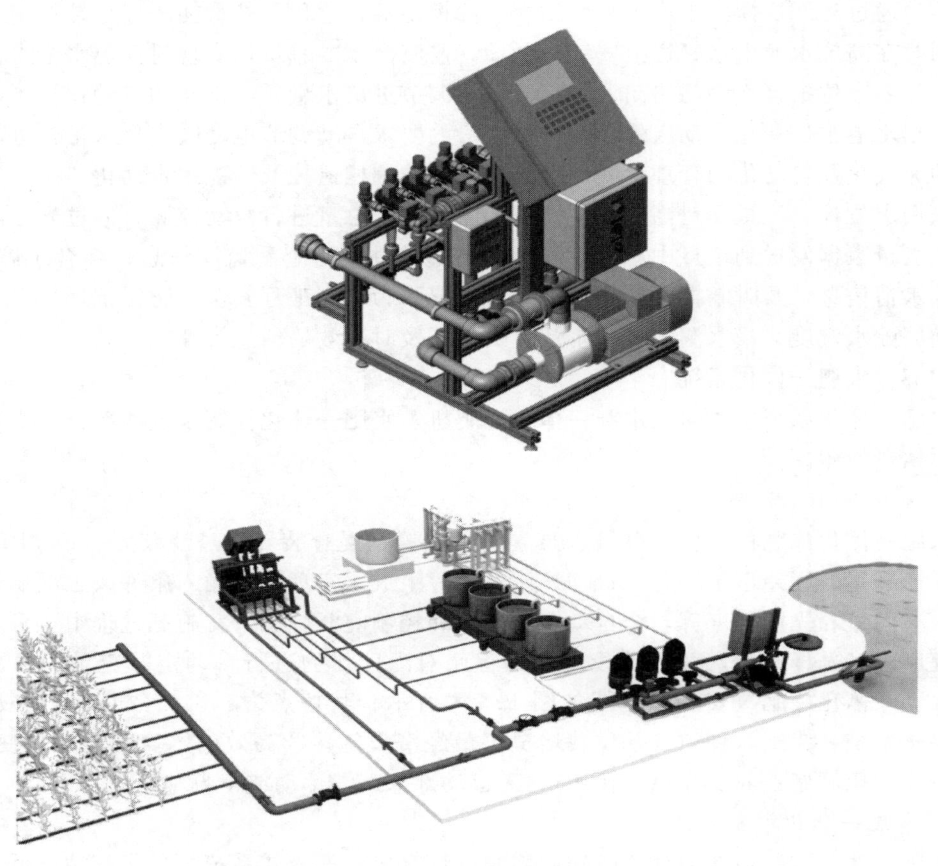

图 11－8　水肥一体化施肥机安装示意图

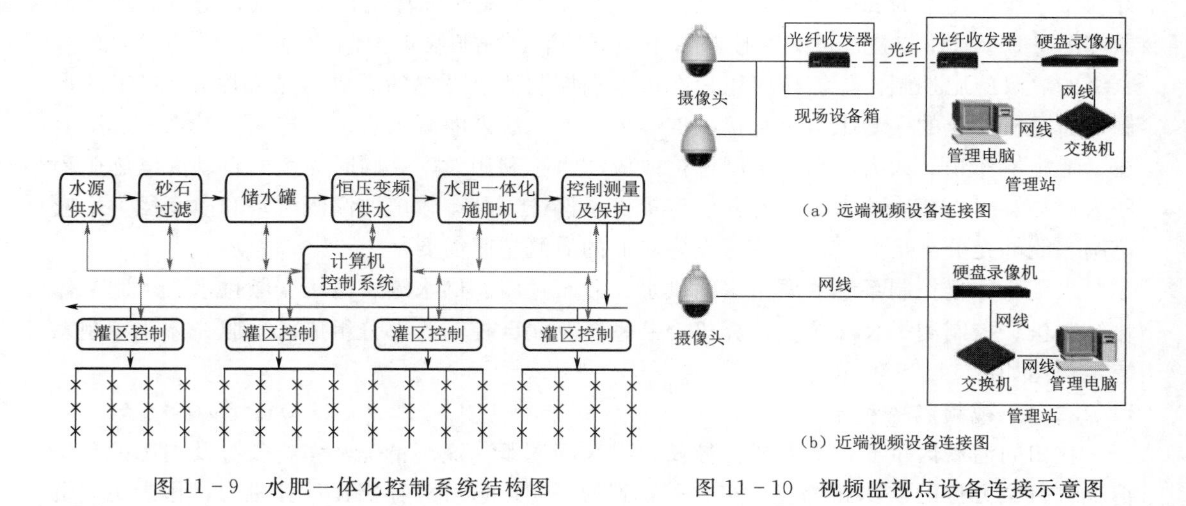

图 11－9　水肥一体化控制系统结构图

图 11－10　视频监视点设备连接示意图

前端设备由高分辨率彩色一体化摄像机，负责图像和数据的采集、摄像机的控制及信号处理。

显示设备采用液晶显示器，配置一台液晶显示器作为视频图像显示。

摄像机通过全方位360°水平旋转、90°垂直旋转和十二倍镜头聚焦、变焦及调整光圈大小等，在无遮挡的情况下可实现对监视区域300m范围内的概况进行总体观察和局部重点观察。工作人员通过对显示的视频观察来了解监视点现场信息。

管理房前端设备采用高清网络球形摄像机（或枪机），推荐传输设备采用光纤收发器进行网络数字信号的传输；控制存储设备采用集中式的视频管理服务器，对网络上的视频监控设备图像进行集中存储和管理；监视在调度中心采用大屏监视设备。

系统应满足以下功能：

（1）远程图像传输。系统采用标准的TCP/IP协议，可应用在局域网、广域网和无线网络之上。提供RJ-45以太网接口，可直接接入无线网络、局域网交换机或者HUB上。同时，设备可任意设置网关，完全支持跨网段、有路由器的远程视频监控环境。监控中心的授权用户可通过IE浏览器监控远程现场。

（2）远程现场监控。监控用户可分配给不同的控制权限。控制权限高的用户可优先对设备进行控制，如控制云台转动选择监视区域对象；调节摄像机镜头改变监视范围和观察效果；还可以对指定的其他现场设备开关进行控制等。

通过局域网和广域网实时观察现场水情和大坝周边环境。用户不仅可以在水库本地浏览视频监控图像，同时可以在其他各级防汛指挥部浏览视频监控图像。其中，户外监视应具备自动、定时录像，抓图、回放动态图像功能。

（3）多画面监视。系统具有在同一客户终端上同时监视4路、8路或者16路前端图像的功能。用户点击某一路图像时可放大实时监控。

（4）多画面轮巡。监控用户可将监控现场在特定的时间间隔内按顺序轮流切换，也可在一个图像框内轮巡显示全部的摄像机画面。画面切换间隔时间可灵活设置，画面间隔时间可调节。

（5）控制优先权机制。管理机制完善，可以给不同级别的用户分别分配相应的控制权限。

（6）录像与回放。采用分布式存储管理技术，实现存储的层次化、网络化，具有计划、联动、手动等多种录像方式，录像检索和回放方便快捷。

（7）并发视频直播。支持单播/组播/多播，多画面远程实时监控，具有分组轮跳功能。

（8）可扩展性。系统设计可以根据需要扩展视频监控点。

所有视频点均须独立供电，没有一个稳定的电源环境，视频监控系统就无法稳定运行，因此须保证可靠的供电。在本项目中，全部使用市电供电。在条件允许情况下，可额外备用太阳能两种方式供电，达到冗余备用的效果。

11.2.2.7 水肥精准调控信息化平台

1. *硬件建设*

硬件建设应从先进性、实用性、稳定性和可扩展性的角度出发，建设一个设备先进、安全可靠、功能分区和环境舒适美观，能以声、光、电等多种形式服务于试点区管理业务的信息中心。因此，在通信机房配备相关的网络通信设备、业务应用设备等，以便满足试点区信息化建设的需要。

（1）功能设计：

1）IP 网络互联功能，实现试点区内各信息点网络互联。

2）广域网接入功能，信息中心与 Internet 网络互联。

3）广域网 IP 地址申请，信息中心至少申请 1 个广域网静态 IP 地址。

4）组建虚拟网络功能，试点区内的计算机网络可以通过各种方式联入互联网，并申请介入信息中心虚拟网络。

5）利用公网组建虚拟专用网络。

6）为各应用软件系统提供网络运行平台。

7）信息中心对试点区网络集中管理功能。

8）网络安全防范功能。

（2）通信机房设计：

1）IP 网络互联功能，实现试点区内各信息点网络互联。

2）广域网接入功能，信息中心与 Internet 网络互联。

3）广域网 IP 地址申请，信息中心至少申请 1 个广域网静态 IP 地址。

4）为各应用软件系统提供网络运行平台。

5）网络安全防范功能。

信息中心网络拓扑图如图 11－11 所示。

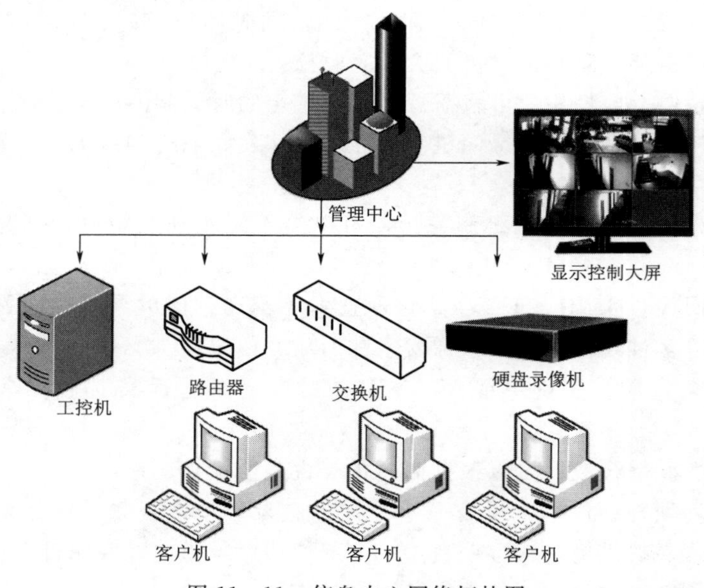

图 11－11　信息中心网络拓扑图

2. 软件建设

（1）总体概述。山地水肥一体化建设管理平台，总览整个试点区的泵站蓄水池运行、自动化灌溉情况，对试点区内的用水、灌溉实施监管和控制，同时能够进行数据分析和灌溉决策。其具体功能为：

1）具备根据植物种类及生育阶段等的作物灌溉施肥规律设置功能。

2）具备根据植物种类、生育阶段及生长区域等的作物灌溉规律建立专家数据库的功能，可以形成专家系统。

3）具有中心控制和现场控制功能。现场控制具有最高级别，当选择现场控制模式时，中心控制失去作用，仅具有数据采集传输功能；当选择中心控制时，现场接受中心控制指令。

4）中心控制具有压力、土壤墒情、液位高度等超限报警、限值预设及权限更改功能。

管理房中心管理实时画面如图 11－12 所示。

图 11－12　管理房中心管理实时画面

（2）智能灌溉施肥。中心控制具备综合查看并动态显示各控制级（灌溉区现场控制级）的流量、压力、土壤墒情、蓄水池液位等实时数据的功能。灌溉阀门开度根据灌溉量（湿度差）、时间自动计算，中心控制还具备开度调节及压力调节、报警等功能。

各现场控制上传的数据将存入数据库，中心控制通过远程通信实现对现场阀（泵、闸）的控制，具备按预设的要求定时、定量地进行灌溉的功能。还可实时显示数据和查看历史数据和趋势，设置报警和控制的上下限值和趋势图。

系统自动灌溉界面如图 11－13 所示。

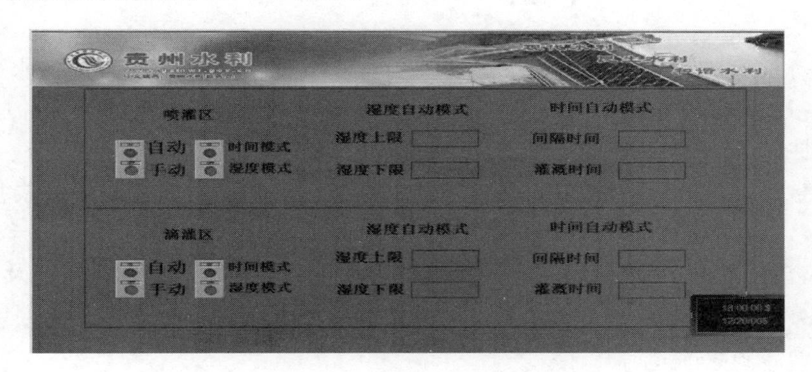

图 11－13　系统自动灌溉界面

（3）量测水管理。

1）系统概述。项目区量测水管理系统以水情信息采集为基础，实现水情信息的实时查询，可进行统计分析及水情整编；并结合应用软件开发技术、数据库技术和地理信息技术，通过曲线拟合的手段，推导适用性较强的水位流量关系曲线，从而根据水位得到流量。为项目区的资源调度、水资源经营、工程建设以及综合利用提供科学依据，为项目区信息化管理工作提供数据基础。

项目区量测水管理系统根据项目区的量测水现状。结合明渠量水规范，将各种量水方法固化到系统中。用户可以方便快捷、直观有效地对所在项目区范图内的重要渠道、阀门、监测站等水利设施的水量信息进行测量。计量测控信息可以自动采集至系统中，人工观测信息可以通过观测人员手机短信或手工输入方式传输到系统中，系统根据预先设定的各量水站点的量水方式和参数，选用相应的计算公式，对传输过来的信息进行处理，快速生成相对准确的流量；并且可以通过软件模拟水流方向，查看不同测点的水位及流量，以实现项目区水资源的合理利用。

2）权限设计。系统提供权限设置工具能够配置类似如下权限级别的用户：

查询用户：对系统中的所有数据，只有查询、统计权限，不能对数据进行修改。

修改用户：对系统中的所有数据，有查询、统计、新增、修改权限，但不能对数据进行删除。

删除用户：对系统中的所有数据，有查询、统计、新增、修改、删除权限。管理员通过权限设置工具可对用户具有新增、删除、修改及授权等功能，可以定制某用户有权限/没权限使用系统某功能。

（4）水费计收系统

1）功能设计：

a. 收费参数。收费参数模块可以将每年的收费参数数据维护至系统中，某一年的收费参数发生变化，不会影响其他年的水费计算，在水费计算算法不变的情况下，可以灵活适应收费参数改变的情况。

b. 水量统计。在水量统计模块中，管理局可以统计每年用水量，对数据分级汇总。管理局下级的不同部门用户可以查看本部门管理的数据，实现数据的分层分级管理。

c. 灌溉面积。在灌溉面积模块中，行政区县根据每年的实际情况上报灌溉面积，对数据分级汇总。

d. 应交水费。在应交水费模块中，管理局可以根据实际情况确认应交水费，应交水费确认后将不能修改统计水量与灌溉面积等信息，以防历史数据被篡改，保护历史数据的安全与准确性。

e. 水费收缴。在水费收缴模块中，行政区县用户维护交费信息，管理局用户可以查询交费信息，查看每天的水费收缴情况。

f. 统计查询。在统计查询模块中，用户可以查询每一年的水费收缴情况及收缴率。

g. 受益单位。在受益单位模块中，管理局用户可以维护受益单位的信息，行政区县用户可以查询和修改部分信息。

h. 交费账户。在交费账户模块中，行政区县用户可以维护本单位管理的受益单位下的交费账户信息。管理局用户可以查询交费账户信息。

2）业务流程。水费计收管理系统的业务流程图如图 11－14 所示。

11.2.3 防雷和接地网建设

11.2.3.1 机电设备的防雷措施

要采取严格的防雷措施，这是最重要的环节。对于直击雷和感应雷（从信号线、电源线等感应雷电，以及由于直击雷引起的地线间的跨步电压）都要采取措施防范，对于防雷应采取以下措施：

（1）装置避雷针。避雷针要安装在水泥杆上，单根避雷针应对设备有足够的保护范围，接地电阻不大于 10 Ω；下引线接头采用焊接方法，保证连续可靠。

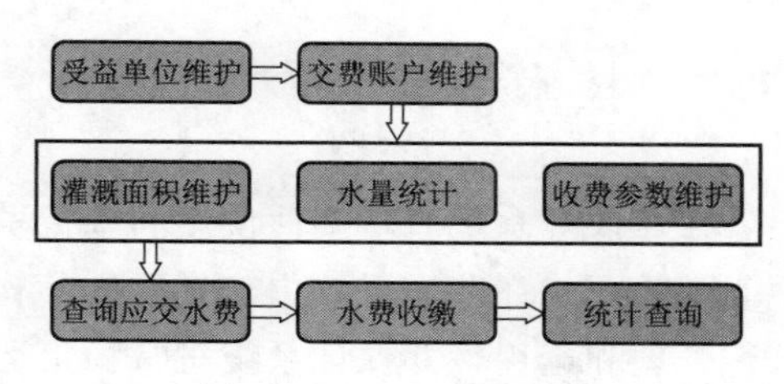

图 11－14　业务流程图

1）避雷针采用直径 25～40mm 的铜棒或镀锌圆钢制作，长度大于 200mm，一端修磨成尖端，镀上导电性能良好的合金物质（例如锡等）。

2）虽然使用避雷针可以防止由于直接雷击造成的人身伤害和设备损坏，但落雷产生的过大电流通过接地极有可能传到机器设备中去，引起诱导故障，因此在雷击区和易遭雷击的山区、丘陵，为防止由于雷电诱导故障对设备的损坏，在电源线、馈线、控制线等部分要考虑适当的避雷措施。如小型真空避雷器、充电放电管等。

（2）设备机房敷设接地母线，设备接地端以最短距离与母线连接。

（3）在信息管理中心交流电源输入端采取滤波、隔离、浪涌吸收等消雷措施。

（4）严格强电和弱电分开敷设的原则，并且对于较长的信号线，例如水位计电缆，应穿入较长金属管道埋地铺设，同时两端采用滤波、隔离、屏蔽等避雷措施。

11.2.3.2 计算机控制系统的防雷措施

1. 电源部分

系统电源防雷是防雷的重点，对监控系统造成危害的雷电 95%来自电源感应雷。电源防雷采用两级电源防雷，主要由三相并联式一级电源避雷器、三相并联式二级电源避雷器、不间断电源 UPS 或者电源逆变器等组成。

2. 信号部分

各类现场信号电缆和模拟量信号电缆的两端分别安装合适的信号防雷器，以保护通过通信电缆传导的浪涌电压对现场设备的损坏。同时，防雷器（或组合）应选用相应 IP 等级的保护箱，以满足现场环境对防雷器（或组合）的防尘、防潮、抗冲击等要求。

11.2.3.3 系统安全性

系统安全建设应遵循以下基本要求：

（1）应依托既有网络环境，补充配备必要的防火墙、入侵检测、漏洞扫描措施。建立应用级的访问控制机制、数据备份管理机制、系统级的安全审计等综合措施。

（2）严格执行政府关于信息网络安全的各项指令和法规，加强信息化安全教育和岗位培训，普及信息化安全知识。

（3）制定和完善信息网络系统运行管理制度，保证信息安全，防止有害信息传播，从源头上控制安全事故的发生。

（4）统筹规划自动化系统安全体系的建设，安全建设应和信息化项目同步进行。

（5）涉密信息系统不得直接或间接与互联网联网，应实现物理隔离，严格杜绝失密漏洞。

（6）要在防止入侵、安全检测、加固系统和系统恢复等多个环节上，选用经国家主管部门认证并推荐的安全产品，确保万无一失。

11.3 技术培训

在建设好系统后，如何使用和维护系统直接影响到建设的成效，因此培训是系统建设中非常重要的环节。系统中包括硬件、软件多方面的知识和产品，要将系统完全交给用户自行管理和运用，并保证系统正常稳定运行，就必须有细致的培训和完善的售后服务，必须培养拥有一支技术过硬的用户操作和维护、管理队伍。

11.3.1 培训计划

1. 培训对象

对于不同的培训对象，针对实际工作需要，培训目标不尽相同：

（1）对于领导和管理人员，需要宏观地了解各个系统的功能和特点，了解实施该系统后能对管理工作和决策工作所带来的支持和帮助，从而能够借助先进的技术创造先进的管理模式。

（2）对于一般的业务人员，需要针对具体业务进行相关操作流程和操作界面的培训，使系统能够为业务人员繁杂的日常工作带来的便利。

（3）对于负责技术的系统管理员，要求受训者可以维护操作设备，对一般性的故障问题可以自主解决，可以独立进行系统的管理、运行、处理及日常测试维护等工作。

2. 培训方式

基于向用户提供内容完整、组织良好、高质量培训和教育服务的目的，我们设置了专门的培训组，制定特定的培训方案，采用多样化方式，力求为用户提供高效经济实用的培训服务。在培训阶段双方可以根据实际情况具体协商，制定更加详细的培训计划。

我们计划采用的主要培训方式为“现场集中培训”，当商家或厂家的工程师到现场安装调试相关设备和系统时，系统有关技术人员在现场观看和学习，并给予适当讲解和实际操作机会，对学习过程中产生的问题即问即答，具有很强的实践和交互性。整套系统安装、调试完成后，将对系统的人员进行一次现场集中培训，讲授说明各种软件、硬件设备的安装、维护和应该注意的事项，使系统人员能够尽快地熟悉系统的性能。为了达到培训目的，应提供良好的培训条件用来保障整个培训的质量。采用小班授课模式，培训教材要求为中文原版教材或复印教材。

11.3.2 培训方案

1. 设计原则

针对系统的应用特点，培训工作应遵循以下几个原则进行课程设置：

(1) 适用性。培训课程体系设计中首先要重视的就是培训内容的贴切，一切根据系统实际情况量身定做。培训主要内容是系统的操作软件系统和主要硬件设备的使用及维护，满足工作人员的需求，使他们能够胜任工作。

(2) 理论结合实践。在硬件和技术方面的培训，将多年的理论和实践相结合，结合多个系统的实际案例进行分析，同时学员在学习的过程中安排了多个针对性的实验以保证通过培训的技术人员可以胜任所在的岗位。在操作软件方面的培训，将理论与实际操作相结合，使培训对象能够胜任系统使用及维护工作。

(3) 服务至上。技术培训也是技术服务中的一种，接受培训的学员一直会受到服务人员的跟踪式服务，以保证学员在学习深造的过程中没有任何后顾之忧。

2. 培训课程表

根据对工程项目的理解和对使用人员的分析，制定培训课程表，见表 11-1。在培训阶段双方可以根据实际情况具体协商，制定更加详细的培训计划。

表 11-1　　培训课程表

培训课程	人数	课时/天
系统整体介绍	15	1
硬件使用培训	15	
系统集成系统培训	5	
综合布线系统（含计算机网络及通信网络系统）培训	5	1.5
电话调度系统培训	5	0.5
LED 大屏系统培训	5	1
监控安全防范系统培训	5	1
系统操作使用培训	20	1
系统操作维护培训	5	

3. 培训内容

(1) 系统整体介绍。系统建设完成后，首先要做的事情就是让相关人员了解本次建设的目的、意义和内容，调动他们学习和使用信息系统的积极性、主动性，本部分培训的主要内容包括：①各系统介绍；②各基础平台介绍；③本次建设工程总体介绍。

(2) 硬件使用培训。本次建设完成后，购置了大量新的硬件设备，人员应该对这些硬件设备的性能、配置等有基本的了解，能够从容地操作信息化设备，本部分培训的主要内容包括：①系统设备配置；②硬件故障检测；③设备的使用。

(3) 系统操作软件使用及维护培训。系统操作软件是本次系统建设的核心内容，通过系统操作软件的使用能更好地为客户服务，提高管理水平，带来经济效益。本部分培训主要针对业务人员和技术人员。

11.4 本章小结

本章以2017年贵州省息烽县山区现代水利试点暨农业水价综合改革试点项目为例开展典型工程应用。提出了系统设计目标、建设内容及防雷接地网建设以及培训等内容，为山地水肥一体化集成应用示范提供经验借鉴。

附　　录

附图

1. 立杆平面图

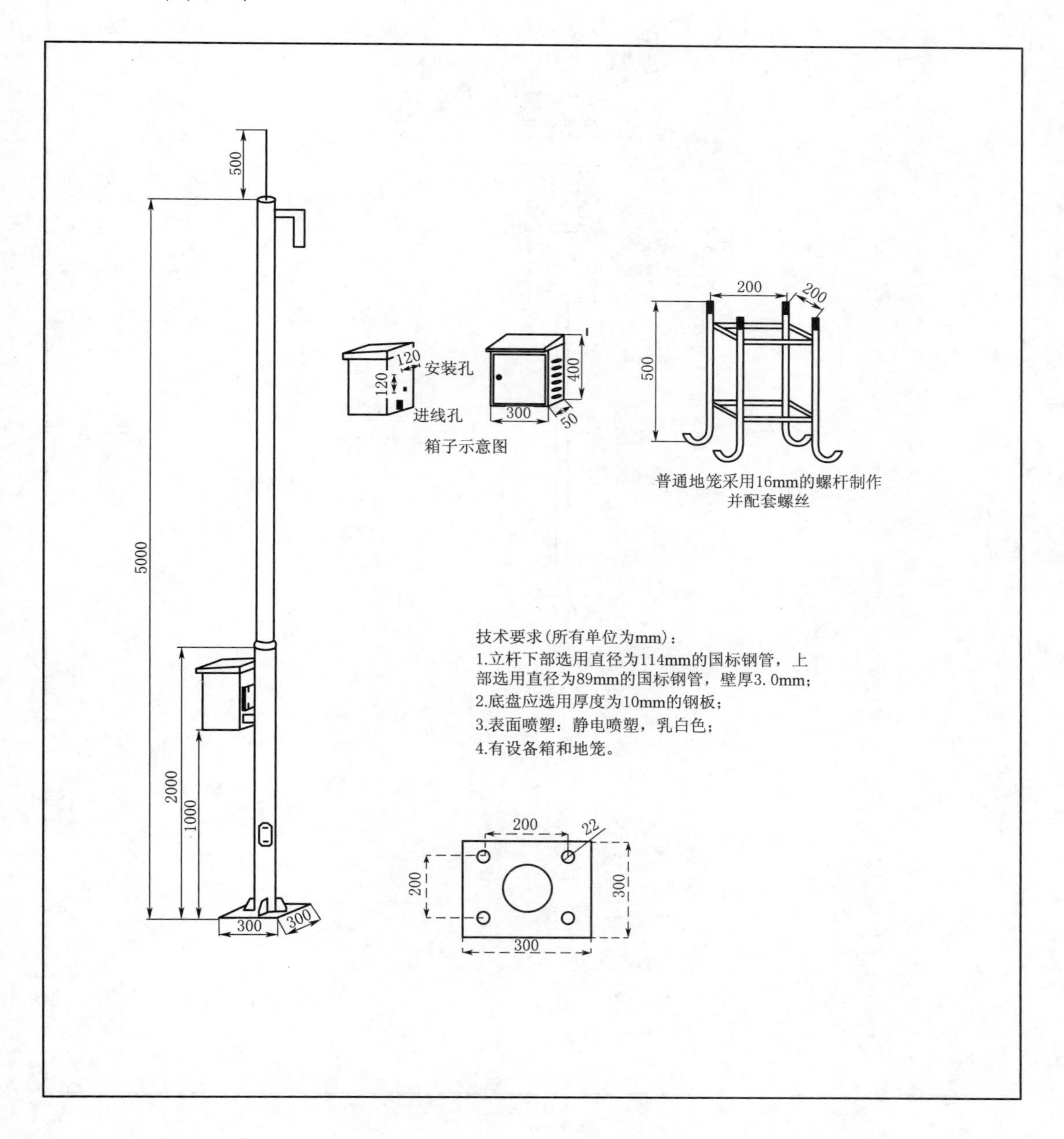
500
5000
2000
1000
300
300
120
安装孔
120
进线孔
400
300
50
箱子示意图
200
200
500
普通地笼采用16mm的螺杆制作
并配套螺丝
技术要求(所有单位为mm)：
1.立杆下部选用直径为114mm的国标钢管，上
部选用直径为89mm的国标钢管，壁厚3.0mm；
2.底盘应选用厚度为10mm的钢板；
3.表面喷塑：静电喷塑，乳白色；
4.有设备箱和地笼。
200
22
200
300
300

2. 气象站平面图

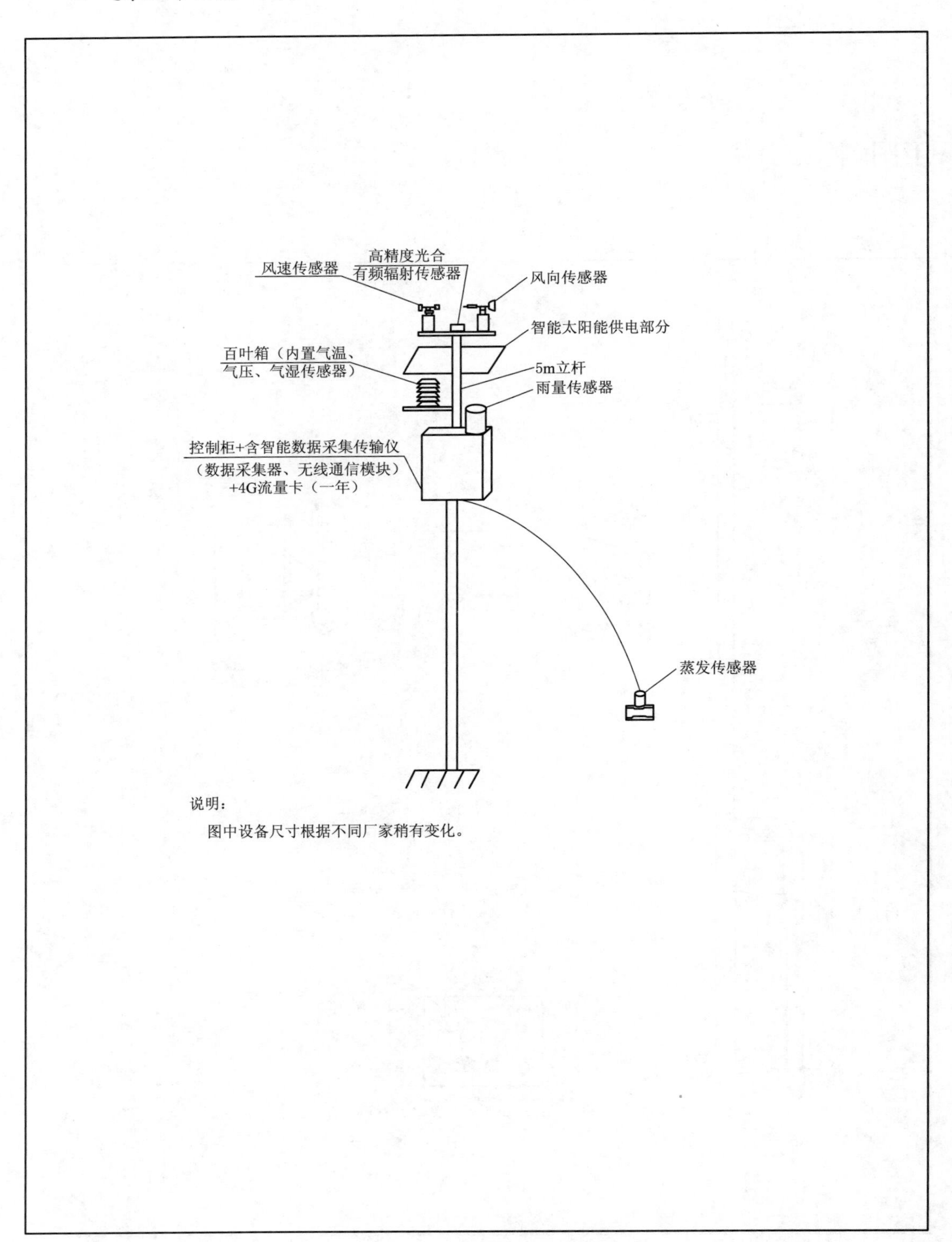

说明：

图中设备尺寸根据不同厂家稍有变化。

3. 土壤墒情平面图

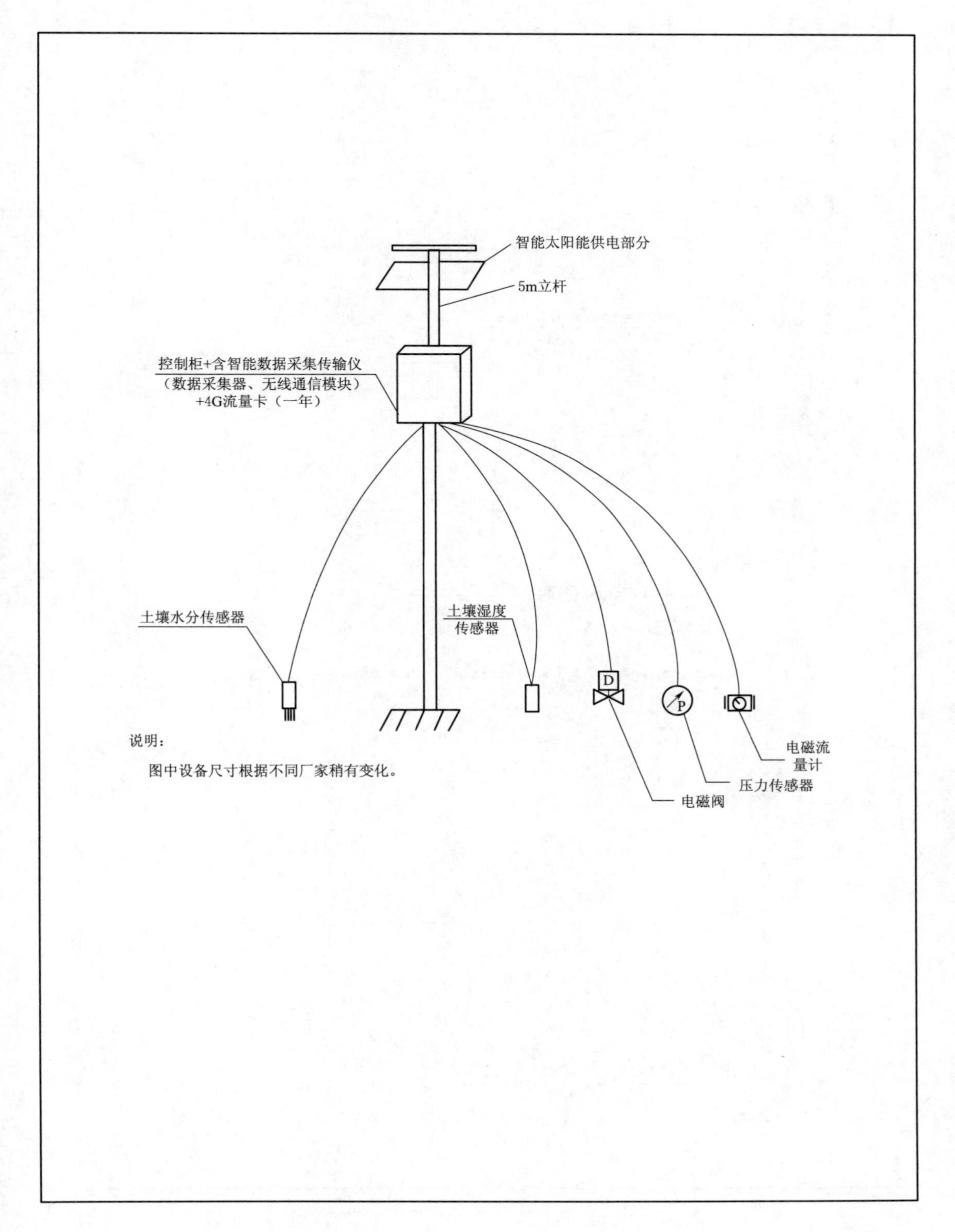
智能太阳能供电部分
5m立杆
控制柜+含智能数据采集传输仪
（数据采集器、无线通信模块）
+4G流量卡（一年）
土壤水分传感器
土壤湿度
传感器
D
P
电磁流
量计
压力传感器
电磁阀
说明：
图中设备尺寸根据不同厂家稍有变化。

4. 泵站智能控制平面图

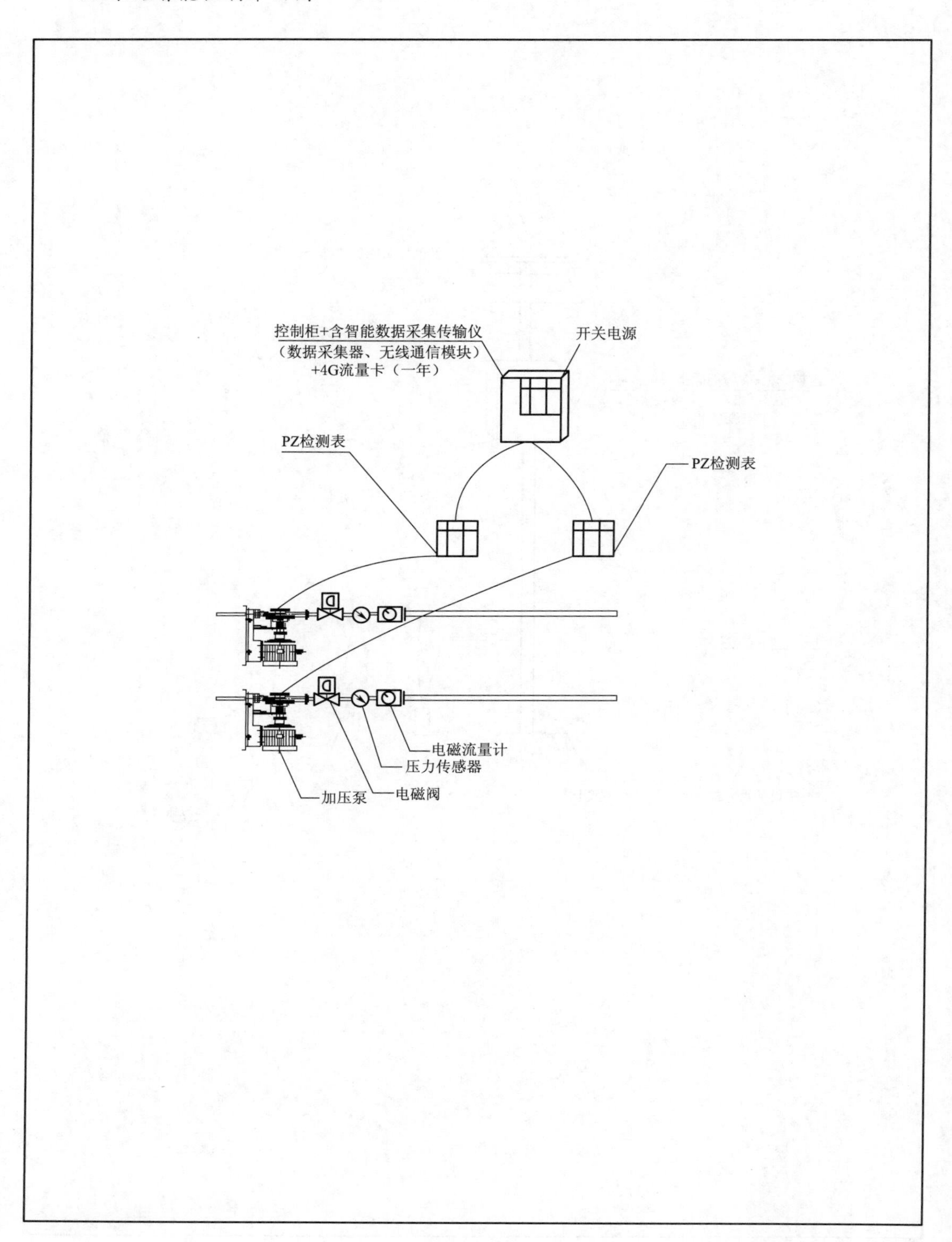
控制柜+含智能数据采集传输仪
（数据采集器、无线通信模块）
+4G流量卡（一年）
开关电源
PZ检测表
PZ检测表
电磁流量计
压力传感器
加压泵
电磁阀

5. 水肥一体化施肥房平面图

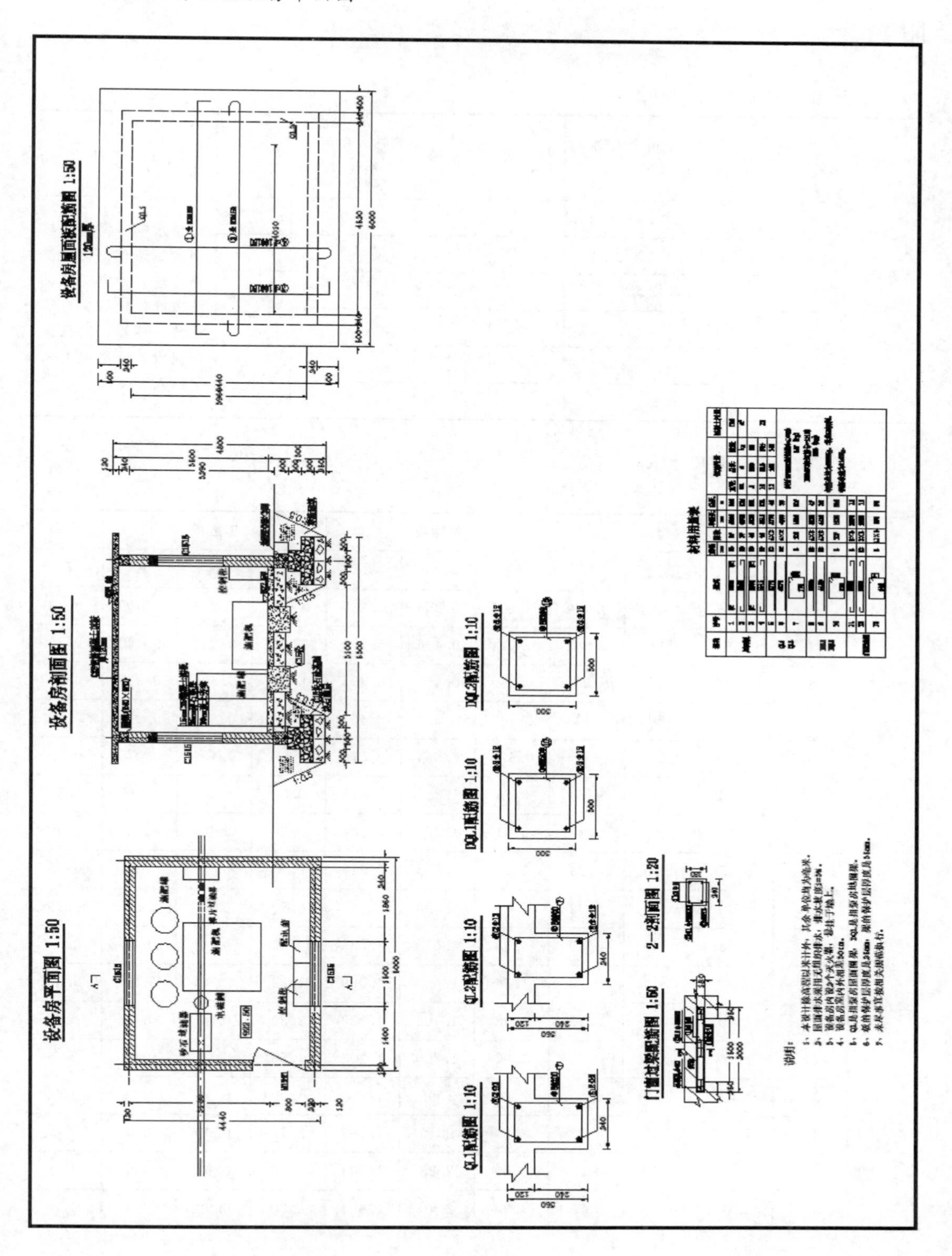

附表

1. 计量设施选型表

断面型式	规格尺寸（单位：渠道全断面面积 m²；管道直径 m）		量水堰	量水槽	雷达、超声波测流仪	管道流量计	备注
渠道	1	≥2.25			√		量水槽、雷达及超声波测流仪、管道流量计这三种类别的设施造价包含数据自动采集、传输、信息系统建设，量水堰类别采取人工读数
	2	2.25～1（含）		√			
	3	1～0.25（含）	√	√			
	4	0.25～0.16（含）	√				
管道	1	≥0.3				√	
	2	<0.3				√	

2. 巴歇尔槽构造尺寸表

单位：m

类别	序号	喉道段			收缩段			扩散段			墙高
		b	L	N	B_1	L_1	L_a	B_2	L_2	K	D
小型	1	0.025	0.076	0.029	0.167	0.356	0.237	0.093	0.203	0.019	0.23
	2	0.051	0.114	0.043	0.214	0.406	0.271	0.135	0.254	0.022	0.26
	3	0.076	0.152	0.057	0.259	0.457	0.305	0.178	0.305	0.025	0.46
	4	0.152	0.305	0.114	0.400	0.610	0.407	0.394	0.610	0.076	0.61
	5	0.228	0.305	0.114	0.575	0.864	0.576	0.381	0.457	0.076	0.77
标准型	6	0.25	0.60	0.23	0.78	1.325	0.883	0.55	0.92	0.08	0.80
	7	0.30	0.60	0.23	0.84	1.350	0.902	0.60	0.92	0.08	0.95
	8	0.45	0.60	0.23	1.02	1.425	0.948	0.75	0.92	0.08	0.95
	9	0.60	0.60	0.23	1.20	1.500	1.0	0.90	0.92	0.08	0.95
	10	0.75	0.60	0.23	1.38	1.575	1.053	1.05	0.92	0.08	0.95
	11	0.90	0.60	0.23	1.56	1.650	1.099	1.20	0.92	0.08	0.95
	12	1.00	0.60	0.23	1.68	1.705	1.139	1.30	0.92	0.08	1.0
	13	1.20	0.60	0.23	1.92	1.800	1.203	1.50	0.92	0.08	1.0
	14	1.50	0.60	0.23	2.28	1.95	1.303	1.80	0.92	0.08	1.0
	15	1.80	0.60	0.23	2.64	2.10	1.399	2.10	0.92	0.08	1.0
	16	2.10	0.60	0.23	3.00	2.25	1.504	2.40	0.92	0.08	1.0
	17	2.40	0.60	0.23	3.36	2.40	1.604	2.70	0.92	0.08	1.0

续表

类别	序号	喉道段			收缩段			扩散段			墙高
		b	L	N	B_1	L_1	L_a	B_2	L_2	K	D
大型	18	3.05	0.91	0.343	4.76	4.27	1.794	3.68	1.83	0.152	1.22
	19	3.66	0.91	0.343	5.61	4.88	1.991	4.47	2.44	0.152	1.52
	20	4.57	1.22	0.457	7.62	7.62	2.295	5.59	3.05	0.229	1.83
	21	6.10	1.83	0.686	9.14	7.62	2.785	7.32	3.66	0.305	2.13
	22	7.62	1.83	0.686	10.67	7.62	3.383	8.94	3.96	0.305	2.13
	23	9.14	1.83	0.686	12.31	7.93	3.785	10.57	4.27	0.305	2.13
	24	12.19	1.83	0.686	15.48	8.23	4.785	13.82	4.88	0.305	2.13
	25	15.24	1.83	0.686	18.53	8.23	5.776	17.27	6.10	0.305	2.13

3. 巴歇尔槽水位-流量公式表

类别	序号	喉道宽度 b/m	流量公式 $Q=Cha^n$/(L/s)	水位范围 h/m		流量范围 Q/(L/s)		临界淹没度/%
				最小	最大	最小	最大	
小型	1	0.025	$60.4ha^{1.55}$	0.015	0.21	0.09	5.4	0.5
	2	0.051	$120.7ha^{1.55}$	0.015	0.24	0.18	13.2	0.5
	3	0.076	$177.1ha^{1.55}$	0.03	0.33	0.77	32.1	0.5
	4	0.152	$381.2ha^{1.54}$	0.03	0.45	1.50	111.0	0.6
	5	0.228	$535.4ha^{1.53}$	0.03	0.60	2.5	251	0.6
标准型	6	0.25	$561ha^{1.513}$	0.03	0.60	3.0	250	0.6
	7	0.30	$679ha^{1.521}$	0.03	0.75	3.5	400	0.6
	8	0.45	$1038ha^{1.537}$	0.03	0.75	4.5	630	0.6
	9	0.60	$1403ha^{1.548}$	0.05	0.75	12.5	850	0.6
	10	0.75	$1772ha^{1.557}$	0.06	0.75	25.0	1100	0.6
	11	0.90	$2147ha^{1.565}$	0.06	0.75	30.0	1250	0.6
	12	1.00	$2397ha^{1.569}$	0.06	0.80	30.0	1500	0.7
	13	1.20	$2904ha^{1.577}$	0.06	0.80	35.0	2000	0.7
	14	1.50	$3668ha^{1.586}$	0.06	0.80	45.0	2500	0.7
	15	1.80	$4440ha^{1.593}$	0.08	0.80	80.0	3000	0.7
	16	2.10	$5222ha^{1.599}$	0.08	0.80	95.0	3600	0.7
	17	2.40	$6004ha^{1.605}$	0.08	0.80	100.0	4000	0.7

续表

类别	序号	喉道宽度 b/m	流量公式 $Q=Cha^n$/(L/s)	水位范围 h/m		流量范围 Q/(L/s)		临界淹没度/%
				最小	最大	最小	最大	
大型	18	3.05	$7463ha^{1.6}$	0.09	1.07	160.0	8280	0.8
	19	3.66	$8859ha^{1.6}$	0.09	1.37	190.0	14680	0.8
	20	4.57	$10960ha^{1.6}$	0.09	1.67	230.0	25040	0.8
	21	6.10	$14450ha^{1.6}$	0.09	1.83	310.0	37970	0.8
	22	7.62	$17940ha^{1.6}$	0.09	1.83	380.0	47160	0.8
	23	9.14	$21440ha^{1.6}$	0.09	1.83	460.0	56330	0.8
	24	12.19	$28430ha^{1.6}$	0.09	1.83	600.0	74700	0.8
	25	15.24	$35410ha^{1.6}$	0.09	1.83	750.0	93040	0.8

注 修工系数 C 跟指数 N，以序号 1（1 号槽）为例，修工系数 C 是 60.4 指数 N 是 1.55

参 考 文 献

[1] 杨小忠，邓子风．贵州岩溶山地农业地质环境及其效应［J］．贵州科学，1999，3（5）：24－27.

[2] 袁寿其，李红，王新坤. 中国节水灌溉装备发展现状、问题、趋势与建议［J］. 排灌机械工程学报，2015，33（1）：78－92.

[3] 罗惕乾，程兆雪，等．流体力学［M］．北京：机械工业出版社，2016.

[4] 刘永华，沈明霞，蒋小平，姜宽舒，冯琦．水肥一体化灌溉施肥机吸肥器结构优化与性能试验［J］．农业机械学报，2015，45（11）：77－81.

[5] 李家春，田莉，周茂茜，李子阳，王永涛．水肥一体化施肥机关键部件的设计与试验［J］．中国农村水利水电，2018，(10)：148－152.

[6] 王海涛，王建东，杨彬，莫彦．非对称结构文丘里施肥器数值模拟［J］．排灌机械工程学报，2018，36（11）：1098－1103.

[7] 张建阔，李加念．低压灌溉系统中文丘里施肥器吸肥性能试验分析［J］．农机化研究，2019，41（2）：189－192.

[8] 王海涛，陈晏育，王建东．微灌用文丘里施肥器综合性能试验研究［J］．排灌机械工程学报，2018，36（4）：340－346，353.

[9] 田莉，李家春，吴景来，张宾宾，卢剑锋．旁路吸肥式水肥一体化自动施肥机的设计与试验［J］．节水灌溉，2018（11）：98－102.

[10] Hao Li，et al. Numerical and Experimental Study on the Internal Flow of the Venturi Injector. Processes 8.1，2020.

[11] Characterization of venturi injector using dimensional analysis. Revista Brasileira de Engenharia Agrícola e Ambiental 23.7，2019.

[12] Li，et al. Numerical and Experimental Study on the Internal Flow of the Venturi Injector. Processes 8.1，2020.

[13] 王林，杨勇．无线传感器网络RMAC协议的研究与改进［J］．计算机工程与应用，2013，49（4）：104－108，128.

[14] 雷清华．灌溉效益分摊系数计算方法探讨［J］．中国农村水利水电，1989（10)：20－22.

[15] 邹永翠．渝东北地区红阳猕猴桃需肥特点及施肥技术［J］．现代农业科技，2014（9）：122－123.

[16] 范兴业，马孝义，康银红，等. 树状灌溉管网两级遗传优化设计［J］. 人民黄河，2007，29（6）：41－43.

[17] 马雪琴，吕宏兴，朱德兰，等．基于遗传算法的树状灌溉管网优化设计［J］．中国农村水利水电，2013（4）：50－52.

[18] 王凯．大田水肥一体化微喷灌系优化与试验研究［D］．泰安：山东农业大学，2017.

[19] 李道西，胜志亳．灌溉管网优化设计研究进展［J］．中国农村水利水电，2018，(2)：23－26.

[20] 马孝义，范兴业，赵文举，等．基于整数编码遗传算法的树状灌溉管网优化设计方法［J］．水利学报，2008，39（3）：373－378.

[21] 胡杰华，马孝义，姚慰炜，等．基于最小生成树模型的树状灌溉管网的优化设计［J］．中国农村水利水电，2012（2）：1－3.

[22] 朱成立，谢志远，柳智鹏．基于蚁群算法的灌溉管网布置与管径优化设计研究［J］．江西农业学报，2015，27（3）：93－96.

[23] 牛寅．设施农业精准水肥管理系统及其智能装备技术的研究［D］．上海：上海大学，2016.
[24] 马灿．布谷鸟搜索算法的改进研究［D］．长沙：湖南大学，2017.
[25] 马灿，刘坚，余方平．混合模拟退火的布谷鸟算法研究［J］．小型微型计算机系统，2016，37（9）：2029-2034.
[26] ZANG Y，STREET R L，KOSEFF J R. A dynamic mixed subgrid-scale model and its application to turbulent recirculating flows［J］．Physics of Fluids A，1993，5（12）：3186-3196.
[27] 王福军．流体机械旋转湍流计算模型研究进展［J］．农业机械学报，2016，47（2）：1-14.
[28] STRELETS M. Detached eddy simulation of massively separated flows［C］// Aiaa Fluid Dynamics Conference and Exhibit. 2001. AIAA. Detached Eddy Simulation of Massively Separated Flows［J］．Aiaa Journal，2000.
[29] LANGTRY R B，MENTER F R. Correlation-Based Transition Modeling for Unstructured Parallelized Computational Fluid Dynamics Codes［J］．Aiaa Journal，2009，47（12）：2894-2906.
[30] 王孝龙．水肥精准配比控制系统研发［D］．杨凌：西北农林科技大学．
[31] 农业部发布．水肥一体化技术指导意见［J］．中国农技推广，2013，29（3）：20-22.
[32] 李红，汤攀，陈超，张志洋，夏华猛. 中国水肥一体化施肥设备研究现状与发展趋势［J/OL］. 排灌机械工程学报．
[33] 刘兵，何新林，蒲胜海，张伟．B/S模式实时灌溉调度系统框架设计［J］．中国水利，2007（15）：50-52.
[34] 张宾宾，李家春，蔡秀，王永涛．基于云计算的水肥一体化控制体系研究［J］．农机化研究，2020，42（4）：192-197.
[35] 王福军．流体机械旋转湍流计算模型研究进展［J］．农业机械学报，2016，47（2）：1-14.
[36] 杨丰，杨俊青．多普勒法测流技术简介［J］．水文，2004，2：60-61.
[37] 胡良明，李仟，郑佩佩，等. 基于遗传算法的农村供水管网优化设计［J］．人民黄河，2017，39（001）：102-105.